攪乱と遷移の自然史

【「空き地」の植物生態学】

重定南奈子・露崎史朗 編著

北海道大学出版会

はじめに

　「攪乱」という言葉が，日常使われているときには，「（混乱させる目的で）人びとが平穏無事に過ごしているところに刺激を与え，騒ぎを起こさせること」（『新明解国語辞典 第5版』，三省堂，1997）という意味となるようだ。この「人びと」を，「植物」あるいは「植物群集」と置き換えると本書で用いられる「攪乱」の意味となる。すなわち，「植物が平穏無事に過ごしているところに刺激を与え，騒ぎを起こさせること」である。では，刺激とはどのようなものだろう。人では，人の足を踏んでしまうことから核戦争まで，植物では，踏圧と呼ばれる運動場などで人が植物を踏みつけることや，火山噴火や地球温暖化など，小規模なものから大規模なものまでいろいろなものがある。このように，攪乱は，人間を含めたすべての生物の生き方に，さまざまなスケールで関与している。
　植物生態学とは，「植物と環境のあいだの相互作用を扱う」学問である。と，大仰なことをいうと笑われそうだが，それを行うためには，攪乱というやっかいなものを避けて，植物と環境のあいだをつなぐものを知ることはできない。それにもかかわらず，攪乱は，いつ，どこで，どのように起こるかという予測性が低いため，重要性は認識されつつも研究は遅れがちである。
　地球温暖化に関する科学的評価の頂点である気候変動に関する政府間パネル（IPCC）による初期の報告では，攪乱の影響をあまり考慮せずに森林は炭素の吸収源としてのみ着目された。しかし，2007年のIPCC報告では，森林火災などの攪乱の影響を考慮すると森林の炭素吸収源としての期待度は，これまでと大きく異なっている。とくに，森林再生を心がけても21世紀半ばには陸上生態系による炭素吸収はピークに達し，それ以上の過大な期待をしてはいけないと結論された。さらに，2007年のIPCC報告ではついに，北米での温暖化による気候変動にともなう森林火災などの攪乱の増加について触れられるようになった。
　これらの攪乱が起こった後に，生態系がもとの姿に戻るには長い年月を必

要とする．生物学全般にいえることかもしれないが，短期間で多くの成果が得られる分野に研究を志す者が流れる傾向があるように思う．1926年に非業の死を遂げたパウル・カンメラーは，研究の真偽はさておき，生物が環境を変えると形態を変え，それが遺伝するか否かを証明する一連の実験に10年以上の歳月を費やした（A. ケストラー著・石田敏子訳『サンバガエルの謎』，2002，岩波書店）．しかし，追試は誰一人として完遂していない．攪乱と遷移の研究は，さらに長い年月を必要とする．ひとつの場所で攪乱直後から極相までを観察するならば，それは自分の一生をかけてもすべてを観察できるものではない．逆にいえば，日本では大学を含めた研究機関において，このような研究は行うのは得策とはいえない．それでもなおかつ，それを研究したいという奇特な人間集団がつくりあげた書が本書であり，著者14名の研究歴を合計すれば1世紀を超える成果が濃縮されている．

　第I部では，まず，攪乱とは何かをおおまかに整理し，ついで，攪乱後に始まる侵入についての数理モデルを紹介する．この第I部を読むことで，後の章を読むことの助けになるものと思う．第II部以降は，各論となるが，それぞれの章は独立したものとして書くことに努めたが，火山という乾いたところから湿原という湿った世界に向かい，もっとも厳しい環境である極地で幕を閉じるという流れにそって構成した．ぜひとも，時間をつくって通読されることを望む．

　本書を通じて，各分野の研究者たちの攪乱に対する視点やアプローチには，攪乱と同様に，多様なものが存在し，現在，これらのさまざまなアプローチの統合が計られていることを知っていただきたい．本書に紹介された研究手法には，野外観察・実験・理論解析はもとより，分子遺伝学や生理学などのいろいろな手法が用いられている．もちろん，その統合には，遷移同様に今後も時間を必要とするだろうが，それを知りつつも研究している人たちの，新たな発見や，研究の面白さも感じとっていただけるものと思う．

2008年5月1日

編者　重定南奈子・露崎史朗

目　次

はじめに　i

第I部　攪乱と遷移の論理

第1章　攪乱と植物群集（露崎史朗）　3

1. 攪乱直後の植物群集を知ろう　3
2. それぞれの攪乱の位置づけ　4
   規模／頻度／強度
3. 植物の起源　7
   種子散布 ― まずは飛んでくる／埋土種子 ― よく見えないのですが／栄養繁殖 ― ど根性ガエル／人工播種 ― ずっといて欲しくはない
4. 種数と群集の変化　13

第2章　数理を通してみた攪乱と生物多様性（重定南奈子）　17

1. パッチ・ダイナミクス ― 二次元コンパートメントモデル　19
2. パッチ内競争とパッチ間移動のパラメータ設定　21
3. シミュレーションの結果　27
   島状再帰型攪乱の場合／非再帰型攪乱および分散状攪乱の場合

第II部　火山噴火による攪乱と遷移

第3章　軽石・火山灰噴火後の植物群集遷移 ― 軽石は軽くない
（露崎史朗）　37

1. 遷移 ― 世紀にわたる変化を知るには　38
   これまでの遷移概念／時間系列と永久調査区
2. 火　　山　40
3. 有珠山で驚いた　41

火の山 ― 有珠山／遷移系列って決まっていないの
4. セントヘレンズに行ってみよう　45
5. 駒ケ岳が噴火した　47
6. 火山における遷移 ― とくに，軽石・火山灰堆積地　48

第4章　熱帯火山の遷移 ― クラカタウ諸島の120年（鈴木英治）　51

1. 島の地形と歴史　52
2. 噴火後の植生遷移　54
3. どうやって島にやってきたか　60
   風に乗って／海流とともに／動物に運ばれて
4. クラカタウ諸島のこれから　65

第5章　火山島の一次遷移 ― 三宅島における攪乱と遷移（上條隆志）　67

1. 三宅島の噴火の概要　67
2. 三宅島の溶岩上の一次遷移　71
   一次遷移の研究アプローチ／溶岩上の植生の一次遷移パターン／土壌の遷移／オオバヤシャブシによる遷移の促進効果／種の交代のメカニズム
3. 三宅島2000年噴火後の遷移　88
   2000年噴火と植生被害／2000年噴火後の一次遷移／生残した植物体からの植生回復／巨大噴火後の島の生態系

第III部　火山性荒原の攪乱と遷移

第6章　菌根菌による植生遷移促進機構（奈良一秀）　95

1. 菌根菌とは　95
2. 菌根菌の生理的機能　98
3. 菌根菌と火山荒原　100
4. 先駆木本植物の定着と菌根菌の役割　104
5. 植生遷移と菌根菌　107

第7章　火山環境と地衣類群集の形成（志水　顕）　113
　1．地衣類はどのようにして定着し，成長するのか　114
　2．地衣類群集のなかにも，環境選好性や競争がある　115
　3．地衣類は火山遷移のパイオニアか　117
　4．火山の周りの地衣類群集には，どんな特殊性があるのか　118
　5．地衣類の指標生物としての価値　123

第Ⅳ部　湿原の攪乱と遷移

第8章　湿地生態系の化学的攪乱と植物遷移（原口　昭）　127
　1．陸上生態系よりはるかに多彩な湿地生態系　127
　2．なぜ湿地生態系は化学的攪乱を受けやすいのか　129
　3．歴史の証人である泥炭湿地　130
　4．泥炭湿地の形成は攪乱の歴史　132
　5．化学的多機能体としての泥炭湿地　133
　6．化学的難所に生きる生物の特性　136
　7．泥炭湿地おける植生変遷と攪乱の因果関係　139
　　　大都市と共存する京都深泥池浮島泥炭湿地／霧と海塩の影響を受ける北海道根室市落石泥炭湿地／河川の氾濫と森林火災の攪乱を受けるインドネシアの泥炭湿地林／火山や野焼きと共生する里谷地─九重タデ原湿原・坊ケツル湿原
　8．湿地の行く末　148

第9章　火山噴火降灰物が湿原に与える影響（Stefan Hotes）　149
　1．テフラはなぜ面白いか　150
　2．研究へのアプローチ　151
　3．湿原における古生態学的研究　153
　4．野外実験　159
　5．今後の研究課題　167

vi　目　次

第10章　野火跡の湿原植生回復 ─ 釧路湿原における攪乱と遷移
　　　　　　　　　　　　　　　　　　　　　（神田房行・佐藤千尋）　169
　　1．釧路湿原と野火　169
　　2．火事による低層湿原植生への影響　170
　　3．火事によるハンノキ個体群への影響　171
　　4．ハンノキ個体群の天然更新　177
　　5．伐採後の更新　178

第 V 部　極地と砂漠の攪乱と遷移

第11章　高山における埋土種子動態と発芽戦略（下野綾子・下野嘉子）　183
　　1．種子の時間的・空間的分散　183
　　　　土壌中の種子の量と寿命／土壌中の種子の空間構造
　　2．生育地固有の発芽戦略　190
　　　　高山帯の対照的な環境／相互播種実験／実生の出現パターン／実生の生存パターン／実生の成長量／温室での育成

第12章　砂漠における一年生植物の生存戦略（成田憲二）　203
　　1．砂漠とは　203
　　2．多年生植物 Welwitschia mirabilis の生存戦略　208
　　3．一年生植物 Brepharis sindica の生存戦略　210

第13章　高緯度北極氷河後退域における遷移（中坪孝之）　219
　　1．高緯度北極氷河後退後の遷移パターン　220
　　2．維管束植物の生理生態　223
　　3．コケ類・地衣類の生理生態　226
　　4．氷河後退域の炭素循環　227
　　5．地球温暖化と高緯度北極生態系　229

引用・参考文献　233
索　　引　253

第 I 部

攪乱と遷移の論理

ここでは，何はさておき，生態系における攪乱とは，いかなるものかを述べておこう。植物は，その一生を種子から成熟個体まで成長を続ける過程でさまざまな攪乱を経験するが，その攪乱を巧みに利用することで繁栄する。とくに，一度定着してしまうと遠くへ動くことのできない植物にとって，攪乱地に，種子をはじめとする散布体をどのように侵入させるかは，その後の遷移様式を決めるうえでの鍵となる。その部分について，調査法をも含めてまとめる。そして，攪乱が，どのように生態系の発達に関係しているのかについてという，もっとも一般化が厳しい部分については，そのゴールは，まだまだ先のことではあるが，言い訳がましく総論的に，もっともありそうな話を野外調査と理論の面から述べておこう。

　さらに，予測性に乏しい攪乱と生態系変動を詳細に対応づけを行うには，小説『ループ』(鈴木光司，角川文庫)にあるようなバーチャルワールドにおいて生物の動きを観察する方法が強力な武器となる。すなわち，さまざまな攪乱をコンピュータのなかで大発生させて調べることは，滅多に観察されない事象を研究するうえで有効である。島の生物地理学は，理論と野外調査が車の両輪となって証明され，遷移の一断面を明らかとした。ここでは，植物の分散に関連して，コンピュータのなかに攪乱という爆弾を埋め込み，攪乱がパッチ状に分布する環境に生息する生き物の動きを追跡した数理モデルを紹介する。その結果，攪乱は，その形・規模・間隔の相違により，種の共存や死滅の仕方がかなり異なり，その現象がかなり精度よく予測できることと，今後の課題を示す。

　ここまで書くと，「攪乱の世界」と「魑魅魍魎の世界」とは同じであるような気がするかもしれない。しかし，攪乱に関して，理論と実践により証明できていること，できつつあること，できそうなこと，そして，できないことを知ることで，攪乱が魍魎ほどは理解しがたいものではないことがわかって頂けることと思う。以降の各章で，なぜそのようなことを調べているのか，その理由の片鱗を知る一助となれば，第Ⅰ部の目的は十分達成される。

第1章 攪乱と植物群集

露崎史朗

1. 攪乱直後の植物群集を知ろう

　地球温暖化にともない，温度上昇ばかりでなく台風の大型化など，降雨や風速が大きくなることが予測されている．そうなると，これまであまり台風の経験のない地域に暮らしていた生き物の生活は大きく変化せざるをえない．北海道大学キャンパスでは，2004年9月8日に上陸した台風18号により20本近くのポプラが倒れたが，これは，これまで北海道では，そのような大規模台風に頻繁に襲われた経験がないことに一因がある．このような，「物理的環境に起因した生態系・群集・個体群の構造を突然変化させる壊滅的な事象」を攪乱 disturbance という．ただし，その物理的環境を変化させる原因が生物的環境による場合も含めた意味で用いることが多い(White, 1979)．とくに，生態系や群集に対しての攪乱であることを明示する必要があるときには「生態系攪乱」とか「群集攪乱」と呼ぶ．群集 community は，「あるいくつかの共通な特徴により区分される生物集団の単位」を指し，植物だけを扱うときには植物群集と呼ぶ．ここでは，まとまった単位とは何かを考えだすときりがないので，森や草原などがひとつの植物群集に当たるという意味で考えておこう(露崎, 2004)．
　さて，攪乱発生直後から，植物はさまざまな手段を用い攪乱を受けた所へ侵入・定着を始める．その後，環境と種間関係の変化から，定着している種

の構成が変化する。その一連の過程を遷移 succession あるいは生態遷移 ecological succession と呼ぶ。植物群集生態学は，「植物群集の構造とその機能を明らかにする」ことが研究の主眼である。そのひとつの課題として，時間的な変化にともなう植物群集の変化パターンとそれを決定する機構，すなわち遷移機構を明らかにすることが研究課題のひとつである。とくに，遷移初期の植物群集の特徴を知るためには，攪乱の定量化とそれに対する植物の応答方法を明らかにしなければならない。ここでは，とくに，攪乱直後に的を絞り，攪乱特性の把握はどのようになされているかを述べ，ついで，攪乱直後に侵入する種に対する調査法と，その結果をまとめる。

2. それぞれの攪乱の位置づけ

攪乱は，踏みつけなどの小規模なものから，火山噴火などの大規模なものまで，さまざまなものがあり個々に特性をもつため，まずは，それぞれの攪乱について独立に研究する必要があるが，最終的な目標はこれらの攪乱共通にみられる事象をまとめ統合化することにある。たとえば，攪乱は，規模，頻度，強度により特徴づけることができ(図1)，異なる攪乱間でもそれに対する植物の応答の比較が可能となる。

規　模

攪乱の規模 scale とは，おおまかには，その攪乱を受けた面積ととらえて

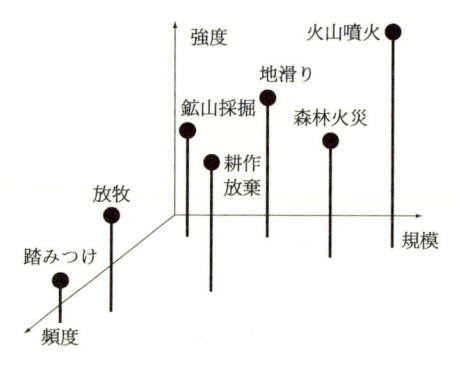

図1　攪乱間の対応関係を，規模・頻度・強度の三次元で表した図。火山噴火は，相対的には規模・強度が大きく，頻度の低い攪乱となる。一方，弱い強度だが頻繁に小規模に攪乱する踏みつけなどは，頻度は高いが強度・規模の小さい攪乱を示す座標に位置する。

よい。森林火災であれば，1 ha 燃えたとか，10 ha 燃えたとかのような指標である。地球温暖化やオゾンホール形成による紫外線増加などの地球規模の攪乱から，ヒトが植物を踏みつける，アリが根を嚙み切る，など小さな規模の攪乱まで，さまざまな規模の攪乱が存在する。これらは，それぞれの規模に対応した生態系の動態に大きく関与する。

攪乱規模は種数と回復速度を決めるが，この理由は，島の生物地理学 island biogeography によって説明できる。なお，この理論は反証もあることに注意されたい。ある島における種数は，その島へやってくる種の移入率と，その島にすでに定着していた種の絶滅数の差で説明される（図 2 A; MacArthur, 1972）。島とは，現実の島ばかりでなく，点在する池や山々なども島にたとえることができれば，この考え方は応用できる。移入率は，最初は島に 1 種も存在しないので，最初に移入した個体は最初に移入した種であり，島にい

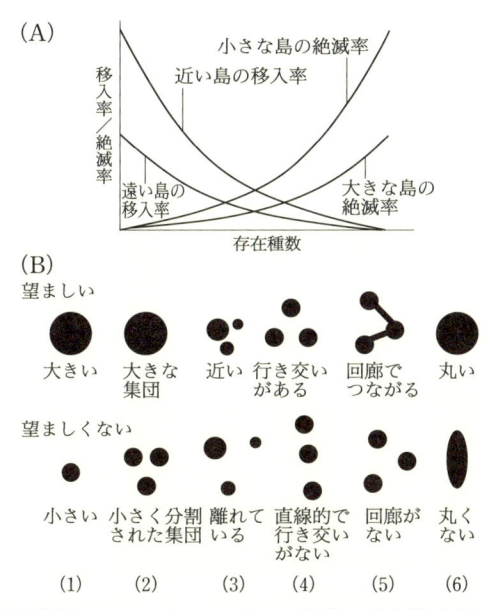

図 2 （A）島の地理生態学にもとづく，その島での種数の決定様式（Diamond, 1975 より）。移入種数と絶滅種数が平衡に達した段階で安定した種数が得られる。4 つの交点が，それぞれ，小さな遠い島，大きな遠い島，小さな近い島，大きな近い島での平衡状態での種数を示す。（B）島の生物地理学から導かれた保護区のデザイン。ただし，(2) と (6) については，保全目的により望ましい場合は上の欄とは限らない（SLOSS を調べよ）。

る種数が少ないときに移入率は高くなり，島にいる種数が増えるにつれ移入率は減少する．移入率は，大陸からの距離が増すにつれ，移入が困難となるため，減少する．一方，その島にすでに定着していた種の絶滅率は，すでに定着している種数と島の大きさに関係し，すでに定着している種数が少なく島が大きければ大きいほど絶滅率は低い．そしてもし，移入率と絶滅率が平衡状態に達していれば，その島での種数は安定する．

　攪乱後の群集の回復速度は，その攪乱の形状とも大きく関連する．形状とは，山火事なら，細長く燃える，円状に燃えるなど，その攪乱を受けた地域の形のことである．溶岩流などは，谷地形にそって流れれば帯状の形状をした攪乱となる．帯状の攪乱地は，連続した小さな島のつながりとみなせば，島の地理生態学が応用できる(図2B)．すなわち，帯状に攪乱を受けたところは，大陸に近接するため移入率は高いが，小さな島であるため絶滅率も高く，そこそこの種数は維持できるが，種の入れ替わりが頻繁に起こることが予測される．このように，攪乱の規模と形状が島にたとえられれば，そこに植物が侵入する速度と平衡状態は予測できる．

　攪乱の規模が異なることは，スケール依存性攪乱要因とも関連する(露崎，2007)．すなわち，規模(面積)により対応して主要な攪乱が異なる．たとえば，シベリアの氷楔 ice wedge 融解後に形成されたガリー(沢)においては，まず，個々のガリーの大きさが，そこに侵入する種を規定しており，ついで，ガリー内での位置が，その種の優占度を決めている(Tsuyuzaki et al., 1999)．

頻　　度

　頻度 frequency は，ある時間当たりにおける発生回数を意味する．攪乱の起こる間隔 interval が長ければ頻度は低く，間隔の逆数をとれば頻度となる．高い頻度の攪乱は，遷移において極相に達する前に生態系は再び改変され極相に達しない状態に留まることがある．踏みつけ跡などでは，規模や強度は低くても，あまりにも高い頻度の攪乱であるため裸地化していることがある．また，攪乱の間隔が不規則であればあるほど，攪乱発生時期の予測性 predictability は低くなる．

強　度

　攪乱の強度 intensity は，同じ質の攪乱においても異なり，遷移の速度に影響する。森林火災を例にあげれば，森林の地上部だけを燃やした火災と，土壌までをも燃やした火災では，強度としては，土壌までを燃やした火災の方が強度は大きい。さらに，強度は，その後の植物群集の回復様式に大きく影響している。すなわち，土壌までが焼失してしまえば，埋土種子は死滅してしまい存在しないため，定義上は一次遷移的な回復となる。

3. 植物の起源

　攪乱特性が把握できたところで，次に，植物の侵入がなくては，攪乱後の生態系の話は始まらない。まず，植物がどこから来ることができるのかを明らかにせねばならない。1977〜78 年に噴火した有珠山では，植物は，周囲からの種子移入，旧表土(噴火前にあった土壌)中の埋土種子，栄養繁殖，人工播種の4つが起源である(Tsuyuzaki, 1987)。ここでは，これらの植物の起源を調べた過程をもとに，これらの起源の決定法と，その成果を紹介する。

　種子散布——まずは飛んでくる

　種子が周辺から侵入するには，風・水・動物などにより運ばれる必要がある(表1)。そして，やってくる種子を調べるには，種子トラップ seed trap がよく使われる(図3)。種子トラップは，乾式と湿式に分けられ，乾式トラップは，トラップ底部に，乾いたものを敷き，そこに種子を捕獲する。トラップ回収および種子選別が湿式に比べ容易だが，捕獲された種子が再びトラップから逃げていくので，その可能性が低いことを確認したうえで用いるべきである。有珠山では，それを知らずに乾式トラップを使ったため，回収率をあげるために，頻繁に種子トラップを回収に行かなくてはならないことになった。湿式トラップは，シャーレなどの底面にグリスなどを塗り，種子の再飛散を防ぐ工夫がなされたものである。強風下では，乾式トラップは種子回収率が低くなるため，湿式トラップがよく使われる。ただし，グリスの粘着性がなくなればトラップ機能はなくなるため，やはり，頻繁にトラップを

表1 歌に語られる種子散布 seed dispersal。種子散布型は，種子に付属する散布器官の形態と機能により区分され，いくつかの分け方が提唱されている(Fenner and Thompson, 2005)。遷移において，大規模攪乱を受ければ，種子は長距離移動が必然となるため，散布様式からは，遷移初期に風散布や水散布などの長距離種子散布を行う種が侵入し，極相近くになると自発散布や重力散布の種が増える。これらの種子は，その特徴からさまざまな歌に語られている。有珠山では，カンバ・ヤナギ・ハンノキなど初期侵入樹種は，すべて風散布種子を生産するものである。

風散布 wind-dispersal タンポポ，ヤナギ，カエデのように，種子に風によって運ばれる付属体をつけているものを風散布種子という。それらの膨大な数の種子が風に舞う姿の美しさから，多くの歌で風散布は紹介されている。松任谷由実の「ダンデライオン〜遅咲きのたんぽぽ」では，

　　　　風にのり飛んで来た　はかない種のような

と歌われている。さらに，特別な散布器官をもたずとも微小な種子は，おもに風により十分な長距離を散布されるため風散布に含める方が妥当である。

水散布 water-dispersal すぐ頭に浮かぶのは，島崎藤村の「椰子の実」の1番で

　　　　名も知らぬ　遠き島より／流れ寄る　椰子の実ひとつ／故郷の岸を離れて／汝はそも　波に幾月

と唄われている。まったく歌詞のとおりで，ヤシは水散布の代表である。インドネシアのクラカタウ島では，66 の種の種子（果実を含む）が海浜に漂着していた(Partomihardjo et al., 1993)。湿原の植物には，水散布種が数多く見られる。

動物散布 animal-dispersal 動物散布は，動物外部に付着し運ばれる動物付着散布と動物内部を通過し散布される動物被食散布に分けられる。動物付着散布は，動物の体毛や表皮に付着し運ばれるもので，これで子供のころに遊んだ人も多いと思う。動物被食散布は，種子や果実が捕食され動物内部を経由し運ばれ排泄され散布される。いずれも，その散布距離は動物の行動範囲に大きく依存する。動物散布の一種であるアリ散布の代表種であるエンレイソウは，北大恵迪寮歌のなかで

　　　雲ゆく雲雀に延齢草の　真白の花影さゆらぎて立つ

と歌われる。（オオバナノ）エンレイソウは，その種子にカルンクルあるいはエライオゾームと呼ばれるアリの餌となる物質をつけることで，アリによって運ばれる(Higashi et al., 1989)。

自発散布 self-dispersal (mechanical dispersal) 自発散布とは，種子を自ら飛ばす機構をもつ種子(果実)のことで，ホウセンカやカタバミに見られる。中島みゆきの歌で「ほうせんか」という歌の一節に

　　　ほうせんか　私の心／砕けて　砕けて　紅くなれ／ほうせんか　空まであがれ／あの人にしがみつけ

と歌われている。なお，スミレは，種子にカルンクルをつけており自発散布の後に，アリ散布も行う。このように，複数の散布様式をとる種も結構ある。

重力散布 gravity-dispersal 特別な散布器官をもたない種子の総称である。そのイメージから，ただ単に落下するだけということで落下散布と呼ぶ人もいる。代表例としては，堅果（ドングリ）を生産するナラ類があげられる。「どんぐりころころ」という唱歌があるが，この歌の出だしの

　　　どんぐりころころ　どんぶりこ／お池にはまって　さあ大変

は，まさに重力散布を歌ったものである。ただし，堅果が重力散布とするには異論がある。たとえば，ネズミ類は，堅果を冬期間の餌として堅果を土壌中に貯めておく性質がある。この貯蔵した種子を祭事することを忘れると，そこから発芽するため，隠匿散布と呼ばれる。確かに，重力散布だけだと山の上には，そう簡単には登れない。

ダンデライオン・遅咲きのたんぽぽ(作詞・作曲 松任谷由実)・椰子の実(作詞 島崎藤村，作曲 大中寅二)・どんぐりころころ(作詞 青木存義，作曲 梁田貞)：JASRAC 出 0716078-701
ほうせんか(作詞・作曲 中島みゆき)：©1978 by YAMAHA MUSIC PUBLISHING, INC. All Rights Reserved. International Copyright Secured.(株)ヤマハミュージックパブリッシング 出版許諾番号 07178 P
（この楽曲の出版物使用は，(株)ヤマハミュージックパブリッシングが許諾しています。）

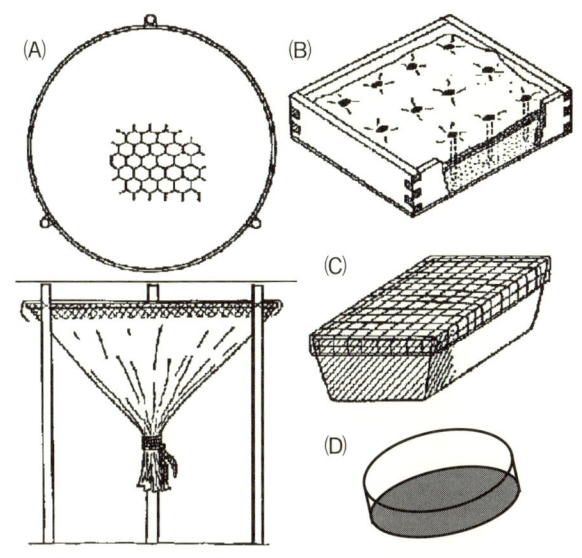

図3 (A〜C)乾式種子トラップ(田川・沖野，1979を改変)。(A)森林でよく使われる寒冷紗を張った種子トラップ。(C)と同様に，上部には金網を張って鳥や哺乳類による種子の捕食を防ぐ。(B)木箱あるいはプラスチック箱などを用いた種子トラップ。底面には種子を捕獲しやすいものとして，綿・ゴルフボール・人工芝などを敷いている。(C)ドングリ採取によく用いられる種子トラップ。(D)湿式種子トラップ。サロベツ湿原では，プラスチックシャーレの底面にグリスを塗り使用している。

つけかえねばならない。

　植物体から種子が離れ地面に到達するまでを一次散布 primary dispersal と呼ぶことがある。これは風や水などで散布された種子が，地面に着地した後に，融雪などにより流されて種子がさらに移動する場合には，それを二次散布 secondary dispersal と呼んで区別するために使われる。カンバの仲間 (*Betula lenta*) では，風による一次散布に加えて融雪水などにより移動する二次散布により一次散布の3倍以上の面積に広がることができる(Matlack, 1989)。火山灰・軽石が噴火降灰物の主体である噴火の場合には，土壌移動は噴火後も継続し，それによる二次散布は遷移初期における群集発達様式を決めるうえできわめて重要となる。種子トラップは，基本的に一次散布種子を捕獲するが，正確な二次散布様式の測定法開発が大きな課題として残され

ている。

埋土種子——よく見えないのですが

埋土種子とは，地面あるいは土中に存在するがまだ発芽していない種子すべてのことを指す。二次遷移においては，ことに埋土種子からの回復が重要となることが多い。そこで，埋土種子集団組成を詳しく調べる必要が生じ，さまざまな方法が考案されているが，それぞれの方法で問題点は多い(表2)。

発芽試験は，光・温度・土壌水分により結果が大きく異なる。温度と一口にいっても，ウルシ Rhus など高温に種子を暴露すると発芽が促進されるものや，低温を体験せねば発芽しない種子があるように，さまざまな温度がある(Baskin and Baskin, 1998)。さらに，春に発芽するが秋には発芽しないというような季節認識を有する種もある。このような種では春に発芽しないと夏には再び二次休眠にはいるという休眠サイクルも知られていて，春と同じ条件で秋に実験しても発芽はしない。光については，発芽に光を必要とする種子(光発芽種子)を十分に発芽させるため，サンプル土壌をできるだけ薄くして行う。サロベツ泥炭採掘跡地における埋土種子集団測定では，計算上は厚さ0.5mm である(江川，私信)。土壌を薄くできなければ，1度目の発芽試

表2　埋土種子集団の調査方法の比較(露崎，1990を改変)。これまでに，さまざまな埋土種子集団の推定方法が考案されているが，これらは大きく4つに大別できる。

	発芽試験法	直接検鏡法	篩選別法	比重選別法
方法	温室などにてトレイ上に採取した土壌を散布し適宜水を与え種子の発芽を待つ	ビノキュラ下で土壌を観察し種子を見つけたらソーティングする	当たりをつけた種子サイズより大きな目と小さな目の篩を用意し，その2つの篩のあいだに種子が集まるようにする	高比重溶液に土壌を溶かし種子を浮上させる
長所	操作が容易	操作が容易	比較的操作が容易処理が早い	処理が速い回収率が高い
短所	長時間必要(通常数か月)。すべての種子が発芽するとは限らない	処理できる量がひじょうに少ない	すべての種子を集めるのは困難(とくに小さい種子)	操作がやや複雑
回収率	低い	高い	サンプルに依存	ひじょうに高い

終了時点で土壌を十分攪拌して再び発芽実験をするという煩雑な手続きを踏まねばならないときもあり，そうなると，試験は1年かかることもある。この膨大な場所と時間の浪費を解消するために，土壌中に存在する最小種子サイズより小さい目の篩を用い細かい土壌を除去し，土壌サンプル量を減らし発芽実験を行う方法が提案された(Ter Heerdt et al., 1996)。ところが，その2年後に篩では，微小な種子が逸出してしまうことが報告された(Traba et al., 1998)。このように，発芽試験法による埋土種子推定は，大きな誤差を含んでいることはつねに頭のなかにおいておかねばならない。確かに，有珠山でとってきた噴火前の土壌を用いた発芽実験でも，発芽したのはわずか5種と悲惨な結果であった(Tsuyuzaki, 1989)。

そこで，発芽実験とは異なる方法による埋土種子集団の特定を試みた(表2)。まず，直接検鏡法は，半日もやっていると目の酷使により吐き気がしてきたので止めた。篩は，種子サイズがわからないので使えない。残されたのは，比重選別法である。

比重選別法は，遠心浮上法のプロトタイプだが，それには大きな欠点があった。その方法は，容器内に土壌をいれて高濃度塩溶液を注ぎ，種子を含めたほとんどの有機物の浮上を待ち，上澄みを濾過するものであった。種子の土壌からの回収率は高いが，処理に時間がかかることが第一の欠点であった。日本では，50%炭酸カリウム溶液(K_2CO_3)を浮上液として使っていたため，長時間塩漬けになることで種子が死亡する，発芽異常などの種子への負の影響が懸念された。これらを解消するためには，処理時間の短縮が必要である。K_2CO_3に種子をつけ発芽率を調べると，1.5時間以上だと長すぎることがわかった(Tsuyuzaki, 1993)。そこで，遠心を用い土壌を沈殿させ操作時間を短縮することを指導教官の吉田先生から示唆された。遠心の影響は種子発芽率に影響がないことを確認し，土壌沈降を遠心により行うと30分以内で処理が可能となった(図4；Tsuyuzaki, 1994)。この方法は，現在でも細かな改良を続けており，K_2CO_3に種子が浸かる時間は15分程度まで短縮されている。

当時，埋土種子集団分布推定を行うには小サンプルを数多く採取する方が有効といわれるようになっていた(Gross, 1990)。そこで，噴火20年後に行っ

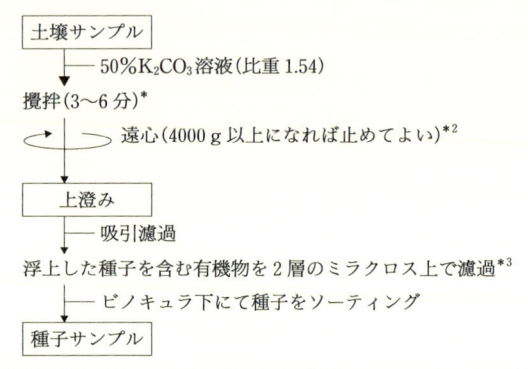

```
土壌サンプル
  ↓ ── 50%K₂CO₃溶液(比重1.54)
撹拌(3〜6分)*
  ↻ ── 遠心(4000g以上になれば止めてよい)*²
  ↓
上澄み
  ↓ ── 吸引濾過
浮上した種子を含む有機物を2層のミラクロス上で濾過*³
  ↓ ── ビノキュラ下にて種子をソーティング
種子サンプル
```

図4 比重選別法を改良してできた遠心浮上法(Tsuyuzaki, 1994 を改変)。*最初のころは，スターラーを用いて撹拌を行ったが，噴火後20年を経過した有珠山旧表土中埋土種子組成調査からプロペラシャフトを使って撹拌している。その場合，撹拌時間は5分以下で十分である。*²卓上遠心器を使う場合には，スイッチをいれてからローターが止まるまで数分程度となる。*³濾紙を3層にして行っていたが，途中からミラクロスに変えた。また，この過程でミラクロス上の有機物を十分に洗浄することができる。

た旧表土中の埋土種子集団測定は，土壌を100 ccずつ，約60か所から採取して採取土壌を2分割し，片方を遠心浮上法に，もう片方を発芽試験法にかけ両者の比較を行った(Ishikawa-Goto and Tsuyuzaki, 2004)。その結果，遠心浮上法は発芽試験法より多い種数と種子数を得ることができ，数では遠心浮上法に軍配があがった。しかし，小さな種子は比重選別法ではあまり検出できず，それぞれの方法には長所短所があることもわかった。

まとめてみると，埋土種子集団測定では，土壌採取時のサンプリングデザインが第一の問題である。ついで，埋土種子集団推定に用いる方法の選択が第二の問題である。発芽試験法のみでは検出できなかった「眠れる種子」が，ほかの種子選別法により抽出できれば，これまでブラックボックスであった埋土種子集団の動態をより明らかにできるだろう。

栄養繁殖──ど根性ガエル

栄養繁殖とは，有性繁殖に対応する言葉で，種子で増えるのではなく，親個体の栄養繁殖期間の一部から増えることで，撹乱強度が低く，土壌中に地下茎などが生存していれば，群集回復の要因となる。有珠山では，卒業論文

のため調査にはいった1983年には，被度は低いながらも，すでに大型の多年生草本であるオオブキやオオイタドリが優占していた(Tsuyuzaki, 1987)。栄養繁殖にせよ，埋土種子にせよ，どちらも，土のなかにあるものなので，これらを決めるのには，なにはともあれ，掘ればいいんだ。そう思っていたら，世のなかはそんなに甘くなかった。オオイタドリでは，1.5m掘っても，まだ地下茎が地表面から続いていて終点に達しない。これは自分のお墓かといいたくなるくらい掘って，やっと噴火前の土壌が見えた。すると，そこにあった，腐った地下茎のなごりが。これは，噴火降灰物が1m以上堆積しても，オオイタドリは栄養繁殖で復活できることが，掘ってみて初めてわかった瞬間であった。

人工播種——ずっといて欲しくはない

自然な遷移には，むしろ邪魔者だが，日本のように山麓に人が住む地域では，泥流などを防ぐために砂防工事が必然的に施される。砂防工事では，外来牧草などの吹きつけが大面積にわたり行われることもある。有珠山では，ヘリコプターから牧草種子が散布された。有珠山では，これらの植物が大繁茂することはなかったが，これらの植物が優占すれば，それはそれで大問題となる。

4. 種数と群集の変化

遷移を語るうえで，「中規模仮説 intermediate theory」を避けて通ることはできない(図5)。空間軸においては，攪乱が強ければ，攪乱に弱い種は侵入できないため，多様性は低くなる。一方，攪乱がまったくない安定した環境下においては，種間競争が激しくなるため競争に弱い種が消失し，結果として多様性は低くなる。したがって，攪乱強度にそって，群集多様性をみてみると，中程度の攪乱が起こっているところでもっとも多様性が高いという傾向が認められることが多い(Connell, 1979)。時間軸にこれを当てはめてみると，火山噴火直後は，土壌移動，地表乾燥，遮蔽物がないための強風・直射などの攪乱がひじょうに激しく，多くの種がそこに侵入定着できない。時間が経

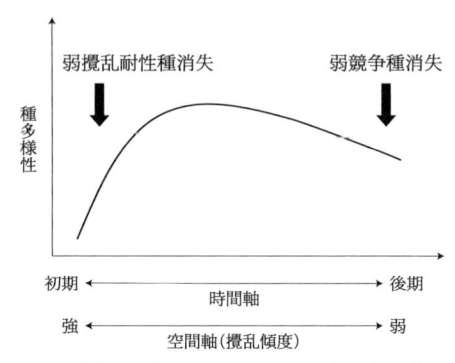

図5 中規模仮説における多様性の変化(Connell, 1979をもとに作成)。時間が経過するにつれ，遷移では攪乱強度が徐々に減少する。その場合，この中規模仮説にみられるように遷移の途中段階でもっとも多様性が高くなる。

過するにつれ攪乱の強さは低下し，しだいに多様性が増加する。さらに，時間が経過すると攪乱の少ない安定した環境となり，競争の結果として攪乱軸上でもっとも攪乱の弱いところに位置することとなり多様性は減少する(Drury and Nisbet, 1973)。自分が学生であったころは，遷移が進むにつれ種多様性は増加すると書かれた教科書がほとんどであり，そのことが極相を保護する根拠のひとつにあげられていたが，これはご破算となり，この論文を読んだときの衝撃は忘れられない。ただし，極相に達するまでの年月を考えてみれば，極相を保護する重要性に変わりはない。

　競争排除則 competitive exclusion principle とは，利用資源が同一の複数種は，競争の結果として，同じ場所では共存できない，という法則である(Gause, 1934)。ニッチ niche とは，(生態的)地位とも訳され，ある種が，その生息する環境における生態的な役割あるいは地位を意味する。そして，多種が同一ニッチを利用することはありえない。このことは，同じ面積であれば，さまざまなニッチが存在している方が，より多くの種が生存可能であることを意味する。攪乱直後の環境は，相対的には資源も少ないのでニッチも少ない。このニッチを，より効率よく占めることのできた種により攪乱直後の群集構造が決まるという考え方がある。

　さらに，時間が経過すると，複数の群集がひとつの群集に向かって変化し

たり(収斂)，逆に，1つの群集がさまざまな群集に分かれていったり(発散)する。群集は収斂するのか発散するのか。このことは，遷移研究の始まりのころから議論され，単極相説と多極相説のどちらが正しいかという論争にもみることができる。単極相説とは，同一気候帯のなかでは唯一の極相が形成される，すなわち，気候のみにより極相は決められるという説である。一方，同じ気候のなかでも複数の極相とみなせる生態系が存在することから，同一気候帯に属する地域でも，気候以外の要因，たとえば，土壌や微気象の違いにより異なる極相群集が発達するという多極相説が表れた。しかし，ここでもスケール依存性の考え方が関係していることがわかる。地球規模などの大規模スケールでは単極相説で十分説明できるが，個々の地域スケールになると，それぞれの地域のなかでの相違を考慮せねばならず，その際には，多極相説の方が現象を説明するのに優れている。したがって，別に単極相説と多極相説(ほかの説も含めて)でどれが正しいとかを主張する必要はないように思う。また，群集構造の変化には，パッチ動態 patch dynamics とスケールをも考慮する必要がある。パッチとは，多数の植物個体が局所的に占めている空間的な部分をいう(Pickett and White, 1985)。たとえば，攪乱により初期に疎らなパッチが形成され，それがしだいに大きくなれば，それは収斂的にみえる。一方，攪乱で大規模なパッチが発生し，そのなかにさまざまな群集が発達していけば，それは発散的にみえる。いずれにしても，攪乱によりその地域がどのようなダメージを受けたかが群集発達のだいじな鍵となる。

　攪乱直後における，植物群集の特徴を知る方法の問題点を軸にして述べてきた。ここで紹介したように，群集多様性はある程度の攪乱が起こっているところで高くなる。また，そのようなところにしか出現しない攪乱に適応した群集も存在する。保全研究においても，ただ安定した環境を供給するだけではなく，攪乱との対応関係をより明らかにせねばならない。本章は，イントロということで，おもに攪乱直後の種子植物群集について述べたが，以降で，攪乱に対する理論と野外調査を用いた研究者の格闘のようすを味わって頂きたい。

第2章 数理を通してみた攪乱と生物多様性

重定南奈子

　生物の生息環境は，自然攪乱あるいは人為攪乱により空間的にも時間的にもさまざまなスケールの破壊を受けている．それはある種にとっては致命的な打撃を与えるが，別の種にとっては，新しいニッチを提供することにもなる．台風や洪水，山火事などの壊滅的な危機に襲われても，種多様性がかえってあがることもあり，攪乱は種を維持する機構として重要な意味をもつと考えられている．

　たとえば，アメリカのConnell(1978)は，岩礁生態系や珊瑚礁群集で驚くべき多様性が維持されるのは，ときどき襲う台風や荒波などによる中規模の攪乱によって，もっとも競争に強い種が系全体を独占する前に，競争に弱い種に繰り返し生息場所(空き地)が提供されているためであると指摘している．こうした観察にもとづいて，Connellは，生物の生息環境が時間的にも空間的にも絶えず変化し続ける非平衡な状態では，かえって多くの種が共存しうるという「非平衡説」を提唱した．

　一方，理論生態学者はこの問題に対して，メタ個体群モデル(Horn and MacArthur, 1972; Hanski, 1983; Nee and May, 1992; Tilman, 1994; Kondoh, 2001)，齢構造モデル(Levin and Paine, 1974)，ロッテリー競争モデル(Chesson and Warner, 1981; Shimida and Ellner, 1984; Muko and Iwasa, 2000)などのさまざまな数理モデルを提唱し，攪乱と生物多様性の関係について多角的に研究を展開している．なかでもTilmanは，種間競争に強い順序関係がある場合，生息地破壊によってまず絶滅するのは競争力に優れた種からであるという意外な結論

をメタ個体群モデルを用いて導いている。

　しかし上記のモデルの多くは，空間的に分散にしている生息地の具体的な配置を考えないで，個体はどの生息地にも同じように移動できるという取り扱いがなされている。現実には，個体の移動や増殖は生息地の空間構造やその時空間変動によって大きな影響を受けることは明らかであり，そうした観点にたって生態学を研究する空間生態学に近年大きな注目が集まっている(Tilman and Kareiva, 1997; Shigesada and Kawasaki, 1997)。空間生態学は広大なスケールと多様な環境を扱うため，さまざまな条件設定が自由に行える数理モデルを用いた研究が実証研究と相まって期待されており，実際，拡散反応モデルや格子モデルなどが多くの場面で活用されている(重定, 1992；Sato et al, 1994; Harada and Iwasa, 1994; Kinezaki et al., 2003, 2006; Fagan et al., 2003)。

　本章では，大澤恭子ら(Ohsawa et al., 2002)が提案した，二次元格子状に配置された生息地にいろいろなタイプの攪乱がかかったとき，種の多様性がどのような影響を受けるかを，種の時・空間分布に注目しながら展開するコンパートメントモデルの紹介をする。本モデルでは，各生息地(以後パッチと呼ぶ)内で複数個の種が競争しており，攪乱がなければ生き残る種組成とその分布が特定できる場合を取りあげる。このことにより，これまでの研究では追求することのできなかった，攪乱のかかる場所とその形状やサイズ，また，攪乱の到来時間に依存して，それぞれのパッチに生息する各種の個体群動態がどのように変化するか，さらに，系全体の時・空間分布を追跡することにより種多様性がどのように変動するかをそのメカニズムとあわせて議論することが可能になる。

　次節では競争，分散，攪乱を統合したコンパートメントモデルの枠組みを紹介する。続いて第3節では，各パッチ内での競争としてとくに干渉的競争を取りあげ，競争がもたらす個体群動態の一般的な性質と特徴を紹介する。第4節では，コンパートメントモデルのシミュレーションの結果を示し，攪乱の形状，サイズ，攪乱のかかる場所，攪乱の到来頻度が系全体の種組成の時空間変動に及ぼす影響について議論する。

1. パッチ・ダイナミクス——二次元コンパートメントモデル

この節では，パッチ内での競争，パッチ間移動，そして環境攪乱を組み込んだ，グローバルなパッチダイナミクスを記述するコンパートメントモデルの枠組みを紹介する（各パッチ内に種がいるかいないかだけを追跡するいわゆるパッチ占拠モデルに対して，本モデルのように，パッチ内の個体群動態を取り入れたモデルは，コンパートメントモデルと呼ばれる）。

生物の生息地がパッチ状に分布している状況を表すもっとも簡単なモデルとして，同質の生息地が二次元格子上に規則正しく分布している場合を想定しよう（以下では10行10列の正方格子上に設定する）。

各パッチ内では一般に N 種が共通の資源を求めて相互に競争しており，競争は，下に示す Lotka-Volterra 型の競争方程式に従うとする。

$$\frac{dn_i}{dt} = (r_i - \mu_{ii} n_i - \sum_{j=1(j \neq i)}^{N} \mu_{ij} n_j) n_i \qquad (i=1, 2, \cdots\cdots, N) \tag{1}$$

ここに，n_i は種 i の個体数，r_i は種 i の内的自然増加率。μ_{ii} は種内競争係数で，種 i の増殖が同種個体間の競争により低下する効果を表す。また，μ_{ij} は種間競争係数で，種 j の競争作用が種 i の増殖を阻害する効果を表す。(1)式を解くことにより，ひとつのパッチ内で起こる種内・種間の競争が，それぞれの種の個体数変動にどのような影響をもたらすかを調べることができる。次節では，とくに干渉的競争系において，(1)式が示す特徴的な性質について詳しく述べる。

一方，個体の移動は隣接するパッチ間でのみ行われるとする。すなわち，各個体はそれぞれの種に固有の拡散率で隣接する 4 つのパッチに移動する。

以上のことを総合すると，各パッチ内に生息する i 番目の種の個体数の時間変動は(1)式に拡散を組み入れた下の方程式で表される。

$$\frac{d}{dt} n_i(k, l) = \{r_i - \mu_{ii} n_i(k, l) - \sum_{j=1(j \neq i)}^{N} \mu_{ij} n_j(k, l)\} n_i(k, l)$$
$$+ D_i \{n_i(k-1, l) + n_i(k+1, l) + n_i(k, l-1) + n_i(k, l+1) - 4 n_i(k, l)\} \tag{2}$$
$$(i=1, 2, \cdots\cdots, N; \ k, l=1, 2, \cdots\cdots, 10)$$

ここに，$n_i(k, l)$はk行l列目のパッチにおける種iの個体数を表す．D_iはi番目の種の拡散係数である．(2)式の右辺第1項はk行l列目のパッチ内で起こる種内・種間競争を(1)式で与えられたLotka-Volterra方程式で記述している．また，第2項は隣接する上下左右のパッチ間の移入と移出を表している．

今，このパッチ状環境の一部に自然攪乱あるいは人為的攪乱が周期的に到来し，空き地が繰り返し生成される状況を想定しよう．攪乱のかかる場所および攪乱の形状や大きさ(サイズ)については，さまざまなものが考えられるが，ここでは攪乱の大きさと再帰性に注目し，以下の4つの場合を取り上げることにする．

①島状-再帰型攪乱：攪乱が毎回同じところに固まってかかり，周りに攪乱のかからない回廊ができる場合．
②島状-非再帰型攪乱：島状の攪乱が毎回別の場所に到来する場合．
③分散状-再帰型攪乱：攪乱は毎回同じ場所に到来するが，小さいサイズの攪乱があちこちに分散する場合．
④分散状-非再帰型攪乱：分散状の攪乱が毎回別の場所に到来する場合．

こうした攪乱の典型例として，以下では，図1(A)に示す4つのパターンについてシミュレーションをすることにする．とくに，①島状-再帰型攪乱の場合については，中央部に$L_d \times L_d$の矩形状にかかる攪乱のサイズを$L_d=4, 6, 8$の3通り取りあげ，攪乱サイズの影響をみる．

また，攪乱の到来周期については，図1(B)に示すように，攪乱のかかっていない時間とかかっている時間(攪乱継続時間)の長さをそれぞれT_0とT_dとし，それらの和T_0+T_dを一周期とする．とくに，$T_d=0$は，系に攪乱がまったく起こらない場合であり，逆に$T_0=0$は，生息域内につねに攪乱がかかっている場合(永久攪乱)に対応する．以下では，一周期を$T_0+T_d=10$と固定し，T_dをパラメータとして，0から10まで変化させる．

以上で，競争，分散，攪乱を組み込んだ個体群の時空間動態モデル(コンパートメントモデル)の基本的な枠組みができあがった．

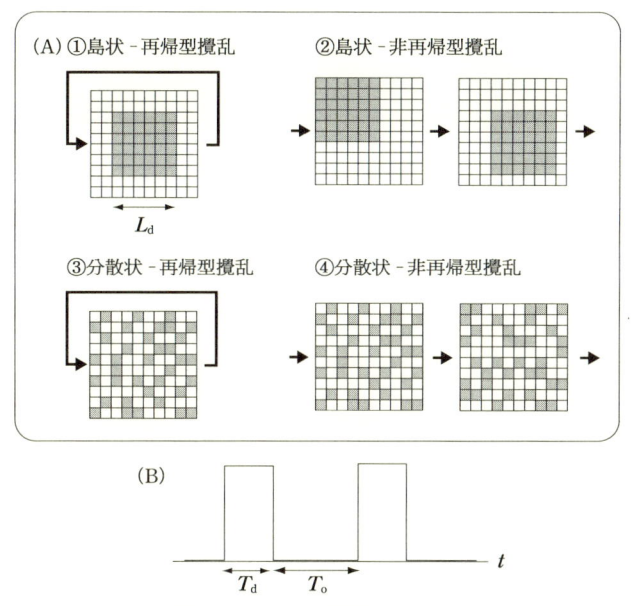

図1 攪乱のパターンと到来間隔。(A)4つの攪乱パターン。①島状 - 再帰型攪乱：二次元格子の中央に $L_d \times L_d$ の島状の攪乱がかかる。攪乱のサイズは，$L_d = 4, 6, 8$ の3通りを取りあげる。攪乱のかかっているあいだは攪乱地で種は生存できない。②島状 - 非再帰型攪乱：攪乱は毎回ランダムな場所に固まって到来する。③分散状 - 再帰型攪乱：攪乱は毎年同じ場所に到来する。ただし，攪乱のサイズは小さく，分散している。④分散状 - 非再帰型攪乱：小さいサイズの攪乱が毎回ランダムな場所に分散して到来する。(B)攪乱到来の時系列。攪乱のかかっていない時間 T_o と攪乱のかかっている時間 T_d が交互におとずれる。したがって，攪乱は $T_o + T_d = 10$ の周期で規則的に到来する。

2. パッチ内競争とパッチ間移動のパラメータ設定

この節では，まず，(1)式であたえられる Lotka–Volterra 競争方程式について説明しよう。互いに共通の資源をめぐって競争している種のあいだでは，どのような特性をもった種が競争に勝ち抜いて生き残れるのだろうか。競争の結果は，個々の種がもっているライフサイクルの特性や，同種および他種とのあいだの直接・間接相互作用，あるいは，生息環境の物理的・生物的性質に密接に関係しているはずである。Lotka–Volterra 方程式では，そうしたさまざまなファクターを個体の内的自然増加率，種内・種間競争係数と

いったパラメータに捨象し，個体数の時間変動や種の存続条件をパラメータと関係づける研究が行われてきた．

まず，もっとも簡単な例として，以下の2種 Lotka-Volterra モデルを紹介しよう．

$$\frac{dn_1}{dt} = (r_1 - \mu_{11}n_1 - \mu_{12}n_2)n_1$$
$$\frac{dn_2}{dt} = (r_2 - \mu_{21}n_1 - \mu_{22}n_2)n_2 \tag{3}$$

(3)式は，n_1 と n_2 の2変数微分方程式であるが，右辺が非線形であるため，解は，一般に，t の関数として明示的に求めることはできない．しかし，図2に示すように(n_1, n_2)平面上の相図を用いると，解の挙動がパラメータ値に依存して4つのパターンに分類されることがわかる．つまり，十分時間が過ぎると，$n_1(t)$と$n_2(t)$の行き着く先は，(A)種1だけが生き残る，(B)種2だけが生き残る，(C)2種とも生き残る，(D)初期値に依存してどちらか1種だけが生き残る，のいずれかである．とくに，(C)の2種が共存する場合は，$\mu_{11}\mu_{22} > \mu_{12}\mu_{21}$ でなければならないが，これは種内競争が種間競争より大きい状況に対応する．それに対して(D)が実現するには，種間競争が種内競争より大きくなければならない．(D)では，ふたつの安定な平衡状態(白抜きのまる)が存在するが，このように局所的に安定な平衡点が複数個存在する状態は多重平衡系と呼ばれる．

こうして，2種 Lotka-Volterra 競争モデルの解の振る舞いには，シンプルなルールがあることがわかった．それでは種数が3以上になっても，同様のルールがあるのだろうか．残念ながら，N が3以上になると，図2のように相図を描いて解の挙動を分類することはひじょうに難しくなる．実際，N が3以上になると，(1)式を数学的に解くことは困難なため，多くの研究者は，計算機シミュレーションを用いて解の性質を調べている(Gilpin and Case, 1976)．それによると，一般に，N が多くなるほど安定な平衡点を複数個もつ多重平衡系が存在しやすくなること，また，リミットサイクルと呼ばれる周期解や不規則な変動を続けるカオス解も出現しうることなどが明らかになっている．しかし，競争系では周期解やカオス解は，通常，限られたパラメータの値に対して現れるものなので，パラメータ値として現実の競争系

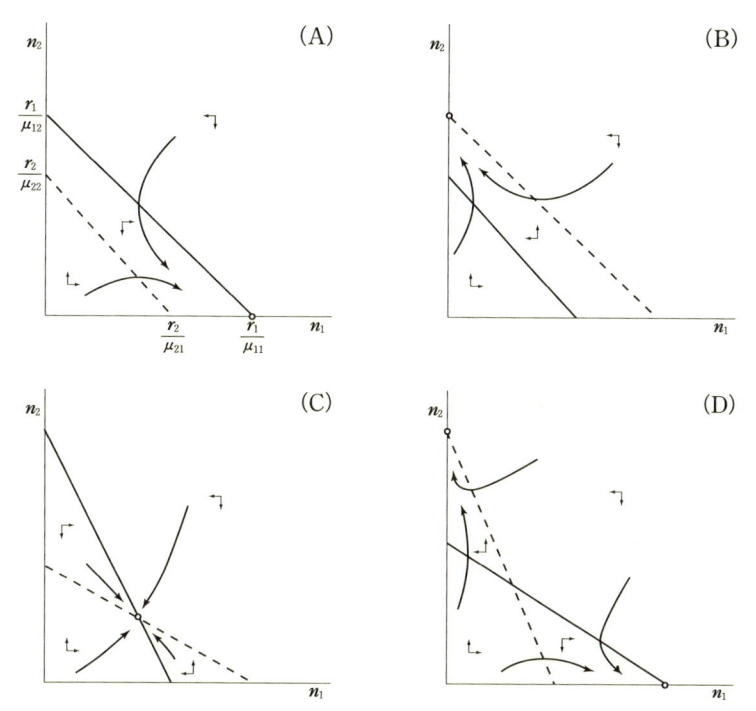

図2 2種 Lotka-Volterra 競争系の解の分類。(n_1, n_2) 面上に(1)式の右辺が0となる直線（ヌルクラインと呼ばれる），$(r_1 - \mu_{11}n_1 - \mu_{12}n_2)n_1 = 0$（実線）と $(r_2 - \mu_{21}n_1 - \mu_{22}n_2)n_2 = 0$（点線）を引く。ヌルクラインは互いの相対的な位置関係により，(A)〜(D)の4つに分類される。ヌルクラインで囲まれる各領域内に(1)式の右辺の値が正か負であるかに即して，n_1 と n_2 が時間とともに変化していく方向を短い矢印で表す。解はこの矢印の方向に進んでいき，やがてヌルクラインの交点である安定平衡点（○）へと漸近する。(A) $\frac{r_1}{\mu_{11}} > \frac{r_2}{\mu_{21}}$, $\frac{r_2}{\mu_{22}} < \frac{r_1}{\mu_{12}}$ の場合で，種1だけが生き残る。(B) $\frac{r_1}{\mu_{11}} < \frac{r_2}{\mu_{21}}$, $\frac{r_2}{\mu_{22}} > \frac{r_1}{\mu_{12}}$ の場合で，種2だけが生き残る。(C) $\frac{r_1}{\mu_{11}} < \frac{r_2}{\mu_{21}}$, $\frac{r_2}{\mu_{22}} < \frac{r_1}{\mu_{12}}$ の場合で，2種とも生き残る。(D) $\frac{r_1}{\mu_{11}} > \frac{r_2}{\mu_{21}}$, $\frac{r_2}{\mu_{22}} > \frac{r_1}{\mu_{12}}$ の場合，どちらか1種だけが生き残る（初期値に依存して，ふたつの安定平衡点のいずれかに近にづく）。

をよく反映した値を選べば，解の性質もおのずと限定されてくるものと期待できる。

たとえば，Miller(1967)は，競争の機構には大きく消費型競争 exploitation と干渉型競争 interference のふたつがあることを指摘している。いずれの競争も，そのメカニズムを取り入れた数理モデルが提案されており，消費型競

争については，MacArthur-Levins(1967)によるニッチ(資源)分割理論がよく知られている。一方，干渉型競争については筆者らによる干渉的競争モデルがある(Shigesada et al., 1984)。また，最近では，種間の競争力に階層的な順序関係のある場合について，Teramoto(1993)により階層的競争 hierarchical competition モデルが提案されている。いずれのモデルも，(1)式のLotka-Volterra 競争方定式の枠組みはそのまま残し，競争係数 μ_{ij} にそれぞれの競争に固有の特性を織り込んでいるところに特徴がある。また，そうすることにより，数学的な解析が容易になり解の性質を見通しよく整理することに成功している。本章では，パッチ内の競争モデルとして以下の干渉的競争モデルを採用する(階層的競争モデルを採用したコンパートメントモデルについては，Ohsawa et al.(2003)を参照されたい)。

$$\frac{dn_i}{dt} = (r_i - \sigma_i \alpha_i n_i - \sum_{j=1(j \neq i)}^{N} \sigma_i \beta_j n_j) n_i \quad (i, j = 1, 2, \cdots, N) \quad (4)$$

(1)式と比べるとわかるように，上式は(1)式の種内競争係数と種間競争係数がそれぞれ次のようなふたつの因子の積，

$$\mu_{ii} = \sigma_i \alpha_j, \quad \mu_{ij} = \sigma_i \beta_j$$

で与えられる場合に対応する。ここで，α_i は種内干渉因子で，種 i が同種個体に及ぼす干渉作用の強さを表す。また，β_j は種間干渉因子で，種 j が他種個体に及ぼす干渉作用の強さを表す。一方，σ_i は感受性因子で種 i が他個体から受ける干渉作用を実際に感受する度合いを表す(σ_i が小さいほど受ける影響が小さい)。たとえば，太陽光線を遮ぎりやすい植物は，他個体の光環境を阻害するため一般に大きい β_i をもつと考えられる。しかし，それを受ける側の被害の程度はそれぞれの光要求度により異なるであろう。光要求度の低い植物に取っては，受けるダメージが低いので σ_i は小さいと考えられる。以下では，同種間個体に対する干渉の方が他種個体に対する干渉より大きい種($\alpha_i > \beta_i$)を「内的干渉種」，逆に種間干渉が種内干渉より大きい種($\alpha_i < \beta_i$)を「外的干渉種」と呼ぶことにする。

以上が干渉的競争モデルの枠組みであるが，幸い(4)式は，解の挙動を数学的に厳密に解析することができ，競争によってどの種が最終的に生き残るか，

また生き残った種の個体数はどのような分布をしているかといった点を，パラメータの性質と対応づけて議論することができる(Shigesada et al., 1984)。以下に，解析の結果を生態学的な意味を交えながら要約してみよう。

ここで，結果の見通しをよくするために，$r_i/\sigma_i = \varepsilon_i$とおいて，$\varepsilon_i$の大きい順に種に番号づけ(ランクづけ)をしておく。

$$\varepsilon_1 > \varepsilon_2 > \cdots\cdots > \varepsilon_N \tag{5}$$

ε_iは，内的自然増加率r_iが大きくかつ他個体からの干渉に対する抵抗力が強い(σ_iが小さい)ほど大きな値をもつので，いわば生命力の強さを表す指数として，以後「生命力指数」と呼ぶことにする。

このとき(4)式には，リミットサイクルやカオスはなく，解は一般に複数個存在する安定な平衡点(すなわち多重平衡系である)のうちのひとつに近づいていくことが示される。以下に，そうした安定な平衡状態において，生き残っている種組成の特徴を模式的に示した。

(Ⅰ)　ランク：　1, 2, 3,　　……　　, N
　　　　　　　 ○ ○ ○ ○ × × × × ×

(Ⅱ)　ランク：　1, 2, 3, … h, …… , N
　　　　　　　 ○ ○ × × ● × × × ×

平衡点がタイプ(Ⅰ)の場合，内的競争種のみランクの高い種から順にいくつか生き残っている。タイプ(Ⅱ)の平衡点では，内的競争種がランクの高い順にいくつか生き残り，また，さらに低いランクの外的競争種がただ1種生存している。したがって，仮にランク1の種が外的競争種の場合，内的競争種はすべて死滅することになる。

この模式図から，干渉的競争系の特徴的な性質をまとめると次のようになる。

①種内干渉種のあいだではランクの高い種ほど生き残りやすい。
②種間干渉種はたかだか1種しか生き残れない。
③種間干渉種が生き残っているとき，その種は自分より低いランクの種を

26　第Ⅰ部　攪乱と遷移の論理

すべて排除し絶滅に追いやる．

以下では，干渉的競争系に含まれるパラメータの値を具体的に設定して，上に示した解の特性を確認することにしよう．

まず，競争種の数を10種類（$N=10$）に固定し，パラメータ $\varepsilon_i, \alpha_i, \beta_i, \gamma_i$（$i=1, 2, \cdots\cdots, 10$）の値を以下のように設定する．

$$\varepsilon_i = 10 - 0.1 \times (i-1),\ \alpha_i = \gamma_i = 1,\ \beta_i = \begin{cases} 1.026\,(i=4, 6, 7, 9) \\ 0.95\,(i=1 \sim 3, 5, 8, 10) \end{cases} \quad (6)$$

すなわち，ランクが4，6，7，9の種は外的競争種であり，残りの種は内的競争種である．図3に，このとき(4)式がもつ安定な平衡状態を示した．図3(A)ではランクが1～3までの内的競争種のみが生き残っており，これは平衡状態(Ⅰ)に対応する．図3(B)では，内的競争種である種1と外的競争種である種4だけが生き残っており，これは平衡状態(Ⅱ)が対応する．(A)，(B)ともに局所安定であるため，解がどちらに漸近するかは初期値に依存する．

最後に，パッチ間移動を規定する拡散係数 D_i の値を設定する．一般に拡散能力は種によって異なるが，その大きさは，その種がもつほかの特性，たとえば増殖能力や競争力などと何らかの相関をもつことが知られている．以下ではランクの高い種ほど拡散能力が低い，つまり生命力指数 ε_i と拡散係数 D_i のあいだにトレードオフがある場合を想定して，次の値を用いることにする．

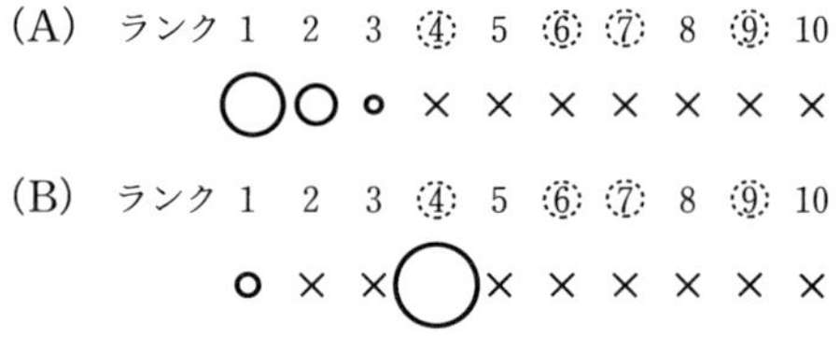

(A)　ランク　1　2　3　④　5　⑥　⑦　8　⑨　10
(B)　ランク　1　2　3　④　5　⑥　⑦　8　⑨　10

図3　(6)式で与えられるパラメータをもつ10種干渉競争系(4)の安定な平衡状態．(A)，(B)はそれぞれ25頁の模式図(Ⅰ)，(Ⅱ)に対応する．点線の丸で囲んだ種は外的競争種．円の面積は平衡状態における種の個体数を表す．

$$D_i = 0.001 \times 2^{i-1} \qquad (i = 1, 2, \ldots, 10) \tag{7}$$

3. シミュレーションの結果

島状再帰型攪乱の場合

　この節では，まず，図1(A)の(i)に示した二次元格子の中央に $L_d \times L_d$ の攪乱が周期的に到来する島状再帰型攪乱について，コンパートメントモデルのシミュレーション結果を紹介し，攪乱の継続時間 T_d と攪乱のサイズ L_d が生き残る種の組成や空間分布にどのような影響を及ぼすかをみることにする。

　そこで最初に，シミュレーションの一例として，攪乱の継続時間が $T_d = 2$，攪乱のサイズが 8×8($L_d = 8$)の場合について，攪乱到来から次の到来までの一周期のあいだに各種が示す空間分布の経時変化を図4に示した。なお，シミュレーションの初期値は，(10×10)のパッチのうち，左半分の(10×5)個のパッチで図3(A)に示した平衡状態の近傍の値を，残りの右半分のパッチでは図3(B)の平衡状態の近傍の値を用いた。したがって，平衡状態で死滅している種も初期には少数ながら存在する。こうした初期値から出発すると，攪乱がなくなるごとにランクの低い種(拡散能力の高い種)から順に攪乱跡地(空き地)に侵入が繰り返えされるのだが，そのなかの種5～8と種10はしだいに個体数を減らしついにはこの領域から消えていく。それに対して残りの種1～4と種9は，時間が十分たつと空間分布が攪乱周期 $T_0 + T_d = 10$ で周期的に変動するようになる。図4はこの周期的平衡状態における一周期のあいだの各種の空間分布の変遷を示している。まず，攪乱のかからない周辺のパッチ(二次元格子の縁に位置するパッチ)で生き残っている種の分布に注目しよう。左半分では主として種1～3のみが，右半分では種4と種1が占めており，それぞれ図3で示した平衡状態(A)と(B)の分布に近い値を維持している。つまり，初期の分布の偏りが，攪乱後も維持されているのである。ちなみに，攪乱がなければ，初期状態の偏りは消えて全域で種1～3が一様に分布することが確かめられている。このことから，攪乱の存在により，多重平

28　第Ⅰ部　攪乱と遷移の論理

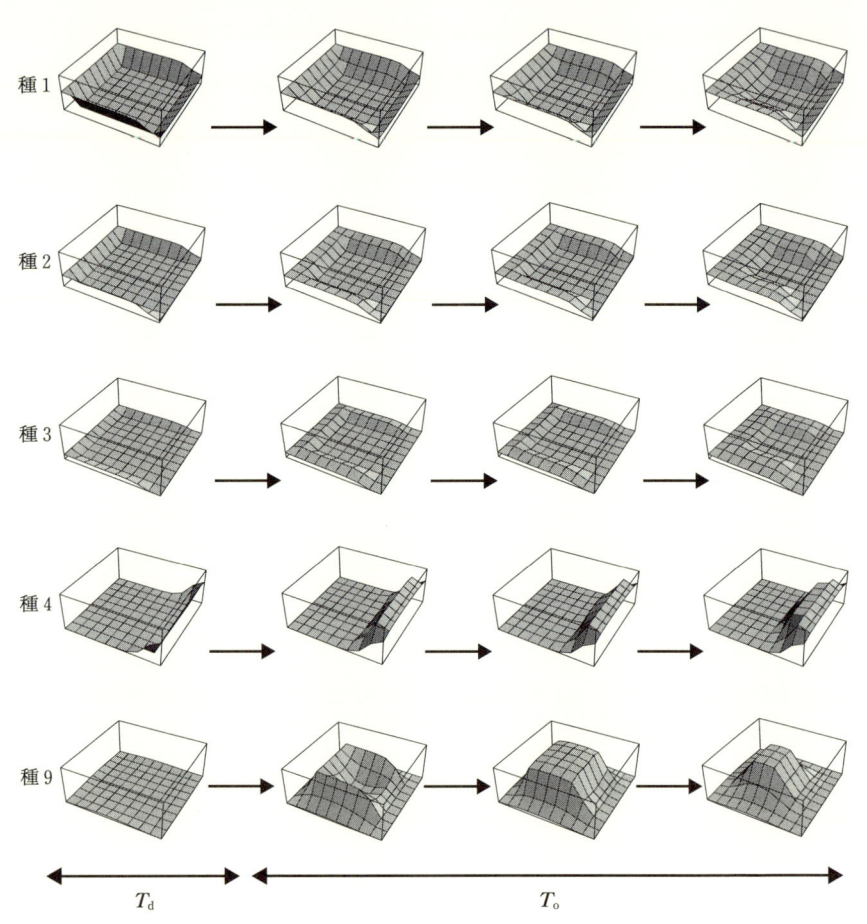

図4　周期的平衡状態における生存種の空間分布の変遷。$T_d=2$, $L_d=8$ 場合。攪乱のかかっているあいだは攪乱地に侵入した生物は死亡するが，攪乱がかからなくなると拡散能力の高い種9がまず空き地を先取りする。しかし，ランクの高い種1～4が後方より侵入してくると，それらとの競争により種9の個体数が減少する。その結果，次の攪乱到来直前には，空間の左側では主に種1，種2，種3が，右側には種1，種4が，中央の空き地には種9が棲み分けている。ほかの種は絶滅している。

衡系のふたつの平衡状態が，場所を隔てて同時に実現することが明らかになった．さらに，攪乱の後に現れる攪乱跡地(空き地)に注目しよう．周辺で生き残った種はいっせいに空き地に侵入するが，なかでも拡散能力の高い種9が，いち早く空き地を占拠し単独で個体数を増やしていく．しかし，やがてはあとから追いかけてくる1〜4種との競争が始まり，種9はしだいに個体数を減らしていくのがみて取れよう．この図の場合，種9が絶滅する前に次の攪乱が到来するため生き残ることができるのである．こうして，攪乱のない一様な系では決して共存できない外的競争種の種4と種9を含む計5種が，攪乱によりできる不均一な環境を利用して棲み分けをすることにより生き残ることがわかった．

次に，このような棲み分けが攪乱の継続時間 T_d を変えても維持できるかをみるために，T_d を1から10まで変化させて同様のシミュレーション行った．その結果，生き残る種の組成は T_d の値により大きく変化することがわかった．そうした変化が一目でわかるように，以下では，周期的平衡状態においてそれぞれの種の1パッチ当たりの時空間平均個体数を求め，図5(C)に T_d の関数としてグラフに表した．この図から，攪乱がまったくない $T_d=0$ あるいは逆に攪乱時間の長い $T_d=7〜10$ では，種1，2，3しか生き残れない．しかし，中間の $T_d=1〜6$ では種9が，さらに $T_d=2〜3$ では種4も生存できることがわかる．すなわち，T_d が大きすぎても小さすぎても，棲み分けが起きにくいと考えられる．それはなぜであろうか．

先にも述べたように，攪乱がまったくなければ，棲み分けを維持することはできない．逆に，攪乱継続時間 T_d が長すぎても攪乱のかからない周辺部での棲み分けは消滅する．一方，空き地の先取り競争においては，攪乱継続時間 T_d が短いと，攪乱のかからない時間 T_0 が長くなるため，拡散能力の高い低ランクの種が攪乱跡地にすばやく拡散しても，後からやってくる高ランク種と長期間競争しなければならず，結局競争に敗れて死滅する．逆に，攪乱継続時間 T_d が長くなると，その間，拡散能力の高い低ランク種ほど，攪乱地へ分散する割合が高いため個体数の損失が大きい．加えて，攪乱のかからない時間 T_0 が短かいことから，攪乱跡地で個体数を十分に回復することができなくなるため，低ランク種は絶滅に追いやられやすいといえる．

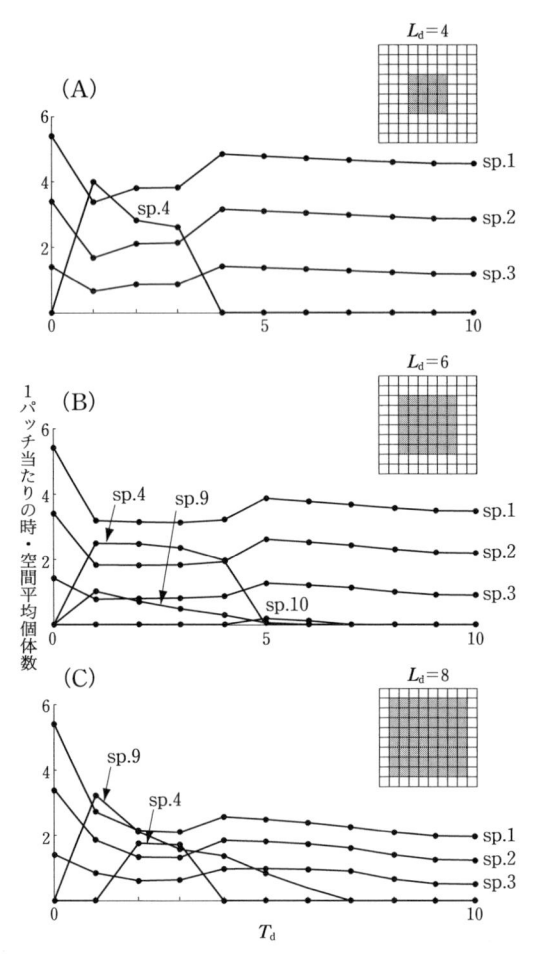

図5 島状‐再帰型攪乱において，周期的平衡状態における1パッチ当たりの時・空間平均個体数の T_d 依存性(Ohsawa et al., 2002 より)．(A) $L_d=4$，(B) $L_d=6$，(C) $L_d=8$

次に，攪乱サイズの影響をみるために，サイズが $4×4$ と $6×6$ の場合について同様のシミュレーションを行った．結果は上述の $8×8$ の場合と同じ図に(A)，(B)として併記した．

図5(A)からわかるように，攪乱サイズの小さい $4×4$ の場合，種9はすべての T_d で侵入できない．これは，拡散能力の高い種が初期の段階で侵入に優位であっても，空き地が小さければ，ランクの高い種にすぐに追いつか

これに対して，攪乱サイズを一回り大きくした6×6の場合には，種9は $T_d=1\sim5$ で，さらに $T_d=5\sim6$ では，種10もわずかながら生存できるようになる。8×8の場合には見られなかった種10が存続できるのは次のような理由によるといえよう。前にも述べたように，攪乱がかかっているあいだ，攪乱のかかっていない周辺から攪乱地に分散した個体はただちに死亡する。ところで攪乱地の周辺の長さは6×6の場合24で8×8の場合32である。したがって，拡散能力の高い低ランクの種が攪乱地に落ち込む割合は8×8の方がかなり多いと思われる。そのため図5(C)の場合，低ランク種(今の場合，種10)は空き地ができても失った個体数を回復できず死滅すると考えられる。

以上まとめると，攪乱の継続時間 T_d と攪乱サイズ L_d は，ともに大きすぎても小さすぎてもランクの低い種は生き延びることが難しいといえる。

非再帰型攪乱および分散状攪乱の場合

次に，残りの②島状－非再帰型攪乱，③分散状－再帰型攪乱，④分散状－非再帰型攪乱について，同様のシミュレーションを行い，上記の①島状－再帰性攪乱も含めて，攪乱パターンの違いが種の共存に及ぼす影響をみることにする。

なお，攪乱総面積は，6×6の島状攪乱の場合を基準にし，分散状攪乱の場合の攪乱パッチ数は36に設定した。また，比較を容易にするために，上述の①島状－再帰型攪乱の場合と同じ初期条件を用いた。シミュレーション結果は，図6(A)～(D)の通りである。以下にそれぞれの特徴について概要しよう。

(A) 島状－再帰型攪乱：すでに前節で詳しく述べたので省略する(図6Bは図5Bと同じである)。

(B) 島状－非再帰型攪乱：6×6の島状攪乱が毎回ランダムに選ばれた場所に到来する場合(図6B)。攪乱がかかるとランクの高い種1, 2, 3はほぼ死滅し，種4が系を圧倒する。また，中程度の T_d では，少数ながら種9や種10が生き残る。非再帰的な攪乱の場合ランクの高い種が死滅するのは，たまたま彼らが高い密度を保っている場所に攪乱が

かかると，空き地に逃れる能力が低いため致命傷になるからである。こうして，種1，2，3が絶滅すると，種4はランクの高い種からの競争がなくなるため個体数を増大させる。そのうえ種4は外的競争種であるため，拡散力の高い低ランク種も競争におされ低レベルでしか生存できない。

(C) 分散状 - 再帰型攪乱：攪乱はランダムに選ばれた36個のパッチにかかり，かつ毎回同じ場所に到来する場合(図6C)。この場合は，ランクの高い種1，2，3，4のみが生き残る。とくに $T_d=2\sim5$ の範囲では，初期の分布を反映して，二次元格子の左半分には比較的種1，2，3が，右半分には種1，4が棲み分ける。一方，ランクの低い種が生存できないのは，攪乱後すばやく空き地に侵入しても，空き地のサイズが小さいため，たちまちランクの高い種に追いつかれ生存競争に敗れるためである。

(D) 分散状 - 非再帰型攪乱：攪乱は毎回ランダムに選ばれた36個のパッチにかかる場合(図6D)。この場合はすべての T_d で種4のみが系を独占している。これは，(B)でも述べたように，ランクの高い種はランダムな攪乱によっていったん個体数を減らすと個体数を回復するのが難しいことに加えて，逆に，ランクの低い種は，空き地にすばやく入り込んでも，空き地が小さいためすぐに自分より高いランク種に追いつかれ死滅するためである。

これら4つの典型的攪乱パターンを比較すると，生き残る種の特性は以下のようにまとめられよう。

まず，攪乱の形状にかかわらず到来場所が固定されている(再帰的な)場合には，決して攪乱のかからない場所があるがゆえにランクの高い(生命力の高い)種は優先的にその場所を占めることができる。また，中ぐらいの攪乱継続時間では，攪乱のかからない場所で初期の分布を反映して空間的な棲み分けが維持される。

これに対して，攪乱場所が毎回ランダムに選ばれる非再帰型攪乱では，攪乱のかからないリザーブが失われるため，分散力の低い高ランクの種は生存することができない。その結果，拡散能力は中程度でも競争力の強い種4が

(A) 島状 - 再帰型攪乱

(B) 島状 - 非再帰型攪乱

(C) 分散状 - 再帰型攪乱

(D) 分散状 - 非再帰型攪乱

1パッチ当たりの時・空間平均個体数

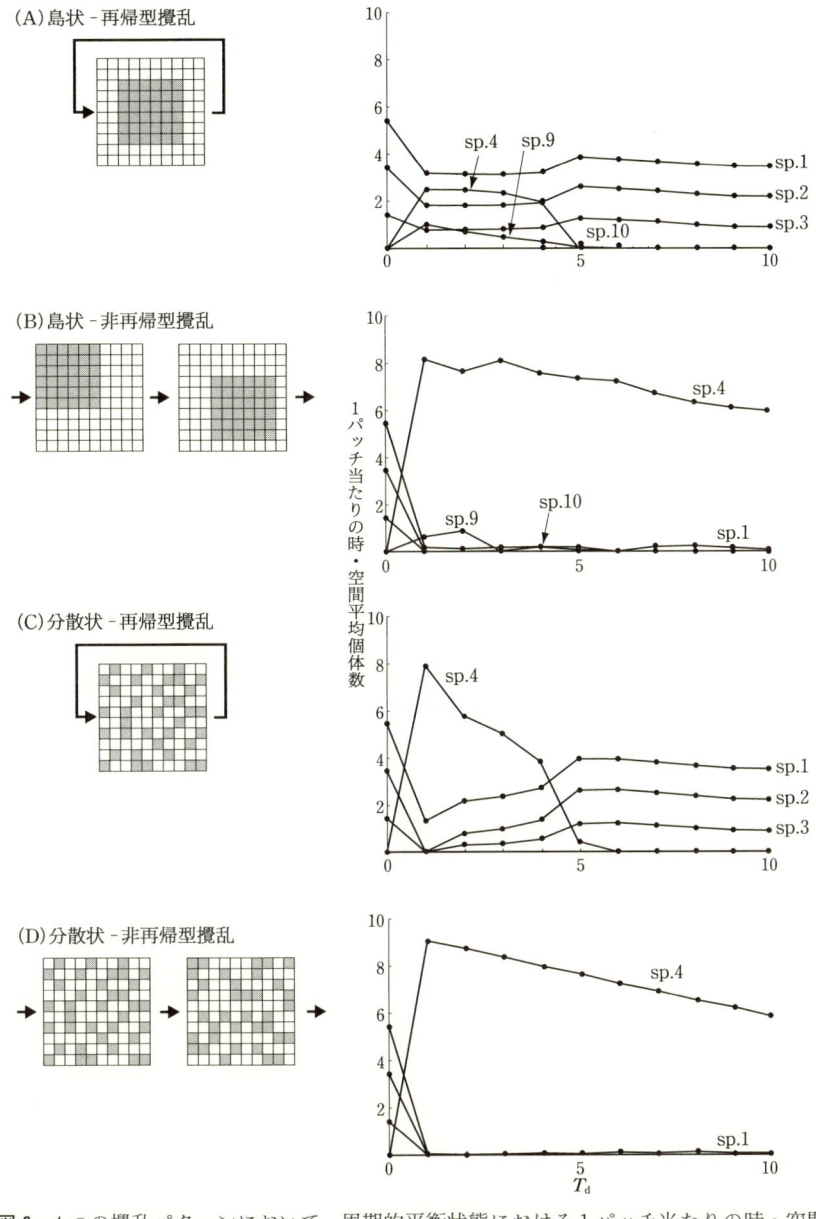

T_d

図6 4つの攪乱パターンにおいて，周期的平衡状態における1パッチ当たりの時・空間平均個体数の T_d 依存性(Ohsawa et al., 2002より)。(A)島状 - 再帰型攪乱，$L_d=6$，(B)島状 - 非再帰型攪乱，攪乱のかかるパッチ数=36，(C)分散状 - 再帰型攪乱，$L_d=6$，(D)分散状 - 非再帰型攪乱，攪乱のかかるパッチ数=36。

圧倒的に優勢になる。

　以上の結果をもとに，攪乱によって種多様性が促進されるメカニズムを総合的にまとめる。
　①系に攪乱がかかることで，パッチ空間内で複数の平衡状態に近い個体数が，異所的にバランスを保つ安定な状態が出現する。それぞれの平衡状態の種組成が違うため，系全体として種多様性が高まる。
　②高い拡散能力をもつが低ランクの(生命力指数の低い)種は，攪乱跡地にすばやく侵入することにより高ランクの種との競争を回避して個体数を回復することができれば生き残ることができる。

　このように，攪乱を導入することで現れる質的に異なるふたつの要因によって，多様な種の空間分布パターンが形成される。そして，攪乱面積と攪乱時間がともに中程度のときにこれらふたつの作用が最大化するため，空間内における種の多様性がより促進されるといえよう。なかでも，攪乱が毎回同じ場所に固まってかかり，周りに攪乱のかからない回廊ができる島状再帰的攪乱の場合，その効果が顕著に現れることが確認された。

　ただし，こうしたメカニズムが機能するかどうかは，攪乱のパターンのみならず，種間競争，拡散係数，パッチ空間のスケールにも依存することに注意しなければならない。第１節での述べたように，Tillman は攪乱がかかるとまず死滅するのは競争に強い種であることを示したが，一方，本コンパートメントモデルからは，死滅する種の順序にそのような明確なルールはみつからなかった。Tillman の結果は，採用したモデルがメタ個体群モデルであること，攪乱が永久攪乱である($T_0=0$)こと，さらに，種間競争に強い階層性が仮定されていることなどによるものと思われる。このように，パッチ内の種間競争の形態が違うと結果が大きく異なる可能性があることに注意を払う必要がある。ただし，本モデルで確認された上記の多種共存のメカニズムは，パッチ内の競争に干渉的競争モデルとは違うタイプの競争モデルが採用されたとしても，それが複数の安定平衡点をもつ限り類似の時空間的な棲み分けを形成しうるため，十分機能するものと期待される。

第 II 部

火山噴火による攪乱と遷移

「火の環 the Ring of Fire」と呼ばれる環太平洋火山帯には，数多くの活火山が分布する。19世紀末から20世紀にかけて大規模噴火を行った火山のほとんどが環太平洋火山帯に位置している。そうであれば，火山攪乱や遷移の研究は幅広く行われているように思われるだろうが，じつは，まったく逆である。噴火直後からの調査は，危険をともない調査が中断されがちなことや，ときにはアクセス不可能となるなどの障害のために，それほど多くはない。

　さらに，これらの火山噴火様式は，火山学においてもこれまでさまざまな分類がなされていることからわかるように，きわめて多様であり，火山噴火という攪乱ひとつをとっても，その性質は多岐にわたり，一般化は困難をきわめている。たとえば，噴出物が溶岩であるかテフラであるかにより，遷移様式はまったく異なる。同じテフラであっても，スコリアと呼ばれる多孔質でみかけ比重が小さい黒色から暗褐色をした噴火による噴出物と，白っぽい軽石とでは，その性質が異なる。

　ここでは，冷温帯に分布する火山として日本の有珠山，駒ケ岳，そして米国のセントヘレンズ山を比較することにより，これらの遷移の特徴を示す。

　ついで，インドネシアのクラカタウ諸島における120年間にわたる遷移について触れる。クラカタウは，1882年に記録的な大爆発を行い無人島と化した。そのため，多雨林の乱開発（これも攪乱）が問題となっている熱帯において，人間の影響をあまり受けていない遷移を調べるうえで格好の地域となっている。じつは，クラカタウの遷移研究は世界的に有名なのだが，日本では知る人が少ない。その理由のひとつに日本語の優れた総説がなかったことがあげられる。この章は，その意味でも一読の価値がある。

　最後に，温帯・熱帯の火山島の植生遷移について，米国のハワイ諸島，日本の三宅島，伊豆大島，桜島などの実例を用い紹介する。とくに，溶岩上の一次遷移については，陸上生態系のゼロからの発達過程ととらえて，より詳しく解説する。

　各章を読み比べることで，冷温帯から熱帯にかけての火山遷移の個々の特徴と共通性を見出して頂きたい。

軽石・火山灰噴火後の植物群集遷移
軽石は軽くない

第3章

露崎史朗

　火山噴火は，自然攪乱の横綱格である大規模攪乱である。日本は，火山大国であり，2000年以降だけでも北海道では，有珠山，雌阿寒岳，渡島駒ケ岳が小規模ながら噴火している(図1)。火山における遷移は，短くして火山遷移 volcanic succession と呼ぶことがある。火山遷移の初期段階は，調査できる場所も期間も限られるため群集構造の時間軸にそう変化にはさまざまなものがあるはずだが，不明の部分がまだまだ残されている。ここでは，まず，その遷移の調べ方と，それによってこれまでに得られた遷移様式についてま

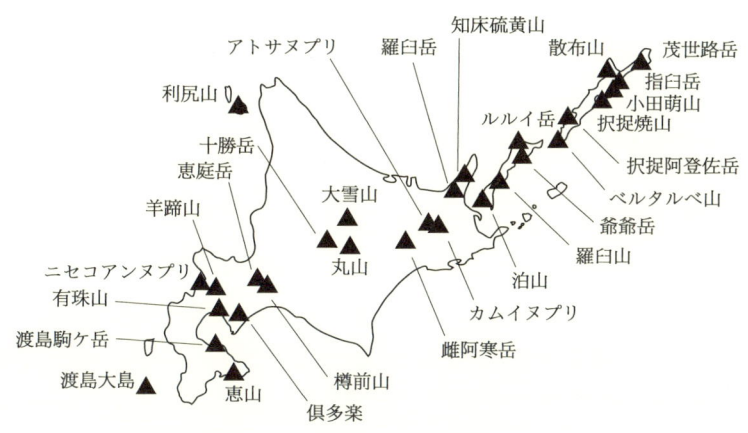

図1　北海道におけるおもな火山(気象庁，2005より)

とめておこう。ついで，空き地(遷移初期段階)に植物の種子は「どこからどのように」やって来るか，という，これがなくては話が始まらないという部分について述べる。最後に，軽石・火山灰が広がる火山における遷移初期の特徴を，自分の躓きあるいは研究の発端となった有珠山を最初に，それからセントヘレンズ山・渡島駒ケ岳の順に紹介したい。

1. 遷移——世紀にわたる変化を知るには

これまでの遷移概念

遷移 succession は，植物群集が時間の経過にともない異なる群集に変化していく，あるいは種組成が変化する現象，をさす概念として，今では広く使われる言葉となった。その群集の移り変わりの順番のことを遷移系列 successional sere という。

遷移は，その開始段階で，その地域から植物(と動物)がまったくいなくなったところから始まる一次遷移と，多少なりとも生存していた生き物が存在するところから始まる二次遷移とに分けている。これは，遷移初期には，植物の供給起源がどこにどのようにあるのかが，遷移の方向を決める重要な鍵のひとつとなっていることから設けられた区分である。とくに，一次遷移では，攪乱を受けた部分からは植物がすべて消失するので，植物の回復は周辺からの植物の移入のみによって始まる。この場合には，周辺で生き残っていた生態系の分布パターンと種子供給量が植物群集構造の初期段階を大きく規定する。さらに，一次遷移は，遷移の初期段階の環境から，湿ったところで始まる湿生遷移と乾いたところで始まる乾生遷移に分けることもある。しかし，これは，厳密に分けられないこともある。たとえば，火山噴火により形成された火口に発達した湿原群集はどちらになるのであろう(Tsuyuzaki, 1997)。

乾生一次遷移は，火山噴火により被害を受けた地域が代表例によくあげられている(図2)。噴火直後の地表面には，土壌栄養がきわめて乏しく植物は侵入定着することができないが，しばらくすると窒素固定菌を有する地衣類や，岩と岩の隙間の水分を利用できるコケ類などが侵入してくる。時間が経

第3章 軽石・火山灰噴火後の植物群集遷移　39

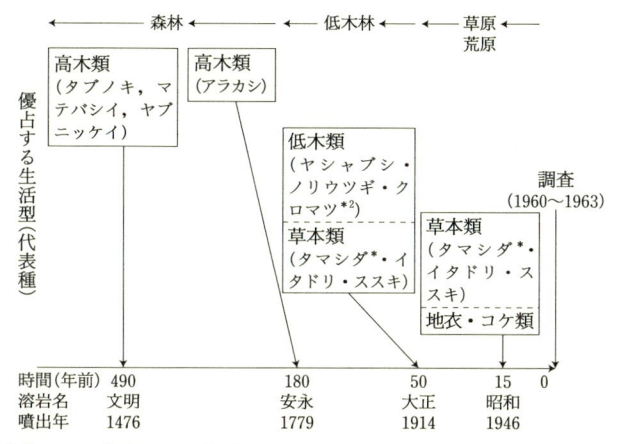

図2　時間系列により指定された桜島における乾生一次遷移(Tagawa, 1964をもとに作成)。*タマシダは羊歯であるが草本類に含めている。*2クロマツは高木であるが，調査された桜島溶岩上では樹高は低く景観的に低木に含められた。また，文明溶岩上の極相に近い森林構造をもつタブノキ林は噴火の被害を逃れた森林である可能性がある。これらの結果から，桜島の溶岩上では，極相に達するには少なくとも数百年を要することがわかる。このように，異なる年代に発生した同一イベントをもとに時間的な変化を再構築する方法をクロノシークエンス chronosequence という(露崎, 2004)。

過し，これらの植物によってある程度の土壌栄養が貯まると草本，とくに，一年生草本が定着できるようなる。そして，一年生草本より寿命は長いが成長に時間がかかる多年生草本に置き換わり，同様に，低木，陽樹，陰樹と置き換わっていく。そして，陰樹林をもって，日本では極相となる。これが拡大解釈されて，一次遷移とはかくあるべきという歪んだ概念が，(少なくとも自分には)できあがってしまった。

時間系列と永久調査区

　遷移は，極相が森林であれば，それにいたるまでに，少なくとも数十年を要することが普通であり，これを一人の人間がずっと追跡することは不可能に近い。そこで，短期間の調査によって遷移系列を推定するために，時間系列 chronosequence という手法がよく使われる(図2)。典型的なものとしては，噴出年の判明している溶岩上において植物群集構造を調査し，その溶岩上の遷移系列を推定したものがある(Tagawa, 1964)。その結果，桜島では，極相

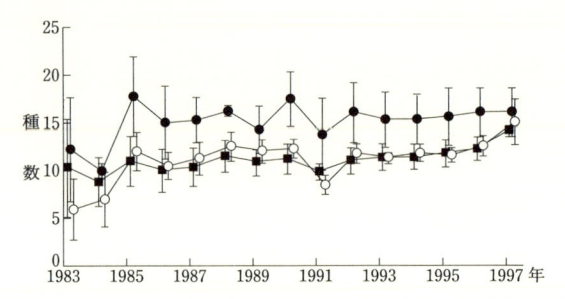

図3 有珠山に設置された永久調査区内での1983〜1998年までの種数の変化。平均と標準誤差を示す。15年間に、種数は大きな変化はしていない。●：旧表土の出現したガリー内部，○：旧表土の出現していないガリー内部，■：ガリー外部（図4参照）

に達するまでに数百年を要することが示唆された(図2)。同様に、氷河の後退跡地や森林火災跡地など攪乱の発生履歴が明瞭なところでは、時間系列の作成が可能である。人為攪乱では、攪乱履歴が明瞭なため、自然攪乱よりも時間系列を作成しやすいことが多い。たとえば、開設年代の異なるスキー場斜面や泥炭採掘跡地などでも時間系列が作成されている。しかしながら、時間系列において、植物群落の時間的変化を推定するに際しては、環境軸は安定かつ一定方向に変化するという仮定が必要であるが、これはおおまかな群集変化を記載するには有益な方法だろうが(Foster and Tilman, 2000)、実際に植物群集の動態とその機構を解明するためには、予測性に乏しく危険な方法となる。

群集動態をより正確に知るためには、永久調査区を設け、実際の変化について時間をかけ追跡測定するしかない(図3)。しかしながら、永久調査区による研究は、遷移初期から極相までを追跡するならば、世紀を単位とした研究が必要となる。気の遠くなる話だが、たとえば、オランダでは70年におよぶ永久調査区のデータベース化が計られ、世界的には長期永久調査区の必要性は認識されている(Smits et al., 2002)。

2. 火　　山

火山生態系について、熱帯についてはクラカタウが、温帯については三宅

島のことが別章で触れられているので，ここでは，筆者が調べたことのある冷温帯における活火山として，日本の有珠山と渡島駒ケ岳，そして合州国のセントヘレンズ山をみてみよう。なお，活火山の定義は国により異なるが，日本では火山噴火予知連絡会によれば「概ね過去1万年以内に噴火した火山，及び現在活発な噴気活動のある火山」と定義されている。自分が子供のころに習ったはずの「活火山・休火山・死火山」という区分は，実際には困難であることから，ほぼ死語となり，噴火記録のある火山や活発な噴気活動がある火山はすべて活火山として扱われている。

3. 有珠山で驚いた

火の山―有珠山

有珠山の噴火周期は数十年程度で，2000年噴火のひとつ前には，噴火規模が2000年噴火規模をはるかに上回る大噴火を1977～1978年にかけて行っている。近年では，2000年に地震火山観測研究センターの岡田弘先生が，噴火を直前に予測し一人の犠牲者もでなかったことで有名である(表1)。1977年噴火のとき，私は高校生で茨城県にいた。1983年に卒業論文研究として「有珠山における植物相」に関する研究を始めるまで，有珠山がどこにあるのかもよくわからなかった。調べると，洞爺湖の南傍に位置することだ

表1 有史以降の有珠山噴火(曽屋ほか，1981を簡略化したうえで2000年噴火を加えた)。?：推定

年*	地形変化(噴出物)	人的被害
1663	小有珠[溶岩ドーム？](軽石・火山灰・火砕サージ)	死者5名
1769	小有珠[溶岩ドーム？](火砕流・軽石・火山灰)	
1822	オガリ山[潜在ドーム](火砕流・軽石・火山灰)	死者・負傷者多数
1853	大有珠[溶岩ドーム](火砕流・軽石・火山灰)	
1910	明治新山*2[潜在ドーム](火山泥流・火山灰)	死者(行方不明含む)3名
1943～45	昭和新山[溶岩ドーム](火山灰)	死者1名
1977～78	有珠新山[潜在ドーム](軽石・火山灰)	死者(行方不明含む)3名
2000	金毘羅・西山火口群(軽石・火山灰)	的確な避難で人的被害なし

* 植物に影響する地表面活動が継続されていた期間。
*2 明治43年なので，通称，四十三(よそみ)山と呼ばれる。

けはわかったが，実際に有珠に行くまで，それ以上のことは何もわからなかった．

　火山噴火様式を，植物の立場になって噴出物をもとに区分するなら，溶岩性のものと，火山灰・軽石のような噴火降灰物(噴火堆積物)性のもののふたつに分けることができる．両者の大きな違いは，溶岩は冷え固まれば動かないが，噴火堆積物は噴火がおさまってからも地表面が降雨，融雪，強風の際に動く．したがって，土壌栄養が乏しいことは共通だが，噴火後も地表移動という継続した攪乱を受ける噴火堆積物上と，地表面はほとんど動かない溶岩上では，侵入する植物が大きく異なる．

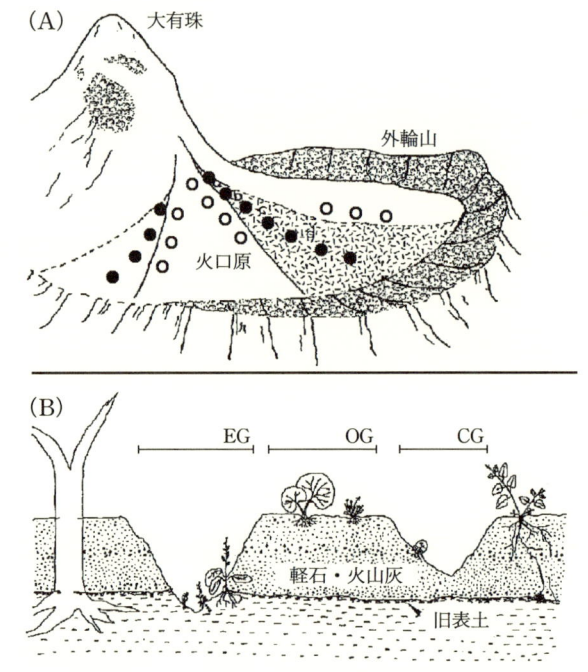

図4 有珠山概観(露崎原図)．(A)1983年に設置し現在まで調査されている永久調査区の配置様式．黒丸がガリー gully 内部を，白丸がガリー外部の調査区を表す．斜面上部の調査区は砂防工事により，下部の調査区の一部はアカエゾマツ植林により破壊された．(B)有珠山火口原断面模式図．EG：旧表土 former topsoil(噴火前に存在していた土壌)の出現したガリー，OG：ガリー外部，CG：噴火堆積物 volcanic deposits に覆われ旧表土の出現していないガリー内部．噴火10年後に旧表土を採取した場所は噴火堆積物の厚さが65〜140 cm であった．

有珠山噴火は，軽石・火山灰が噴火による噴出物の主体であり，調査を始めた1983年でもなお，噴火降灰物の侵食堆積が顕著に認められた。とくに，侵食によるガリーgully(雨裂)形成が顕著であった(図4)。大きなガリーでは，その侵食が噴火以前に形成されていた土壌(旧表土former topsoil)に達しているところも認められた。

　1983年の卒業論文では，右も左もわからないまま，火口原に調査区を設定し記録した(図4)。それから現在まで20年以上にわたりそれらの永久調査区を中心に調査を行ってきた(図3)。

遷移系列って決まっていないの

　有珠山の調査では，愕然とせずにはいられなかった。なぜなら，最初のイメージは，コケ類があって，一年生草本があって，といった感じの乾生一次遷移となるはずだ，と思いながら山の上を歩いていたら，コケ類・地衣類はまったく見られなかった。一年生草本も，旧表土のでたところを除けば存在しない。そして，優占するのは大型の多年生草本のみであった。今になって思うに，"Study nature, Not books"がピッタリな言葉であった。では，なぜ，地衣類・コケ類，そして一年生草本は，見つけられなかったのだろう(表2)。自分の目が悪いのかしらとも思ったが，そうではないようだ。

　地衣類・コケ類については，「転石苔を生やさず」という言葉がピッタリで，有珠山で地表面移動がおおむね停止した1993年以降にコケ類は定着を始めた。噴火の被害が軽微であったおもな種子供給源とみなされる地域でも一年生草本は，ほとんど見られなかった。ただし，旧表土の出現したガリー内部は例外的では，旧表土中に生存していた埋土種子から一年生草本が出現していた。したがって，旧表土(袖)がなければ，完璧といっていいほど袖は振れないのであった。ちなみに，噴火後20年後に旧表土を採取し，埋土種子集団を調べたところ種子はいまだ生存していた(Tsuyuzaki and Goto, 2001)。これらの種子は，「石(正確には軽石・火山灰)の下にも20年」頑張っていた種子である。初期に優占していた多年生草本は，「縁の下の力持ち」で，このことは噴火降灰物を1m以上掘ると実態が明らかとなった(表2)。永久調査区の継続調査を続けていると，マメ科植物が優占して初期に回復が早かった

表2 有珠山遷移についての4つの格言(露崎，1993に加筆改変。イラストは下野嘉子)。
有珠山における遷移初期段階の特徴は以下の4点にまとめられる。

(1)転石苔を生やさず
　転石には，地下部をほとんどもたないコケ類・地衣類は，生えることができない。つまり，テフラが移動を続ける限りコケ類や地衣類が優占することはない。

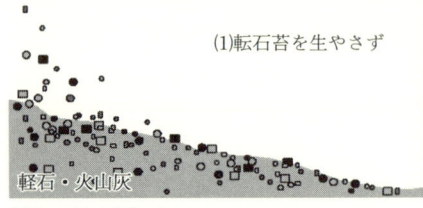

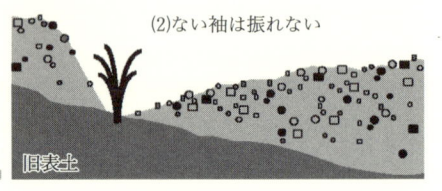

(2)ない袖は振れない
　遷移初期に1年生草本が侵入できるのも，それは，一年生草本がいるからである。有珠山では，埋土種子集団中以外には，まったくといってよいほど一年生草本は出現しなかった。

(3)縁の下の力持ち
　ではどのような植物が，軽石・火山灰が地表面を覆った場合には，その遷移初期に優占できるのか。それは，大型多年生草本である。すなわち，根系を大きく発達させる植物の方が不安定土壌では定着がよい。ことに，テフラの堆積が1〜2m程度であれば，オオイタドリは地下茎を地表面まで伸ばし復活できる。

(4)兎と亀
　遷移の最初にマメ科植物が優占する部分があったが，結局，これらのマメ科がずっと優占していると，他種の侵入は必ずしも良好とはいえない。結局，最初は裸地であった亀の部分では，現在は樹高が10mを越え，その林床には森林性の植物が生い茂り，結局，亀が勝ってしまった。

ところは，それらのマメ科植物が優占したままでその後の変化が遅く，一方，順調に森林に向かっているところは最初にそういう植物のないところだったりすることも，10年以上追跡調査することでわかった。このように，永久調査区による調査は，強力な武器となる。

　さて，これらの知見は，はたして別の火山でも成り立つのだろうか。論文を読むだけでは，まったく自信がなかった。

4．セントヘレンズに行ってみよう

　合州国西海岸ワシントン州南端に位置するセントヘレンズ山は，1980年5月18日に，123年ぶりの大噴火を行った。1991年6月15日にフィリピンのピナツボ山が大噴火を起こすまでは，20世紀最大の噴火となるはずだった。その噴火の瞬間に，セントヘレンズ山観測を続けていた火山学者デービッド・ジョンストン博士は，"Vancouver, Vancouver, This is it!"と通信したまま連絡を絶った。日本語では，「バンクーバー，バンクーバー，今噴火した」と訳されることもあるが，最後の"This is it!"の真相は，今では，誰もわからない。噴火前に標高は2950 mあったが，噴火で山頂部は崩壊し400 mほど標高が下がり現在の標高は約2550 mとなっている。セントヘレンズ山とその周囲の約445 km²は，1982年にセントヘレンズ山国定火山公園に指定された。2004年に小規模な水蒸気爆発と噴煙をあげる噴火を行っている。

　セントヘレンズ山は，1980年噴火直後から，生態学を含めたさまざまな研究分野の多くの研究者が訪れ，継続的な調査も行われている(Dale et al., 2005)。自分も，有珠山の遷移をセントヘレンズ山のものと比較するべく，1992年秋から1年4か月ワシントン大学に滞在していた(図5)。

　セントヘレンズ山の軽石平原では，地衣類・コケ類はほとんど見られなかった。そこで，1993年には軽石平原に侵食ピンを用い噴火堆積物の移動を計った(Tsuyuzaki et al., 1997)。やはり，土壌移動は噴火から13年をへても継続しており，土壌移動の大きなところでは，コケ類ばかりでなく種子植物の実生も多くが流されていた。一年生草本もなかった。セントヘレンズ山の

図5 1993年9月24日，セントヘレンズ山を背景にJon TitusとMandy Tu(Tu et al., 1998)。山頂部の崩壊の跡がよくわかる。二人の後ろに広がる平坦地がPumice Plain(強いて訳せば軽石平原)と呼ばれる地域。まさか，温泉近くの埋土種子を調べるとは思わなかったが。

ような大規模噴火を行ったところでも，植物は噴火を免れ生き残っていることがある。これはレガシー—legacyと呼ばれ，遷移の初期段階の種組成を決めるうえで重要なものである。このレガシーを調べてもやはり，一年生植物はほとんどなかった。一方，根や地下茎などの地下部を発達させる多年生草本は，すでに優占種となっていた。ただし，優占していた多年生草本には，巨大なものはない。これは，セントヘレンズ山の調査地が，かなり高標高にあり亜高山的な性格を有するため大きな植物が，そもそも少ないことに一因があるらしい。やはり，「転石苔を生やさず」だし「ない袖は振れない」だし「縁の下の力持ち」がいたのである(表2)。つまり，その遷移様式は，基本的に有珠山と同じだった。

これで，なんとなく確信をもって日本に戻ってきたわけである。

5. 駒ケ岳が噴火した

　駒ケ岳と名のつく山は数多く，日本山岳会(社)が選定した日本 300 名山にも，駒ケ岳と名のつく山は，渡島駒ケ岳，秋田駒ケ岳，越後駒ケ岳，木曾駒ケ岳，南駒ケ岳，会津駒ケ岳，甲斐駒ケ岳の 7 山の名を数えることができる。いずれもコニーデ型の成層火山であり，火山噴火の特徴が共通しているため似たような山体をとる。もっとも，名前の由来が，山容からではない場合もある。

　そのなかのひとつである渡島駒ケ岳(以降，駒ケ岳)では，北海道南部函館から北におよそ 35 km の場所にあり，1929 年に大規模火砕流を発生し，軽石・火山灰が山麓に広く堆積した。1942 年には，昭和の大亀裂と呼ばれる火口原を横断して約 1.6 km に達する割れ目が発生した。駒ケ岳噴火のニュースは，セントヘレンズ山調査から帰国した直後の 1996 年に，聞くことになった。駒ケ岳は，それ以降 2000 年まで，数度の小規模噴火を繰り返した。これらの噴火口うち，いくつかは今でも噴気活動が続いている。現在，入山禁止であるが，その美しい山体は山麓からでも十分に楽しめる。

　さて，1996 年秋には，駒ケ岳に永久調査区を設置しに行った。それは，濃霧のなかで 10 m 先も見えない状態だった。この辺が火口の近くだろうと思って設置した場所は，じつは大はずれで，あと数 m ほど東に寄ると昭和の大亀裂に落ちていたはずだ。そのようなところで 2001 年まで調査したところ，火山灰が数十 cm ほど堆積した区域では，コケ類・地衣類よりもむしろヒメスゲ，ウラジロタデ，ミネヤナギなどの多年生草本あるいは低木が優占していた(Tsuyuzaki and Hase, 2005)。しかも，これらの多くは噴火に耐えて生き抜いていた植物であった。栄養繁殖による回復は，駒ケ岳において 1929 年噴火から 2 か月後の調査で，オオイタドリなどが軽石上で確認されている(Yoshii, 1932)。やはり，一年生草本は，ほとんど見ない。このように，有珠，セントヘレンズ，駒ケ岳といくつかの共通点が明らかとなった。現在，1929 年噴火跡地である南斜面には，広くコケ類と地衣類が生息しているが，これらは地表面が安定してから，種子植物に遅れて侵入してきたように思わ

れる。

6. 火山における遷移——とくに，軽石・火山灰堆積地

これまで，火山遷移系列，とくに軽石・火山灰などの噴火降灰物堆積地における遷移初期段階の特徴を述べてきた。泥流を発生させるような軽石・火山灰を主体とする火山は，大規模なものではセントヘレンズ山やピナツボ山

表3 火山現象の影響を植物群集の植物相からみた区分(Dale et al., 2005)

火山性攪乱の型	攪乱特性 影響を受ける範囲*	植生・栄養繁殖体の埋没強度[*2]	植生に影響する期間	植生に対する影響 植生に対する直接的な影響	その地域の典型的なものと比較しての植生回復
溶岩	小〜中	高	数世紀	埋没あるいは焼失	生存個体はないので変化する可能性あり
火砕流	小	高	数十年〜数世紀	埋没	生存個体はないので変化する可能性あり
土石流(岩屑流)	中	中〜高	数十年〜数世紀	埋没	生存個体がほとんどなければ変化する可能性あり
泥流	中	低〜中	数年	流亡と草本および低木埋没の可能性	変化なし
噴火降灰(軽石・火山灰など)	大	低〜高	数〜数十年	草本および低木は埋没	変化なし
爆風	中	中	数〜数十年	植生高の高いものは吹き倒されるが，それ以外のものは豊富さを保つ	変化なし

* 火山近接地域で即座に影響を被る範囲。中規模な効果は，火山近接地域に強い影響を与え，大規模な効果はひじょうに大きな範囲に影響をもたらす(たとえば，噴火降灰物は地球全体に輸送される)。

[*2] 高強度攪乱は，近接する植生のほとんどあるいはすべてを死滅させる。中強度攪乱は，多くの植物を死滅させるか被害を与えるが，ある程度は回復がみられる。低強度攪乱は，植生に被害を与えるだけで，ほとんどの植物が回復する。

などがあげられる(表3)。さらに，火山では，「生物学的侵入」，「ファシリテーション」，「植物‐菌根菌共存関係」といった攪乱圧の強い生息地における独特の種間関係を見ることができる。植物‐菌根菌関係については，富士山を事例に第6章で詳しく述べられているので，ここでは，「生物学的侵入」，「ファシリテーション」について触れておこう(露崎，2001)。

　種間関係は，2種間の関係が互いに正であれば共生，一方が正で他方が負あるいは互いに負となれば競争，とおおまかには分けられる。しかし，これらの関係は中間的なものも存在し，また同じ種間の関係でも環境が変われば，人間関係と同じように変化する。なかでも，ファシリテーション facilitation とは，その種が存在することにより他種の定着が促進されることを意味し，攪乱地の群集構造を規定するうえで重要な種間関係である。ファシリテーションは，適訳がないので，とりあえず，ここでは定着促進効果と訳しておく。定着促進効果は，攪乱が強いほど顕著に働くと考えられている。すなわち，環境が安定していれば，他種の定着によるその種のメリットは少なく定着促進効果は認められない。むしろ，種間関係としては競争の方が強く表れ，どちらかの種あるいは両種にとって不利益な現象が表れるだろう。一方，攪乱が強ければ自分一人ではうまく生きていけず，競争などをしている暇はなく，それならばほかの種と助けあって生きていった方がよいという考え方である。実際に，駒ケ岳の山頂近くでは，ミネヤナギが定着することによりヒメノガリヤスの定着が促進されている(Uesaka and Tsuyuzaki, 2004)。

　本来の自然生態系に対し，帰化種が自然生態系に侵入定着し生態系を改変することを「生物学的侵入 biological invasion」という。駒ケ岳では，現在，景観的にはカラマツが優占しているため，入山ができたころには，登山者から「きれいなカラマツ」という声も聞かれた。しかし，何度「違うよー」と答えたくなったことか。じつは，日本カラマツの自生地の中心は中部山岳地域である。北限は，蔵王山系の馬の神である。したがって，駒ケ岳においてカラマツは，立派な内地からの帰化植物であり，生物学的侵入種である。駒ケ岳において，カラマツが迅速に侵入できた要因のひとつは，その山麓部にカラマツの造林が大規模に行われたことにある(Kondo and Tsuyuzaki, 1999)。駒ケ岳の風向は，南西山麓につくられたカラマツ造林地のカラマツ種子を効

率よく駒ケ岳の斜面に運ぶ南西風が卓越していた．このことは，駒ケ岳にとっては不幸としかいいようがない．カラマツ造林は，カラマツの成長が比較的早く伐採までに要する時間が短いため，1960年前後に拡大造林と呼ばれる大規模造林政策のもとで北海道中でさかんに行われた．しかし，北海道の火山においてカラマツの侵入が顕著に見られるのは，現在報告されているものでは，駒ケ岳のみである．さらに，種子移入の容易さに加えて，カラマツは，侵入後に環境にあわせて形を変える高い形態的可塑性が生物学的侵入を促進することの要因となることが明らかになりつつある(Akasaka and Tsuyuzaki, 2005)．

これらのように，攪乱直後は，植物が疎らに生えているため，生物個体間の相互作用はあまり強くないと考えられがちだが，攪乱直後においては，ほかの群集とは異なる形で強い生物個体間の相互作用が存在することが示されつつある．

2007年は，有珠山の1977～78年噴火30周年にあたる．先に触れた岡田先生には，「露崎君は，もう1回は有珠山の噴火を見れるよ」といわれたが，本当なのかしら．仮に，それを見ることができても，もう永久調査区による調査を自分で行うことはできないだろう．最近は，短期間で論文の書ける分野に，どうしても研究者は流れがちだが，そのようなことでは，本質は何も明らかにできない研究は数多くある．今後，おそらく日本でもつくられるであろう長期生態学調査区のデータベースの充実などを図りながら，このような研究分野に若手が手をつけやすくなる環境ができることを望む．さらに，日本内外における多くの火山植生の比較研究が行われることも必要である．もちろん，国境は生態学には関係ないので北方4島や，はてはカムチャツカ半島までも対象となる(図1)．

第4章

熱帯火山の遷移
クラカタウ諸島の120年

鈴木英治

　熱帯雨林は，日本の森林より面積当り樹種数で約10倍の多様性をもち，樹高も60mに達する．近年になって多くの研究が進められているが，複雑な生態系には未解決な問題が多い．その遷移過程についても，温帯より植物の成長が速いので遷移も速く進むのか，あるいは種数が多いために時間がかかるのかなど，よくわかっていない．遷移を研究するためには熱帯でもほかの地域と同じく，伐採跡地や焼畑跡地で見られる二次遷移も重要であるが，火山噴火後の一次遷移の研究がもっとも基本的な情報を与えてくれる．ほかに遷移を観察する場としては，温帯や寒帯では，氷河の後退地，海岸砂丘，泥炭湿地などがある．熱帯では，氷河後退地の遷移を研究することは不可能であるし，広い海岸砂丘地帯がないためか，砂丘の研究もほとんどない．泥炭については最近研究が進められている(Yulianto and Hirakawa, 2006など)．しかし，泥炭に蓄積している花粉から過去の遷移を詳細に推定することは温帯でも大変だが，種数が多い熱帯ではさらに困難である．また花粉が飛散しにくい動物媒介の植物が大部分の熱帯では，泥炭に残された花粉が当時の植生をどの程度反映しているかという問題も大きい．そこで熱帯の一次遷移を研究するためにもっとも重要な場は火山であり，インドネシアのクラカタウ諸島(Richards, 1952)や，ニューギニア島沖のロング島(Thornton et al., 2001)などで，研究がなされている．

　なかでもクラカタウ諸島は，近代生態学の黎明期の1983年に噴火し，当

時オランダの植民地の中心であったバタヴィア(現在のジャカルタ)から百数十kmという近距離にあったので,被害も多く世界中の注目を集めた。しかも同諸島は無人島であり,ほとんど人間の影響がない状態で遷移が進んできた。また桜島など多くの火山の植生遷移研究では,同じ火山で噴火年が異なる噴出物上に存在する植生間の相違を現時点で調べ,それを時間の経過による変化として遷移の進行を推測しているが,クラカタウ諸島では現在まで約120年間に繰り返し調査隊が派遣され,遷移を直接観察してきた。もちろん1世紀以上の期間であるから,研究者は入れ替わり調査方法も統一されていない問題があるが,このように長期間にわたり同じ場所が観察され続けている火山は熱帯以外の地域を含めてもほかに例がない。私自身は1982年と1992年に植生遷移の調査に参加した。その経験や,多くの論文や著書(Docters van Leeuwen, 1936; Richards, 1952; 田川, 1989; Whittaker et al., 1989 など)をもとに,同諸島の遷移について紹介する。

1. 島の地形と歴史

クラカタウ諸島は,インドネシアのスマトラ島とジャワ島を隔てるスンダ海峡にある4つの島(ラカタ島:標高約790 m 面積17 km², セルツング島:標高約145 m 面積13 km², パンジャン島:標高約180 m 面積3 km², アナククラカタウ島:標高約200 m 面積3 km²)からなる(図1)。スマトラ島とジャワ島からは約40 km離れている。前の3つの島(旧三島と呼ぶことにする)は1883年の大噴火以前から存在したが,最後の島は1929年以降に始まった噴火によって海底から出現した。この島で南緯6°6′,東経105°15′に位置し,4つ島のあいだはそれぞれ数km離れているにすぎない。1929年にパンジャン島で測定された資料では,年降水量が2620 mmで短い乾季があり,年平均気温は27.8°Cであったという(Tagawa et al., 1985)。いずれも火山灰や軽石が堆積した小島であり侵食は激しいが,セルツング島にわずかに滴る水場があるほかにはいつも水が流れている川はない。このことが長く無人の島であったおもな理由であろう。淡水や汽水の湿地も存在しない。

クラカタウ諸島の噴火の歴史を振り返ると,約6000年前に標高2000 m

第4章 熱帯火山の遷移　53

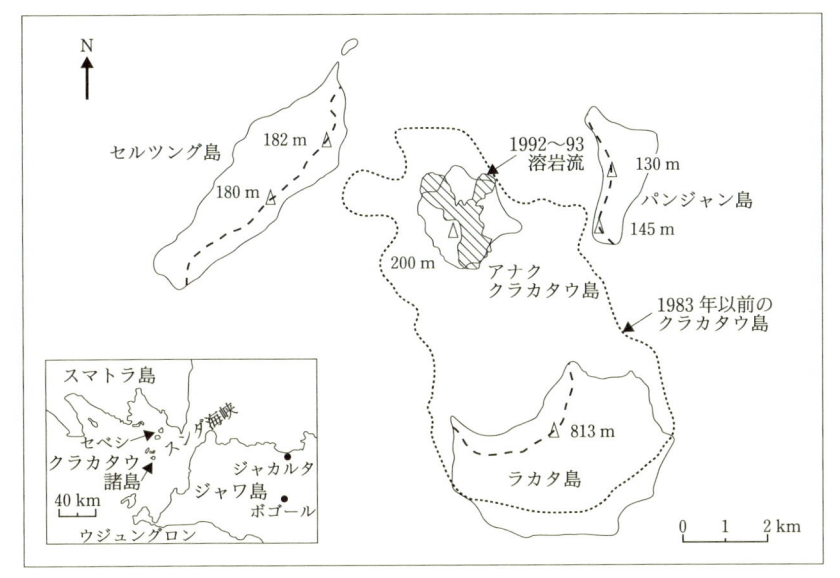

図1 クラカタウの地図（Partomihardjo, 1995 より）

に達するひとつの火山島が噴火して崩壊し，旧三島が残った．その後も1680～81年などに噴火したが，詳細は不明である（横山，1983）．現在見られている遷移の出発点となった噴火は，1883年5月にラカタ島で始まり，断続的に噴火が続き，同年8月27日に大噴火が起こった．噴煙は成層圏の高さ50 kmに達し，津波は波源で約40 mの高さとなり，日本では10 cmの津波を観測し，ヨーロッパまで到達したという．クラカタウ諸島を取り囲むスンダ海峡沿岸では，津波によって36,417名が死亡した．図1に示したように以前のラカタ島の大半が，噴火で吹き飛んだ．その噴出物は約13 km³（霞ヶ関ビル約3万個分）と見積もられている．1914（大正3）年に桜島が噴火したときの噴出物は約0.1 km³とされているので，その約100倍の量があった．吹き飛んだ残りのラカタ島と近くに位置するセルツング島とパンジャン島は，平均して厚さ30 mの軽石と火山灰で覆われ，全生物がほぼ絶滅したと考えられる．ただし，炭化した木材があまり発見されていないので，噴出物はそんなに高温ではなく生き残った生物もあっただろうという説もある．その後の遷移過程をみると，生き残った生物が絶無とはいえないだろうが，実質的

には島の外からやってきた生物によって生態系は再生されたと考えられている(Docters van Leeuwen, 1936)。なおクラカタウ諸島から北に 19 km 離れたセベシ島でも大きな被害がでたが，完全には破壊されなかった。この島はクラカタウ諸島にもっとも近く，生物の侵入の足がかりのひとつになった可能性が考えられている(Thornton et al., 2002)。

　1927 年になると，旧ラカタ島の吹き飛んだ部分に位置する海底で噴火が始まり，1929 年に海上に岩石が露出した。この新島はアナククラカタウ島(インドネシア語でクラカタウの子供の意味)と呼ばれ，その後も断続的に噴火を繰り返し，1982 年ごろには標高約 200 m に達していたが，1992〜93 年にもかなりの規模の噴火があり図 1 に示した溶岩の噴出があった。アナククラカタウ島からの火山灰は距離的に近いセルツング島やパンジャン島では厚さ 1 m 以上も積もっている場所もあり，植生や土壌生成に相当な影響を及ぼしている(Whittaker et al., 1992)。ラカタ島は，アナククラカタウ島に面した北側斜面が絶壁であるために植生研究のほとんどが南側で行われており，調査地へのアナククラカタウの噴火の影響は少ない。

2. 噴火後の植生遷移

　次にラカタ島を中心として旧三島について，1883 年の大噴火から 120 年以上の期間に生じた植生遷移について述べよう。図 2 にはラカタ島の遷移系列の模式図を示す。大噴火で堆積した軽石の層はただちに雨によって侵食を受け無数の谷筋ができた(Simkin and Fiske, 1983)。最初の研究者は噴火の 8 か月後に訪れたが，植物はまったく発見できずに，クモを一匹見つけただけであった。

　噴火から 2 年 10 か月後の 1886 年のラカタ島調査では，シダ類 11 種，種子植物は 15 種が発見された。テリハボク，ミフクラギ，デイゴ属，ハスノハギリ，グンバイヒルガオ，クサトベラ，モンパノキなどが海岸ぞいに生育を始めていた。これらの植物は，海流で広く散布される種で，和名があることからもわかるように日本でも沖縄などの亜熱帯海岸に生育しており，海流散布によく適した植物ある。内陸部にはミミモチシダ，ワラビ属，ギンシダ，

第 4 章　熱帯火山の遷移　55

```
                海岸        低地              山地          山頂部
         グンパイ   海岸林      Neonauclea     イチジク属      フカノキ属        1983年
         ヒルガオ   モクマオウ    Ficus pubinervis Neonauclea    Cyrtandra
          砂丘    ゴバンノアシ    低地林          雲霧林         低木林
                モモタマナ
                テリハボク
                          Neonauclea     Neonauclea    フカノキ属        1951
                          （アカネ科）林     林           Cyrtandra 低木林
                          オオバギ，
                          イチジク属林
                                                                  1932
                                         Cyrtandra    ワセオバナ草原
                          ワセオバナ草原      低木林        Cyrtandra 混生    1919
                          樹木混生
                                         Cyrtandra
              ゴバンノ  モク                 （イワタバコ科）侵入              1906
              アシ   マオウ     ワセオバナ                                 1897
                          （イネ科）草原     藍藻，シダ類                   1886
         グンバイヒルガオ侵入
         ─────────────── 大噴火　生物絶滅 ─────────────── 1883
```

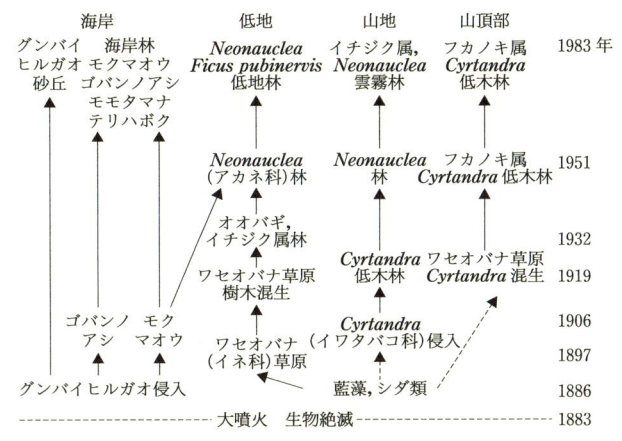

図2　ラカタ島の遷移系列の模式図（Whittakar et al., 1989 などをもとに作図）

タマシダ属，イノモトソウ属など陽地を好むシダ類が多く，草原性のイネ科2種，カヤツリグサ科2種，キク科4種があった．ほかに藍藻（シアノバクテリア）の皮膜がいたるところに見られ，コケ類も発見された．

14年後の1897年に旧三島で調査が行われたが，シダ類14種，種子植物は約52種が発見され，一部には密生した植生が見出された．砂浜はグンバイヒルガオに覆われ，ゴバンノアシ，モモタマナ，サガリバナなどの海岸林も見られたという．またモクマオウの林もあった．これも沖縄から熱帯にかけて広く海岸林を形成する樹木である．今後草原の主体となっていくワセオバナとチガヤも侵入し，内陸部はイネ科草本が密生しており，低い部分はおもにワセオバナで上部にはチガヤが多かった．ただし前回もこのときの調査隊も，山頂など島のずっと内陸部までは至ることができなかった

23年後の1906年に訪れた調査隊は，シダ類13種，種子植物は約105種を見出した．海岸林が拡大し，グンバイヒルガオの砂丘地帯の背後にゴバンノアシ林やモクマオウ林が続いていた．しかし内陸部はまだ草原状態であったが，谷ぞいにクワ科イチジク属の *Ficus fistulosa*, *F. fulva* やトウダイグサ科で沖縄のオオバギと同一種である *Macaranga tanarius*，アオギリ科の *Melochia umbellata*，イラクサ科の *Pipturus incanus* など低木性の陽樹林が見出された．その2年後の調査隊はラカタ島の標高400mまで到達したが，

谷ぞいの森林は標高 300〜400 m のあいだでもっともよく発達し，イワタバコ科の *Cyrtandra sulcata* も発見された。この低木種は後年になってひじょうに増えた。なお標高 400 m 以上ではイネ科草本よりもシダ類が多く，シダ類は下部から上部へとイネ科草本によって駆逐されていったようだ。

　36 年後の 1919 年には，シダ類 47 種，種子植物 163 種，1930 年にはそれぞれ 46 種，182 種を見出した。1919 年には噴火以後もっとも詳細な調査が行われ，山頂にまで到達した。シダ類の種数が 1906 年の調査よりも 3 倍近く増加しているのは，ラカタ島の山頂まで調べたこともあるだろうが，森林性のシダが生育できる環境ができつつあることを示している。旧三島で全植物相に占める着生植物の割合が，1910 年代までは 5% 前後であったのだが，1920 年代以降は 15% 前後になっていることも (Partomihardjo et al., 2004)，森林環境の形成と関係しているだろう。またチョウ類では，1919 年ごろには新たに侵入してくる種が多かったが，1932 年には消滅した種が多く侵入種は少なかった。1919 年ごろまでは草原が多く草原性のチョウが侵入してきたのだが，1932 年になると森林が増加し，草原性のチョウにとっては不適当な環境になったようだ。その後は，森林性の種によって再びチョウの種数は増えていった (Bush and Whittaker, 1991)。海岸のグンバイヒルガオ群落，サガリバナ海岸林はまだジャワ島に見られる同様の植生よりも種数で劣っていたが，海岸部に適応した植生で永続的に存在するものと考えられた。しかし，モクマオウ林は遷移の途中相に位置する植生で，オオバギとイチジク属の混合林へと変化しつつあった。低地を覆っていたイネ科草原も減少し 1928 年には標高 400 m までが森林となっていた。山頂部は *Cyrtandra sulcata* の低木に覆われていた。そのなかで *Neocauclea calycyna* が増加しつつあった。

　噴火から 100 年をへた 1983 年の前後にはインドネシア科学院 (LIPI) による呼びかけもあって，多くの国際的調査隊がクラカタウ諸島に集まった。そのころにはシダ類約 82 種，種子植物 239 種が記録された。1982 年には鹿児島大学が中心になって調査を行ったが，ラカタの低地帯は日本の照葉樹林ではめずらしい樹高 30 m を超す鬱蒼とした森林であった (図 3)。桜島の大正時代に噴出した溶岩の上にできている森林は，最高樹高 10 m 程度のクロマツの疎林で種組成も単調であった (宇都・鈴木，2002)。桜島の場合は大正溶岩が

第 4 章 熱帯火山の遷移　57

図 3　1982 年，ラカタ島低地林の *Ficus pubinervis*（鈴木，未発表）

噴出してから86年目で基質は溶岩，クラカタウ諸島は100年経過し基質は軽石や火山灰という違いがあるが，熱帯であるためかクラカタウ諸島のほうが森林の発達が速いように思われる．

ラカタ島の低地では1932年と同じく *Neonauclea* が優占していた．そこに *Ficus pubinervis*，センダン科の *Dysoxylum gaudichaudianum* などが混生していた．これらの種はクラカタウ諸島以外の地域で，属としてはめずらしいものではないが優占種というほどめだった種にはならない．1980年代以降にはウルシ科の *Buchanania arborescens*，キョウチクトウ科の *Alstonia scholaris*，カンラン科の *Canarium hirsutum*，アオギリ科の *Pterospermum javanicum* など，ジャワやスマトラの極相に近い森林で高木層に多い種が侵入してきた．これらは，まだ優占林をつくる段階にはないが将来の増加が考えられる．山頂部は *Shefflera*（ウコギ科フカノキ属），*Cyrtandra* などの低木林とワセオバナの草原が混在している状態にあった．109年後の1992年には現存量の推定が行われているが，旧三島の低地で現存量は平均349 t/ha（226〜512 t/ha），最大直径88 cm，最高樹高35 m と推定されている（Whitaker et al., 1998）．同じ研究者達が西ジャワのウジュンクロンのプチャン島の極相に近い森林で推定した現存量は593 t/ha 最大直径148 cm，最高樹高46 m であり，まだそのレベルまでは到達していない．

1929年以来海底から出現したアナククラカタウ島の遷移についても，簡単に触れておく．これは生物がまったくいない状態から出発した一次遷移であることに疑いはないが，何回もの噴火によって島が成長し続けており，海上に島が出現してから単純に遷移が進んでいるのではない．ただし植物の種数は島の出現以来増え続けており，1930〜34年に17〜20種，1949〜51年に23〜24種，1963〜71年に45種，1979〜83年に90種，1989〜91年には138種あり，絶滅した種を含めると154〜157種が記録されている．次に述べるように旧三島では初期の半世紀は海流散布の植物が最多で現在は動物散布が多いが，アナククラカタウ島では，現在でも植物相の約半分が海流散布の植物である．

1982年に，私がこの島で調査したときには東部の海岸部にモクマオウ林が見られるだけで北部には散在するだけであった（図4；Suzuki, 1984）．周囲

第4章 熱帯火山の遷移　59

図4　1982年のアナククラカタウ北岸を上部から見下ろした写真(Suzuki et al., 1995より)。背景は海。ワセオバナとチガヤが多く，モクマオウが散在。

図5　図4と同じ場所の1992年の状態(Suzuki et al., 1995より)。モクマオウが林を形成。

にはチガヤ，ワセオバナ草原が存在していたが，砂丘地帯のように降り積もる火山灰に負けずに上に茎を伸ばすことによって草原状態が維持されていた。しかし島の半分以上は，溶岩や火山灰が露出した無植生状態にあった。1992年になるとモクマオウ林が東部から北部にまで拡大していたが(図5)，森林と呼べる部分は島の数％にすぎなかった(Suzuki et al., 1995)。

3. どうやって島にやってきたか

風に乗って

前節のように植生は遷移し，植物の種類は1994年までに消滅した種を含めて，シダ類112種，裸子植物3種(*Gnetum*属2種，ソテツ属1種)，被子植物433種合計552種が，アナククラカタウ以外の旧三島で記録されている。それらの種を散布様式に分けて，噴火以来の種数の変化を図6に示した。風散布植物については，胞子によるシダ植物と種子植物に区分した。ただし，植物はひとつだけの散布方法で分布を広げるとは限らず，最初は海流に乗って島に到達し内陸へは動物によって運ばれるというように複数の方法を併用することもよくある。しかし図では，その植物の主要と考えられる方法だけを数えた。

シダ植物はすべて風散布植物と考えられるが，噴火から2年10か月後に11種がはいってから，1900〜20年ごろにはほぼ20種程度であまり増えない

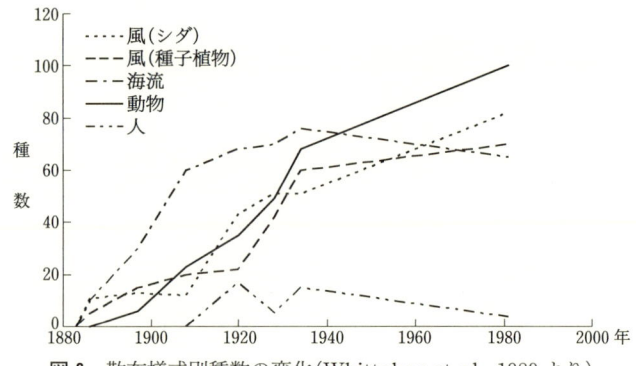

図6 散布様式別種数の変化(Whittakar et al., 1989より)

時代が続いた。これらの種のほとんどは、直射光の下でよく生育するシダであった。1920年代以降から再び増加傾向にあり、現在も続いている。1920年代以降に侵入しているシダ類は森林性の種がほとんどであった。幅40 kmの海という障壁も、シダ胞子の伝達を遮ることはできないと考えられる。1900～20年ごろに増加が停滞していた期間は、島の大部分が裸地か草地で森林性のシダ類には適した環境ではなく、それらの胞子が到達しても定着できなかったのであろう。

　風散布の種子植物(被子植物のみ)でも、初期に増加しいったん停滞期があってその後森林の拡大にともなって増加するというシダ植物と似たパターンが見られた。初期の侵入種はワセオバナ、チガヤなど草原性の種であった。これらの種はジャワ島、スマトラ島、セベシ島ともに海岸部に普通に見られ、風で到達することも難しくはなかったようだ。一方、1920年代以降に増加している風散布種子の大部分がラン科の植物である。ラン科は旧三島にやってきた植物のなかでもっとも多い科であり64種が記録されている。ただしアナククラカタウには7種しか記録がなかった。2番目に種数の多いマメ科では、旧三島で39種、アナククラカタウで25種と、2地域であまり変わらない種数が記録されているのとは対照的である。マメ科は、硬い種皮をもつ種子が海流にのってクラカタウ諸島に到達しやすく、しかも陽地を好む植物が多い。微細なラン科の種子はシダ類と同じように噴火直後から海を越えてクラカタウ諸島に到達していただろうが、その立地が適していなかったので生育できなかったのであろう。つまりシダ類やラン科の変化には散布が制限要因になっていることは少なく、立地の変化を反映したものと考えられる。

　だが、ラン科のような微細な風散布種子はスンダ海峡を横断できるが、多くの樹木の風散布体には不可能なようだ。アジア熱帯林の代表的優占種になるフタバガキ科などがその例である。ただし風散布を基本とする科でも、アオギリ科でカエデの実を大きくしたような種子をつくる *Pterospermum javanicum* が1994年にラカタ島で発見された(Partomihardjo, 1995)。同科の一種でやはり風によって散布される *Melochia umbellata* という低木種が1897年にすでにラカタ島に到達している。これらは風散布距離が長いのか、あるいは種子が海水中でも長期間耐える性質をもち海流に乗って到達した可

能性も考えられる。

海流とともに

海流による散布は，遷移初期において種子植物にとっては一番主要な到達方法であった。1886年に島に到達した種子植物の15種中10種が海流によって散布された。これらの植物の大部分が海岸を生育環境とし，厚いコルク質の皮層で覆われて長期間の海流散布に耐える果実をつくる。また，前節で述べたようにマメ科植物も多くが海流によって散布された。海流散布植物は1900年代にはいっても増加を続けたが，1930年代以降は約10種が消滅した。1920〜30年代にセルツング島に小さなラグーンができ *Lumnitzera racemosa*（シクンシ科ヒルギモドキ属）など海流散布のマングローブ植物が約5種生育したことがあったが，ラグーンが地形の変化のために消滅したために，それらは絶滅した。マングローブ植物の散布体は1990年代に行われたアナククラカタウでの漂着果実の調査でも多数見出されているが，定着はしていない(Partomihardjo et al., 1993)。ほかの消滅種は，一時的に記録されても個体数が少なかったものが失われたようである。海流散布植物は初期の半世紀のあいだに，生育できるものの多くが到達し，新たな侵入と消滅によって多少変動しながらも，同じような種数を維持しているといえよう。

なお，動物では昆虫など羽根によって空からクラカタウ諸島にやってきた種類が多いが，海流散布によって到達した種類もあった。シロアリは1982年の調査でも，クラカタウ諸島の海岸に流れ着いた流木のなかに形成した巣が発見されている(Abe, 1984)。実際クラカタウ諸島で発見されたシロアリ7種はみな倒木や樹上に巣をつくる種であり，西ジャワ海岸林で発見されたシロアリは地中に巣をつくる種が多かった。シロアリはその生活史の一部に飛翔する段階があるので空からクラカタウ諸島にやってきた可能性があるが，実際には流木に乗って到達したようだ。またクラカタウ諸島で最大の動物はミズオオトカゲであるが，これは海を泳ぎ渡る能力をもち，噴火から6年後の1889年にはクラカタウ諸島で発見されている。ヘビもいるが，コウモリ以外の地上生の哺乳類はスンダ海峡を渡るのが難しいようで，人とともにやってきた可能性が高いクマネズミ類 *Ratus* 2種以外は1982年までには侵入

していなかった(Iwamoto, 1986)。

動物に運ばれて

動物によって散布される植物は1987年に初めて7種が島に到達したが，そのうち2種は潮しぶきがかかるような海岸付近に生える植物であり，海流によって流れ着いた可能性も十分考えられる。しかしほかのイチジク属4種，ノボタン属1種はより内陸に分布する植物であり，海流散布は考えにくい。これらはなかに小さな種子を多数もつ液果をつくるが，本島で鳥が果実を食べて消化器のなかにいれたまま，島まできて糞として排泄したものから広がったものであろう。

時間の経過とともに，動物散布植物はほぼ直線的に増え続け，1980年代には種子植物のなかではもっとも多いグループとなった。動物散布には付着散布と摂食散布があるが，クラカタウ諸島にやってきた大部分の植物が摂食散布である。果実を食べて海を越えて飛翔することができる鳥類とコウモリが，重要な役割をはたした。果実食のコウモリは，1919年に1種が観察されたのがクラカタウ諸島での最初だが，1986年には600頭以上が目撃され，合計6種が記録されている(Whittaker and Jones, 1994)。コウモリは大型の種子を口にくわえて短距離を運ぶことがあるが，クラカタウへの島外からの種子散布には役立たない。しかし，モモタマナのような大きな海流散布の果実が，漂着後成長してさらに島内に分布を広げるときには貢献しただろう。クラカタウ諸島は合計面積が約37 km^2 もある4つの島からなるので，海流などで到達した種子がさらに4島間や島内で広がるためにも動物散布は重要である。

コウモリの消化管のなかにはいる種子であれば，口にくわえられて運ばれるよりもずっと遠距離まで運ばれる(Whittaker and Jones, 1994)。70 kmもの行動範囲をもっている果実食コウモリもいるので，スンダ海峡を横断して摂食することも考えられる。ただし，種子は果肉といっしょに飲み込まれてから排泄されるまでの飛翔距離しか運搬されないので，種子が消化管のなかに留まっている時間が散布距離を決定づける。コウモリの場合には25分以下の記録しかなく，クラカタウ諸島の外からの種子伝播には少し無理があるよ

うだ。しかしクラカタウ諸島の4つの島間や島内での移動には十分貢献してきただろう。

　渡りの途中で観察されたのではなく定住性の鳥は，クラカタウ諸島で今まで45種報告があり，そのうちで少なくともムクドリ類，ハト類，ヒヨドリ類などの19種は果実散布をすると考えられる。1908年がクラカタウ諸島における最初の鳥調査であるが，19種が記録されそのうち6種が果実食の鳥であった。鳥は食べてから排泄するまでに数時間かかる種がいるので，時速50 km程度で飛翔する鳥によって，スマトラやジャワ島からクラカタウ諸島に種子が伝達されることは十分可能である。

　ハト程度の大きさの鳥の消化器のなかにはいり発芽能力をもったまま種子が排泄される植物は，果実のなかに多数の小さな種子をもつ種が中心となる。その代表的な植物がノボタン科の植物やクワ科のイチジク属である。これらの植物では，1 cm前後の液果に数百の種子がはいっていることが多い。イチジク属は1897年以来先駆的樹種から成熟林に生える高木性樹種まで22種がクラカタウ諸島で発見されており，ひとつの属としてはもっとも種数が多い。約800種あるイチジク属はアジア熱帯では普通に存在する属であるが，クラカタウ諸島で種数だけでなく，本数や現存量の点でも繁栄している。ニューギニアの沖55 kmにある火山島で1645年に大噴火した後生物が再侵入しているLong島における1999年の調査では，273種の種子植物が見出されたがそのうちの31種がイチジク属であり，植物相に占める本属の割合はクラカタウ諸島以上に高かった(Thornton et al., 2001)。私の熱帯林調査は，クラカタウで始まったので，熱帯林には奇妙な形をしたイチジク属が多いものだと思っていたが，その後スマトラやボルネオ，ジャワ島の調査をするにつれて，クラカタウほどイチジク属が多い場所は見た経験がなく，イチジク属の優占はクラカタウの特殊事情であったと思うようになった。なお，1897年にはオオバギは，イチジク属と同時にクラカタウ諸島に侵入し，現在でもギャップのような場所によく見られる。オオバギ属は，アジア熱帯の代表的な先駆種でウジュンクロンにも4種あるが(Hommel, 1987)，100年以上たった現在も同諸島にはオオバギ1種しか侵入していないことは不思議である。オオバギ属の種子は基本的には鳥散布で，ただ海岸に生育するオオバギは海

流でも種子が散布されるようだ。オオバギ属の実は2子房室からなり1室に長さ2〜3 mmの種子ひとつがはいっている。鳥が飲み込めないほど大きな種子ではないのだが，種子散布が分布拡大の障害になっているのかもしれない。

4. クラカタウ諸島のこれから

噴火から120年以上がたち，クラカタウ諸島には場所によっては樹高35 mに達し，日本の照葉樹林並みかそれ以上の現存量，多様性をもった森林ができあがっている。しかし，噴火から約120年という期間は人間の感覚では長いが，数百年生きる植物にとっては，噴火後定着した第一世代が生き残っている程度の短い期間でしかない。クラカタウ諸島の森林は熱帯林としてはまだ若い森林状態にあるし，土壌もまだ成熟にはほど遠い。現在のクラカタウ諸島でもっとも発達した森林で優占するアカネ科の *Neonauclea calycina* は，ウジュンクロン国立公園の成熟林などでは優占種とはなっていない。現存量や最大樹高でもクラカタウ諸島の森林は，まだジャワ島やスマトラ島の森林よりも劣っていた。この原因としては，まだ *Neonauclea* もその最大のサイズまで成長するだけの時間が噴火以後たっていない影響もあるだろうが，おそらく十分な時間がたってもこの種ではジャワ島やスマトラ島の森林ほどの大きな森林をつくれないだろう。しかし，1980年以降になると *Pterospermum javanicum*, *Buchanania arborescens* などマレー地域で普通に見られる高木性の種が侵入してきており，これらがクラカタウ諸島で分布を拡大し高木層で優占するようになれば，森林構造的にはジャワ島などの森林に近くなる可能性がある。それに要する年数は，稚樹から高木になるまでは100〜200年程度であろうが，島内で分布を拡大するのにかかる時間がわからないので，数百年はかかるであろうがそれ以上の推定は難しい。

さらに，まだクラカタウ諸島に到達していない植物も多い。その第一のグループは，基本的に風によって散布されるフタバガキ科がある。この地域の熱帯低地林の代表的な極相種であり，この科が優占する森林ができたときにはクラカタウ諸島も極相林が成立したといえるかもしれない。ただしスマト

ラ島にはフタバガキ科が106種も分布するのに対して，ジャワ島には10種しかない（Ashton, 1982）。これはジャワ島で自然植生が少ない影響もあるだろうが，東南アジアのフタバガキ科の分布はマレー半島，スマトラ島，ボルネオ島までに多く，その東側の島には数種から十数種しかないという特徴がある。スンダ海峡ぞいには天然林がほとんど残っていないし，最大の天然林地域であるウジュンクロン国立公園にもフタバガキ科は少なく1種しかない。その意味ではクラカタウ諸島にフタバガキ科がないからといって，極相状態ではないとはいえないだろう。

　また，最近のクラカタウ諸島では動物散布種が増えているが，まだ少ない植物群もある。たとえば，クスノキ科はインドネシアの低地林には何種もあるのが普通であるが，スナヅルという日本の亜熱帯の海岸にもあるクスノキ科でも砂浜に特殊化したツル植物以外は，ハマビワ属2種とタブノキ属1種しかない（Partomihardjo, 1995）。1果実に1種子だけのクスノキ科の種子は比較的大きいので，鳥が飲み込むことが少なく鳥による摂食散布がなされにくいのかもしれない。ほかに，クラカタウ諸島に分布していそうで分布しない科としてはツバキ科，ニシキギ科，ビワモドキ科，ジンチョウゲ科などがある。ツバキ科には沖縄でイジュと呼ばれる *Schima wallichii* という小さな風散布種子をつける樹木があるが，スンダ海峡ぞいの二次林にもよく生育し地理的分布域も広く奄美大島や小笠原諸島までも分布している。クラカタウ諸島でも十分育つだろうが，まだ分布していない。これらのいまだに到達していない種も数百年から1000年の時間をかけてクラカタウ諸島に出現し，遷移は続いていくのであろう。

火山島の一次遷移
三宅島における攪乱と遷移

第5章

上條隆志

　日本には数多くの火山島が存在し，現在も火山活動を続けている島もある。最近の大噴火として知られるのは，伊豆諸島三宅島の 2000 年噴火である。三宅島は 2000 年 7 月に山頂部の雄山が噴火を開始し，大量の火山灰を放出した。2000 年 9 月には全島民避難が実施され，島の人々は 2005 年 2 月の避難解除に至るまで，島外での避難生活を余儀なくされた(村，2005 など参照)。島の生態系は大規模な噴火の影響を受け，中腹部より上の植生は噴火により裸地ないし，それに近い状態になった(Kamijo and Hashiba, 2003；山西ほか，2003 など)。火山灰の放出は 2001 年以降終息したが，二酸化硫黄 SO_2 を中心とする火山ガスの放出が始まった(風早ほか，2001)。

　活火山である三宅島は，2000 年以前にも，1983，1962，1940，1874 年に噴火している(一色，1960；宮崎，1984；津久井ほか，2001)。耕作地や植林地などを除くと，各年代の噴火堆積物上には，年代に応じた植物群落が発達し，火山一次遷移を観察することができ，一次遷移の研究に適した調査地でもあった(Kamijo et al., 2002)。本章では，三宅島の火山遷移，とくに火山一次遷移とその特徴について述べることとする。

1. 三宅島の噴火の概要

　三宅島は東京の南約 180 km の相模湾南方海上にあり，その中心が北緯

34°05′，東経139°31′に位置する5514 haの玄武岩質の火山島である。三宅島測候所(標高36.2 m)によると，年平均気温17.4°C，最寒月の平均気温は9.2°C，年降水量は2872 mmであり，気候的には暖温帯にはいる。

　三宅島の最高点は雄山の814 mであったが，2000年の大噴火によって巨大なカルデラが形成され(中田ほか，2001)，723 mとなった。津久井ほか(2001)によると，三宅島の成立は数万年前にまで遡ると推測され，約2500年前には，2000年噴火とほぼ同じ場所に陥没カルデラが形成されたと考えられている。噴火災害の記録は11世紀以降に残されはじめ，15世紀以降は山腹での噴火が主となった(津久井ほか，2001)。最近では，1874年に島の北部，1940年に島の北東部と山頂部，1962年に1940年と同じ北東部，1983年に島の南西部で噴火した(図1)。いずれの噴火の場合も，割れ目噴火と呼ばれる噴火であり，山腹に生じた火口列より，火山弾，スコリア(粒径が0.5〜2 cmの火山噴出物)，火山灰が放出され，溶岩が流出した(宮崎，1984)。火口からの放出物はおもにスコリアであり，2000年以前の噴火では，基本的に溶岩の堆積した裸地(図2)とスコリアの堆積した裸地(図3)が生じ，それぞれの基質上で一次遷移が始まる。三宅島の溶岩は粘性が低い玄武岩質であり，固ま

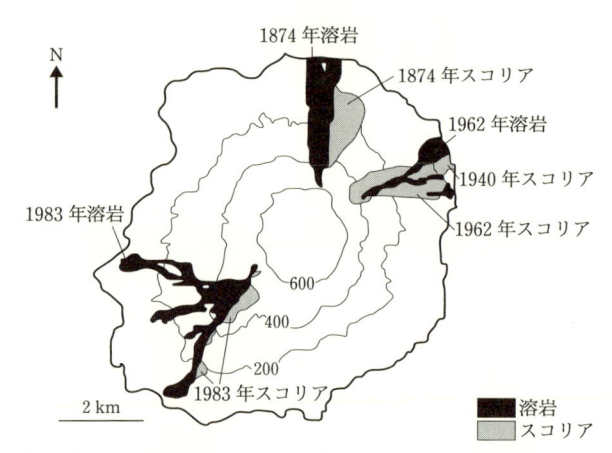

図1 2000年噴火前の三宅島における，1874年溶岩とスコリア，1940年スコリア，1962年溶岩とスコリア，1983年溶岩とスコリアの分布(国土庁土地局，1987をもとに作成)。1983年噴火の水蒸気爆発跡地については示していない。また，1940年溶岩については小面積なので示されていない。

第 5 章　火山島の一次遷移　　69

図 2　三宅島 1983 年噴火の溶岩

図 3　三宅島 1983 年噴火のスコリア堆積地

ると色は黒色ないし赤褐色となる。溶岩は多孔質で、表面には激しい凹凸があり、アア溶岩と呼ばれる。1874〜1983年の溶岩の成分(いずれも酸化物)は、およそシリコン54%、アルミニウム15%、鉄13%、マグネシウム4%、カルシウム9%、ナトリウム3%、カリウム0.6%、リン0.1%である(曽谷・宇戸, 1984)。また、化学成分的には溶岩とスコリアは同一である。

　山頂部における大規模カルデラの形成という2000年噴火は、最近の噴火(割れ目噴火)とは、様式がまったく異なるタイプのものであった。2000年噴火の火山活動は2000年6月26日から活発化し、7月8日に雄山山頂部が陥没、直径約800mのカルデラが形成された。それ以降本格的な噴火活動が始まり、カルデラから大量の噴石、火山灰、火山ガスを噴出した(中田ほか, 2001)。8月18日の大噴火における噴煙高度は15kmに達した(中田ほか, 2001)。噴出物として特徴的だったのは、大量の火山灰が放出されたことであり、スコリアの堆積地ではなく、火山灰の堆積した裸地が形成された(図4)。火山灰の化学成分は、これまでと類似していたが、粘土分を多く含む(加藤ほか, 2002)などその性質は大きく異なった。さらに、これまでの噴火と大きく異なる点は、噴火活動が鎮静化してきた2000年10月以降も、大量の火山ガスを放出していることである(風早ほか, 2001)。以上のように、2000年噴火とそれ以前の噴火様式は大きく異なることから、2000年噴火以前の

図4　三宅島2000年噴火の火山灰堆積地

研究と噴火後の研究に分けて以降紹介する。

2. 三宅島の溶岩上の一次遷移

一次遷移の研究アプローチ

　植生遷移には一次遷移と二次遷移があり，前者は生物圏が完全に破壊された状態から始まる遷移である。すなわち原則的には，前者は火山の溶岩上や氷河の後退跡などの，植物や土壌がまったくない状態から始まる遷移をさし，後者は山火事跡地や放棄畑のように土壌や土壌中の種子を含めた植物体があらかじめ存在する状態から始まる遷移をさす。また，植物にとって二次遷移の初期は，光資源，窒素などの養分資源が豊富な状態から始まるのに対して，一次遷移の初期は，光資源は豊富だが，窒素やリンなどの利用可能な養分資源が不足した状態から始まるとされる(Tilman, 1982)。

　植生遷移の研究手法には，時間変化を直接観察する手法と，成立年代のみが異なる立地を相互比較することによって時間変化を明らかにする方法がある。後者は，英語で chronosequence study(クロノシーケンス研究)と呼ばれる手法であり，一人の人間が直接観察することができない，数十年から数千年といった長期的な遷移を対象とするのに適している。伊豆大島(Tezuka, 1961)，桜島(Tagawa, 1964)，ハワイ諸島(Aplet and Vitousek, 1994; Kitayama et al., 1995 など)などの火山でも，異なる年代の噴火堆積物上の植生を比較することで，研究が行われている。

　三宅島では，噴火年代の異なる溶岩流やスコリア堆積物が，島の中腹から麓にかけて分布している(図1)。とくに，1983，1962，1874年の噴火堆積物は，噴火年代が正確なこと，規模が類似していること，溶岩とスコリアの組み合わせであることなどの点で，よく類似しており，噴火堆積物の基質(溶岩かスコリアか)と標高を合わせて比較することにより，クロノシーケンス研究が可能になる。また，火山噴出物の堆積した方向は，それぞれ異なっているが，島内の方位による極端な降雨量や温度の差は少ない。このように，これらの火山噴出物上は一次遷移の研究を行うのにひじょうに適している。

溶岩上の植生の一次遷移パターン

　筆者らは，2000年大噴火前の1998年から1999年にかけて，三宅島の溶岩上において，植生と土壌の研究を行った(Kamijo et al., 2002)。以下この研究を中心に，三宅島の溶岩上の一次遷移について説明する。

　調査対象としては前述の，1983，1962，1874年の溶岩を選んだ。さらに，正確な噴火年代は不明であるが，少なくとも800年以上は噴火活動の影響を受けていない島の北西部にある残存自然林を調査地として選定した。島の北西部の基質は，おもにスコリアや火山灰からなり，溶岩上の遷移系列とはならないが，三宅島内では遷移がもっとも進んだ森林，すなわち極相林として扱うこととした。植生調査は，1962，1874年溶岩上と，島の北西部の標高傾度上にそれぞれ数か所の調査区を設けて実施した。1962年溶岩上では標高25 mと260 m，1874年溶岩上では160 mと300 m，北西部では100 mと350 mに固定調査区を設け，土壌調査と毎木調査を行った。

　図5は各固定調査区における胸高断面積合計(高さ1.3 mの部分の樹木の断面積を合計したもの。森林のバイオマスの指標ともなる)を示したものである。これをみると，噴火後の年数の増加にともない，樹木の胸高断面積が増加したこと，すなわち，森林が発達してきていることがわかる。次に，樹木を含めた植物(維管束植物)の種組成の変化をみることとする(表1，図6)。噴火後16年経過

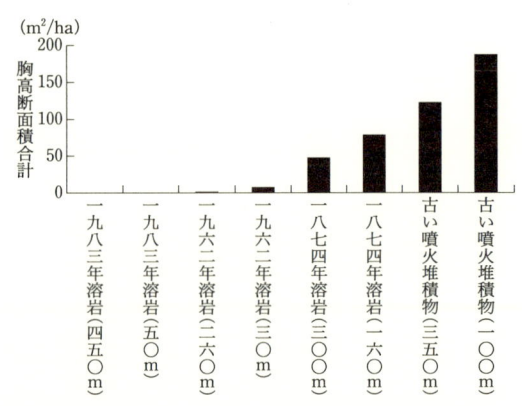

図5　1983，1962，1874年溶岩，および島の北西部の古い噴火堆積物上の固定調査区における，樹木の胸高断面積合計(Kamijo et al., 2002より作成)。(　)内は標高を示す。

表1 2000年噴火前の1962年溶岩，1874年溶岩，および島の北西部の古い噴火年代の堆積物上における各種の出現頻度（Kamijo et al., 2002より作成）。ローマ数字は出現頻度階級を示す（V：100〜81%，IV：80〜61%，III：60〜41，II：40〜21%，I：20〜1%）。

種名	生活形	1962年溶岩 （37年経過） 7	1874年溶岩 （125年経過） 7	古い噴火堆積物 （800年以上経過） 6
オニヤブソテツ	シダ植物	I	·	·
ハルノコンギク	多年草	I	·	·
タケダグサ	一年草	III	·	·
オニタビラコ	一年草	III	·	·
トラノオシダ	シダ植物	I	·	·
ツルソバ	ツル植物	III	·	·
ハチジョウイタドリ	多年草	V	·	·
ハチジョウススキ	多年草	V	·	·
ニオイウツギ	落葉広葉樹	III	·	·
ヤナギイチゴ	落葉広葉樹	III	·	·
クロマツ	針葉樹	I	·	·
トベラ	常緑広葉樹	I	·	·
シチトウエビヅル	ツル植物	I	·	·
イヌホオズキ	一年草	I	·	·
シマナガハヤブマオ	多年草	I	·	·
ハチジョウイノコヅチ	多年草	I	·	·
ラセイタソウ	多年草	I	·	·
シマクサギ	落葉広葉樹	I	·	·
マツバラン	シダ植物	IV	I	·
タマシダ	シダ植物	V	I	·
シチトウダラ	落葉広葉樹	II	·	·
カジイチゴ	落葉広葉樹	V	I	I
ラセイタタマアジサイ	落葉広葉樹	III	·	I
テリハノブドウ	ツル植物	III	II	·
オオバヤシャブシ	落葉広葉樹	V	V	·
ハチジョウイチゴ	落葉広葉樹	II	I	·
ウツギ	落葉広葉樹	V	V	I
スイカズラ	ツル植物	I	I	·
ノキシノブ	シダ植物	V	IV	V
アカメガシワ	落葉広葉樹	V	III	II
アスカイノデ	シダ植物	V	V	I
オオイタチシダ	シダ植物	III	III	·
ヒトツバ	シダ植物	V	III	IV
トウゲシバ	シダ植物	II	II	·
ハチジョウキブシ	落葉広葉樹	II	II	I
イワイタチシダ	シダ植物	I	I	·
エノキ	落葉広葉樹	I	III	·
ヒメユズリハ	常緑広葉樹	II	III	I

表1 続き①

地点数	生活形	1962年溶岩 (37年経過) 7	1874年溶岩 (125年経過) 7	古い噴火堆積物 (800年以上経過) 6
種名				
ガクアジサイ	落葉広葉樹	III	III	II
ナツヅタ	ツル植物	I	III	·
ヘクソカズラ	ツル植物	II	·	III
ホルトノキ	常緑広葉樹	I	I	I
オオムラサキシキブ	落葉広葉樹	III	V	II
ミツバアケビ	ツル植物	II	V	I
ハチジョウウラボシ	シダ植物	III	III	III
オオシマザクラ	落葉広葉樹	II	V	I
ハチジョウイボタ	落葉広葉樹	II	V	III
サカキカズラ	ツル植物	I	·	II
ハチジョウベニシダ	シダ植物	III	V	V
サンカクヅル	ツル植物	·	I	·
ジュウモンジシダ	シダ植物	I	V	I
センニンソウ	ツル植物	·	III	·
タブノキ	常緑広葉樹	III	V	V
ハチジョウシュスラン	多年草	·	IV	·
リョウメンシダ	シダ植物	·	II	·
フユイチゴ	矮小常緑広葉樹	·	I	·
マメヅタ	シダ植物	I	V	V
イヌビワ	落葉広葉樹	I	V	V
フウトウカズラ	ツル植物	I	III	V
ヤブニッケイ	常緑広葉樹	I	III	V
ハチジョウイヌツゲ	常緑広葉樹	·	IV	II
オオバエゴノキ	落葉広葉樹	·	V	IV
アオキ	常緑広葉樹	·	III	III
ウチワゴケ	シダ植物	·	III	III
ウラシマソウ	多年草	·	III	II
スダジイ	常緑広葉樹	I	I	V
オオシマカンスゲ	多年草	·	IV	IV
イタビカズラ	ツル植物	·	II	II
テイカカズラ	ツル植物	·	V	V
マンリョウ	多年草	·	V	V
キヅタ	ツル植物	·	V	V
アケボノシュスラン	常緑広葉樹	·	III	III
ツルグミ	常緑広葉樹	·	III	IV
ヤブコウジ	矮小常緑広葉樹	·	III	III
ヤブツバキ	常緑広葉樹	·	IV	V
オオツルコウジ	矮小常緑広葉樹	·	V	V

表1 続き②

地点数 種名	生活形	1962年溶岩 (37年経過) 7	1874年溶岩 (125年経過) 7	古い噴火堆積物 (800年以上経過) 6
シロダモ	常緑広葉樹	·	Ⅳ	Ⅴ
シチトウハナワラビ	シダ植物	·	Ⅰ	Ⅰ
ヒサカキ	常緑広葉樹	·	Ⅳ	Ⅴ
シマササバラン	多年草	·	Ⅲ	Ⅳ
イヌマキ	針葉樹	·	Ⅲ	Ⅳ
ホウチャクソウ	多年草	·	Ⅱ	Ⅰ
アリドオシ	矮小常緑広葉樹	·	Ⅲ	Ⅴ
サルトリイバラ	常緑広葉樹	·	Ⅱ	Ⅳ
カクレミノ	常緑広葉樹	·	Ⅱ	Ⅳ
シシラン	シダ植物	·	Ⅰ	Ⅲ
ビナンカズラ	ツル植物	·	Ⅰ	Ⅳ
ツゲ	常緑広葉樹	·	Ⅰ	Ⅲ
モクレイシ	常緑広葉樹	·	Ⅰ	Ⅳ
ユズリハ	常緑広葉樹	·	Ⅰ	Ⅰ
キッコウハグマ	多年草	·	Ⅰ	Ⅱ
オオバグミ	ツル植物	·	Ⅰ	Ⅴ
ヤマグルマ	常緑広葉樹	·	·	Ⅰ
セッコク	多年草	·	·	Ⅰ
ヨウラクラン	多年草	·	·	Ⅰ
コウヤコケシノブ	シダ植物	·	·	Ⅰ
シシガシラ	シダ植物	·	·	Ⅰ
ヌカボシクリハラン	シダ植物	·	·	Ⅰ
ハクサンボク	常緑広葉樹	·	Ⅰ	Ⅴ
ムベ	ツル植物	·	·	Ⅱ
マサキ	常緑広葉樹	·	·	Ⅰ
サカキ	常緑広葉樹	·	·	Ⅱ
ツルマサキ	ツル植物	·	·	Ⅳ
シキミ	常緑広葉樹	·	·	Ⅱ
ヘラシダ	シダ植物	·	·	Ⅴ
ミゾシダ	シダ植物	·	·	Ⅴ
ナツエビネ	多年草	·	·	Ⅰ
シュスラン	多年草	·	·	Ⅰ
サンゴジュ	常緑広葉樹	·	·	Ⅱ
アオノクマタケラン	多年草	·	·	Ⅱ
クロガネモチ	常緑広葉樹	·	·	Ⅰ
ヤツデ	常緑広葉樹	·	·	Ⅰ
アマチャヅル	ツル植物	·	·	Ⅰ

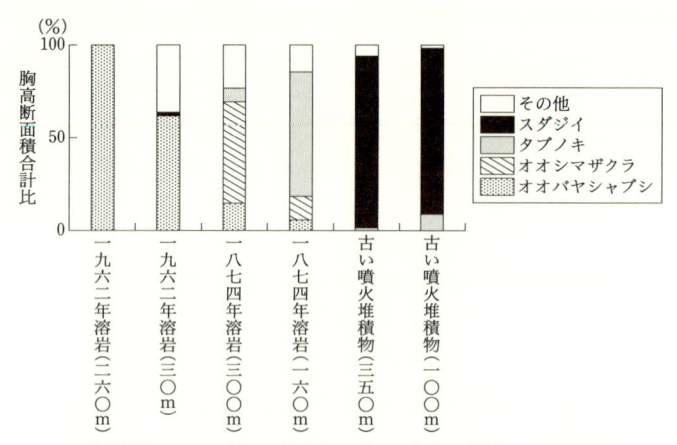

図6 1962，1874年溶岩，および島の北西部の古い噴火堆積物上の固定調査区における，主要樹種の胸高断面積合計比（Kamijo et al., 2002より作成）。（　）内は標高を示す。

した1983年溶岩上では，裸地が大部分を占め，先駆植物であるオオバヤシャブシとハチジョウイタドリがパッチ状に生育するのみである（図7）。37年経過した1962年溶岩上では，部分的にはオオバヤシャブシが森林を形成するようになる（図6，8）。主要な種としては，ハチジョウイタドリ，クロマツ，カジイチゴ，ニオイウツギ，タマシダなどの先駆性の植物である（表1）が，タブノキ，スダジイ，ヤブニッケイなどの極相性の樹種の稚樹も出現するのが特徴的である（Hiroki and Ichino, 1993；Kamijo and Okutomi, 1995）。125年経過した溶岩上では，遷移途中相の植物であるオオシマザクラ，オオバエゴノキ，ハチジョウイボタや極相性樹種のタブノキが優占する常緑広葉樹と落葉広葉樹の混交する森林が形成される（図6，9）。オオバヤシャブシは林冠層には出現するが，林内にはまったく出現せず，ハチジョウイタドリもほとんど出現しない。低木層や草本層には，シロダモ，タブノキ，ヤブニッケイなどの常緑広葉樹や，アスカイノデ，ハチジョウベニシダなどのシダ植物，オオシマカンスゲ，テイカカズラなどが見られ（表1），極相林との共通性が高くなる。

　もっとも古い噴火堆積物上ではおもに耐陰性のある極相性樹種のスダジイが優占し（図6，10），タブノキ，ヤブニッケイ，ヒメユズリハ，ホルトノキ，オオバエゴノキなどが混生する。林床では，アスカイノデ，ハチジョウベニ

図7 1983年溶岩。中央の樹木はオオバヤシャブシ

シダ，ホソバカナワラビなどのシダ植物，オオシマカンスゲ，テイカカズラ，フウトウカズラ，アオノクマタケランなどが多い(表1)。

　標高傾度でみると，1874年溶岩上の高標高部では，先駆的なオオバヤシャブシが多く，落葉広葉樹のオオシマザクラも多いのに対して，低い標高部では極相性のタブノキが優占する。また，もっとも古い噴火堆積物上でも，高標高部では，遷移途中相を占めるオオシマザクラが出現するなど，高標高部では，より先駆的な植物が出現した(Kamijo et al., 2002)。また，森林の樹高や，現存量を指標する胸高断面積合計と標高の関係をみると，標高の増加につれて，胸高断面積合計は減少する(Kamijo et al., 2002)。以上のことを言い換えると，高標高ほど遷移が遅いということになる。このような現象は，

78　第II部　火山噴火による攪乱と遷移

図8　1962年溶岩。オオバヤシャブシが優占する

図9　1874年溶岩。タブノキが優占する

図10　島の北西部の古い噴火堆積物上のスダジイ自然林

ハワイ諸島(Aplet and Vitousek, 1994)や富士山の火山遷移(Ohsawa, 1984)においても指摘されている。その原因として，標高の増加にともなう温度の低下がもっとも重要と考えられるが，海洋中に孤立した火山である三宅島の場合には，山頂とその周辺部における強い風衝作用も要因として大きいと考えられる。

　同じ伊豆諸島に属する伊豆大島と三宅島とでは一次遷移にともなう優占種と種組成の変化パターンはよく類似しており，伊豆大島では，ハチジョウイタドリの草本群落 → オオバヤシャブシ・ニオイウツギ低木林 → オオバエゴノキ・オオシマザクラ林 → スダジイ・タブノキ林，という遷移系列が示されている(Tezuka, 1961)。しかし，遷移に要する時間については，筆者らの行った三宅島の研究事例(Kamijo et al., 2002)と大島の研究事例(Tezuka, 1961)とでは大きく異なった。大島の場合，約180年経過した溶岩上においても，森林が発達してない(Tezuka, 1961)。これは，前述した標高の影響が強く影響しているためであり(大島の調査区の位置はおよそ標高450 m)，とくに強風と飛

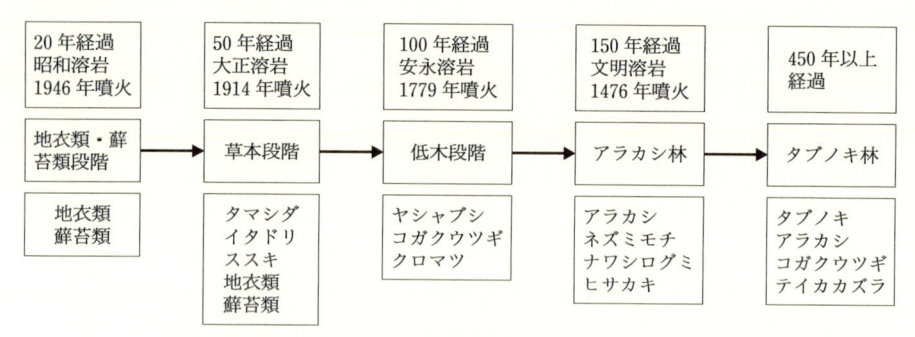

20年経過 昭和溶岩 1946年噴火	50年経過 大正溶岩 1914年噴火	100年経過 安永溶岩 1779年噴火	150年経過 文明溶岩 1476年噴火	450年以上 経過
地衣類・蘚苔類段階	草本段階	低木段階	アラカシ林	タブノキ林
地衣類 蘚苔類	タマシダ イタドリ ススキ 地衣類 蘚苔類	ヤシャブシ コガクウツギ クロマツ	アラカシ ネズミモチ ナワシログミ ヒサカキ	タブノキ アラカシ コガクウツギ テイカカズラ

図11　桜島の溶岩上の一次遷移(Tagawa, 1964 より作成)

砂により植生発達が妨げられている場所に調査区が設定されていたためと考えられる。

次に，三宅島や大島と同じく暖温帯域にある火山である桜島の研究事例(Tagawa, 1964)と比較する(図11)。鹿児島にある桜島は1476年(文明溶岩)，1779年(安永溶岩)，1914年(大正溶岩)，1946年(昭和溶岩)に噴火している。もともとは鹿児島湾内の島であったが，1914年の噴火により大隅半島と陸続きとなった。溶岩は安山岩質溶岩である。その遷移パターンは，伊豆諸島の三宅島や伊豆大島と類似性がみられ，ハチジョウイタドリ，ハチジョウススキ，オオバヤシャブシなどと近縁の，イタドリ，ススキ，ヤシャブシが遷移初期に出現する。また，クロマツは，共通して出現するが，三宅島や大島と比べて桜島で多く，1914年の大正溶岩上の主要構成種となっている(Tagawa, 1964)。もっとも顕著な相違は，桜島では，クロマツ林(ヤシャブシを含む)からアラカシ林をへて，タブノキ林に遷移するのに対して，三宅島や大島ではアラカシ林の段階を完全に欠いていることである。これは，両島を含めた伊豆諸島に，アラカシが自生しないことによる。その背景としては，鹿児島湾内にある桜島と異なり，伊豆諸島の島は本土と繋がったことがない海洋島であるため，植物相的により単純であることが関係している。

土壌の遷移

三宅島の溶岩の上はひじょうに凹凸が激しく，また母材が岩のため，いわゆる土壌断面調査をすることはできない(図7～9)。そこで，直径37mmの

円筒管を用いた規則サンプリングという手法で，深さ15 cmまでの土壌を等間隔でサンプリングする方法を用いた(Kamijo et al., 2002)。この手法を用いることによって，溶岩の隙間などに形成されている土壌をサンプリングし，定量的に解析することができるようになる。一方，三宅島スコリア上(1983，1962，1940，1874年)の初期土壌形成を扱ったKato et al.(2005)の研究によると，溶岩上と異なり，スコリア上では水平な層位を形成しながら，土壌が発達し，125年経過したスコリア上(1874年スコリア)では，厚さ13 cmのA層が形成される(Kato et al., 2005)。

まず土壌自体の量と質についてみてみると(図12)，1962年溶岩や1874年溶岩上の土壌はひじょうに少なく，溶岩の隙間に貯っている程度であり，面積換算すると，少なくとも800年以上噴火の影響を受けていない古い噴火堆積物上(以下，極相と呼ぶ)に比べ，その値がいちじるしく小さい。また，土壌の乾土当たりの有機物含量(%)は，溶岩上で25％前後と大きく，極相では少ない(図13)。溶岩上の土壌は，実際には，落葉などの植物遺体から形成された有機質の土壌であることがわかる。一方，極相の土壌に有機物含量が少ないのは，細粒化した母材あるいは，過去の噴火により供給された火山灰に有機物が混ざっているためである。

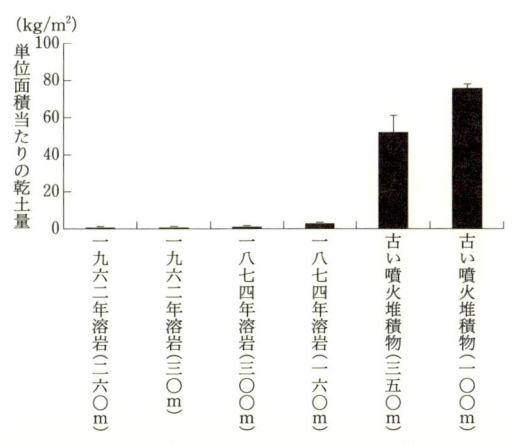

図12　1962，1874年溶岩，および島の北西部の古い噴火堆積物上の固定調査区における，深さ15 cmまでの単位面積当たりの乾土重量(Kamijo et al., 2002より作成)。エラーバーは標準偏差を，(　)内は標高を示す。

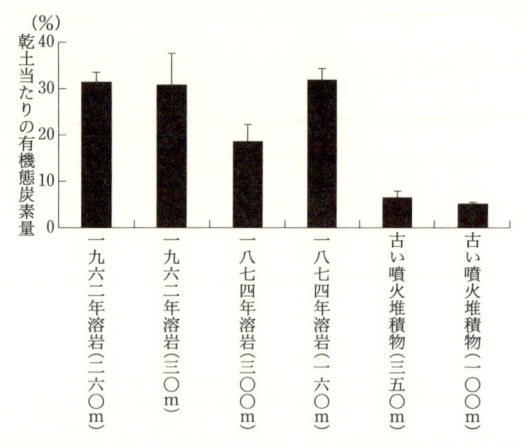

図13 1962, 1874年溶岩, および島の北西部の古い噴火堆積物上の固定調査区における, 乾土当たりの有機態炭素量(Kamijo et al., 2002より作成)。エラーバーは標準偏差を, ( )内は標高を示す。

　次に，主要な土壌養分である窒素についてみてみると，溶岩の土壌は乾土当たりの窒素量が多いという特徴をもっていた(図14)。窒素は，土壌中においても有機態の状態では植物は利用できず，微生物によって有機物が分解され，硝酸などの無機態になって，初めて植物が利用可能となる。そこで，植物にとって利用可能なアンモニア態窒素や硝酸態窒素について調べてみても，溶岩上で乾土当たりの量が多いという傾向は同じであった(Kamijo et al., 2002)。これらは，遷移初期に優占するオオバヤシャブシが微生物(放線菌)と共生することによって行う，窒素固定作用が関係していると考えられる。すなわち，微生物との共生関係によって形成された根粒(図15)を通じて，オオバヤシャブシが大気中の窒素分子を吸収し，吸収された窒素が落葉などを通じて土壌に供給された結果と考えられる。一方，窒素量を面積当たりに換算する(乾土当たりの窒素量×単位面積当たりの乾土量)と，その傾向は逆となり，予測されるように，噴火年代に応じて単位面積当たりの窒素量は増加する(図14)。すなわち，窒素の乾土当たりの量は遷移の初期で高いが，面積当たりの蓄積量は土壌の量そのものが多い遷移の後期で多くなる。
　三宅島と同じく，火山島であるハワイ諸島では，窒素固定能力をもたないハワイフトモモが遷移の主要構成種となっている。このハワイフトモモの例

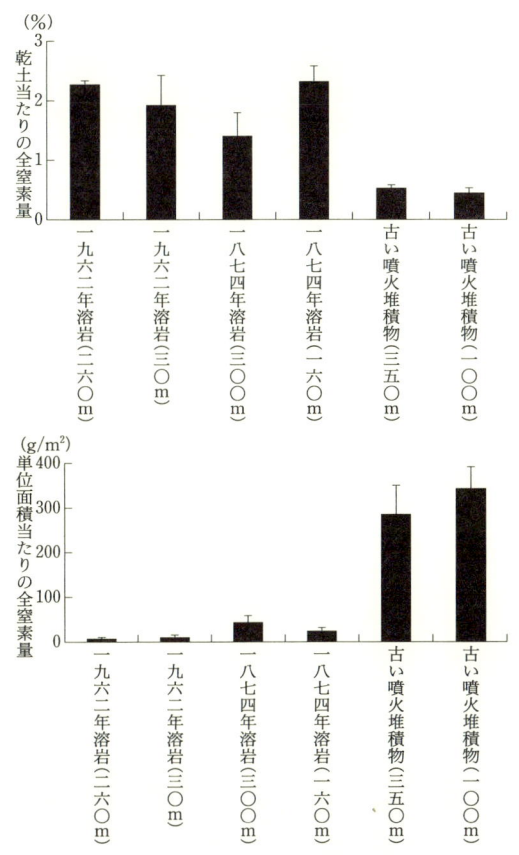

図14 1962，1874年溶岩，および島の北西部の古い噴火堆積物上の固定調査区における，乾土当たりの全窒素量と深さ15 cmまでの単位面積当たりの全窒素量(Kamijo et al., 2002より作成)。エラーバーは標準偏差を，（ ）内は標高を示す。

では，溶岩の年代と土壌中の養分の利用性に応じて葉の窒素濃度が変化し，遷移初期においては葉の窒素濃度が低くなることが明らかにされている(Vitousek et al., 1992；Crew et al., 1995)。一方，オオバヤシャブシの生きた葉の窒素量を分析すると，ほとんど土壌の形成されていない溶岩上においても2%程度の窒素含量を保っていた(図16)。つまり，窒素固定をするオオバヤシャブシは，土壌がほとんど形成されていない1983年溶岩上においても葉の窒素を一定濃度に保つことができるのである。また，オオバヤシャブシと

84　第II部　火山噴火による攪乱と遷移

図15 オオバヤシャブシの根粒

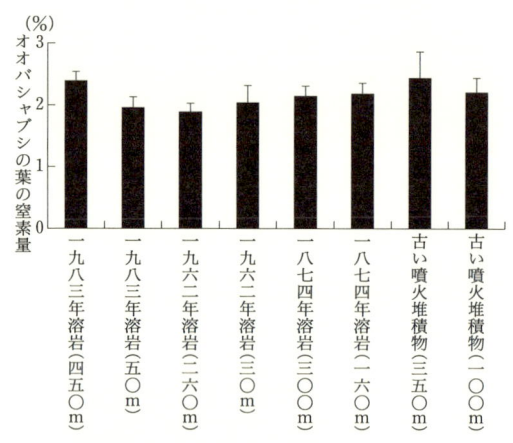

図16 1983，1962，1874年溶岩，および島の北西部の古い噴火堆積物上における，オオバヤシャブシ生葉の乾燥重量当たりの窒素量(Kamijo et al., 2002より作成)。エラーバーは標準偏差を，(　)内は標高を示す。

同じハンノキ属であり，窒素固定を行うミヤマハンノキでは，落葉の際に20％程度の窒素しか回収しないことが知られている(Sakio and Masuzawa, 1992)。オオバヤシャブシについても，落葉中の窒素の回収率が低く，窒素濃度の高い落葉が溶岩上に供給されている可能性が考えられる。

窒素と同様に，可給態のリン，カリウムイオン，マグネシムイオンについても，乾土当たりの量は遷移初期の溶岩上の方が多いが，養分の蓄積量は極相で著しく多くなった(Kamijo et al., 2002)。溶岩などの火山噴出物中には，リン，カルシウム，マグネシウム，カリウム，ナトリウム，鉄などの植物にとって必要なミネラルが豊富に含まれている。しかし，これらのミネラルは，そのままの形態では植物は根から吸収できず，植物が利用するには風化などにより利用可能な形態(水溶性のイオン)に変化する必要がある。三宅島の溶岩上に形成されている土壌中のリンなどの養分は，このように風化によって岩石から供給されたものと考えられる。

オオバヤシャブシによる遷移の促進効果

多くの養分が潜在的に溶岩中に存在するのに対して，窒素だけは溶岩中にはほとんど含まれていない。窒素は大気中に分子の状態で存在するが，普通，高等植物はこれらを直接利用することはできず，一次遷移の初期においては降雨に混ざって降る硝酸態窒素などを利用するほかない。したがって，一次遷移初期においては，窒素が生態系発達の制限要因となることが指摘されており(Vitousek and Walker, 1987)，根粒部から直接分子状の窒素を利用することができる窒素固定植物は遷移初期においてひじょうに有利となる(図16)。また，生態系全体からみると，窒素固定植物の落葉，落枝，死んだ根を通じて，生態系全体の窒素の蓄積量および利用性が増加するものと考えられる。

三宅島の固定調査区で行った毎木調査資料をもとに，125年経過した溶岩上(1874年溶岩)の地上部現存量を推定すると200 t/haと120 t/haなった。三宅島と同じ玄部岩質火山であり，多雨条件下にあるハワイで得られた137年間で19 t/ha(Aplet and Vitousek, 1994)と比べ，三宅島の地上部現存量の蓄積速度がいちじるしく速いことがわかる。この理由のひとつとして，ハワイにはオオバヤシャブシのような窒素固定をする先駆樹木が生育していないこと

が関係していると考えられる。火山噴出物ではないが，アラスカの氷河後退跡の一次遷移においても，三宅島と同様な大きい地上部現存量の蓄積速度(160年間で360 t/ha)が報告されている(Bormann and Sidle, 1990)。このアラスカの一次遷移の例においても，オオバヤシャブシと同じハンノキ属の *Alnus sinurata* という窒素固定植物が遷移初期に見られる。このように，窒素が制限要因となる一次遷移初期段階においては，窒素固定植物が地域フロラ的に生育するかしないかが，地上部現存量などの生態系の発達に大きく影響すると考えられる。三宅島においては，オオバヤシャブシは，三宅島の生態系発達のキーストーン種(ある生態系の特徴を決める種)といえる存在である。

種の交代のメカニズム

遷移のメカニズムには，散布，侵入，定着，移住，促進，抑制，競争，耐性などがある。ここでは，裸地から極相である常緑広葉樹林に至るまでの三宅島の一次遷移について，その種の交代のメカニズムをまとめることとする(図17)。

遷移初期に，溶岩上に侵入・定着(移住)するオオバヤシャブシやハチジョウイタドリは，小型の風散布種子をもち，無植生の裸地上にも種子を散布することができる。また，窒素固定能力をもつオオバヤシャブシは，窒素が不足する溶岩上でも生育できる。一方，溶岩上などの一次遷移においては，基質中には種子が含まれていないため，埋土種子からの発芽はない。

噴火後の年数

0年	16年	37年	125年	800年以上
裸地		オオバヤシャブシ低木林	タブノキ―オオシマザクラ林	スダジイ林

オオバヤシャブシ，ハチジョウイタドリの侵入

オオバヤシャブシの窒素固定による遷移の促進
オオシマザクラ，タブノキなどの侵入
地上バイオマスの急速な増加

オオバヤシャブシ，オオシマザクラの消失
スダジイの侵入

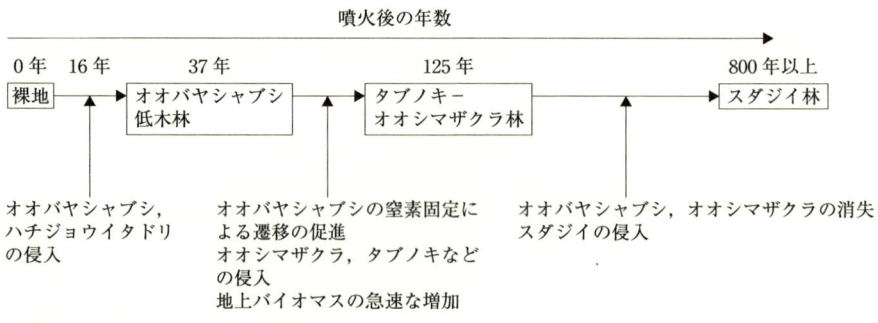

図17 三宅島の溶岩上の遷移系列とそのプロセス(Kamijo et al., 2002より作成)。( )内は調査時点までの経過年数。

これらの先駆植物が侵入すると，落葉などの植物遺体が溶岩上に供給されるようになる。供給された植物遺体は有機質の土壌を形成し，次の植物の移住を促進する。とくに，この効果は，窒素固定をするオオバヤシャブシでいちじるしいと考えられる。その結果，オオシマザクラ，ハチジョウキブシ，カジイチゴ，アカメガシワなどの先駆植物の移住が促進される。三宅島の1962年溶岩上には，噴火後25年で極相性樹木のスダジイやタブノキの稚樹がすでに生育しており(Hiroki and Ichino, 1993)，このような遷移初期における極相性樹木の定着についても，オオバヤシャブシによる促進効果が関係していると考えられる。促進効果には，タブノキやオオシマザクラなどの被食散布型種子をもつ植物の種子散布機会の増加もあげられる(Hiroki and Ichino, 1993)。すなわち，樹木が存在することにより，被食散布型種子を散布する鳥類が飛来するようになるためである。

　植生が繁茂してくると，植物同士の光や養分をめぐる競争が起こる。オオバヤシャブシやハチジョウイタドリの存在は，植物の移住を促進する反面，これらの繁茂は，その下の光資源を減少させ，新たな好陽性の植物の侵入を抑制する。とくに，オオバヤシャブシやハチジョウイタドリ，オオシマザクラ，ハチジョウキブシ，カジイチゴなどの耐陰性のない植物は鬱閉した樹冠が形成されると，新たな定着はなくなるか，樹冠の欠所に限られてくる。したがって，鬱閉した樹冠の形成は，大型の種子をもち，耐陰性もある植物(タブノキ，スダジイ，ヤブニッケイ，ホルトノキなど)にその侵入が限られるようになる。

　常緑広葉樹同士についても，優占種の交代がある。もっとも顕著なのは，タブノキ林からスダジイ林への変化である。両者は，ともに日本の暖温帯の極相林を構成する樹木であるが，その一方では，タブノキ林からスダジイ林への遷移も報告されている(倉内，1953；上條・奥富，1993)。三宅島においても，タブノキ林とスダジイ林の両方が見られるが，1874年の噴火堆積物上がおもにタブノキが多いのに対して，島の北西部などの土壌が厚く発達しているところでは，スダジイ林となっている(上條・奥富，1995)。

　1962年溶岩上に生育する三宅島スダジイとタブノキに関する研究(Hiroki and Ichino, 1993)によれば，溶岩上のスダジイとタブノキの分布様式は異なり，

タブノキが種子散布源となる隣接林から離れたところにも分布しているのに対して、スダジイは隣接林周辺にしか分布しない。これは、タブノキは液果種子であり、鳥に飲み込まれ糞によって散布されるため、隣接林から遠くまで散布されるのに対して、堅果(ドングリ)であるスダジイは、重力あるいはアカネズミやオーストンヤマガラなどの貯食によってのみ散布されるため、隣接林から遠くまで散布されないためである。さらに、この種子散布力の差が、タブノキ林からスダジイ林への遷移のメカニズムのひとつであり、スダジイ林よりタブノキ林が先に形成される理由と考えられている(Hiroki and Ichino, 1993)。なお、このような溶岩の分布と種子散布源との関係については、桜島の大正溶岩においても認められ、この場合、クロマツ林が溶岩の周縁部で形成されていることが報告されている(宇都・鈴木, 2002)。

　一方、最終的にタブノキからスダジイに置き換わる理由として、第一にタブノキよりもスダジイは寿命が長いことが理由としてあげることができる(上條, 1997)。第二に、タブノキよりもスダジイは萌芽性が大きいことがあげられる(上條, 1997)。スダジイは、伐採を受けない場合にも萌芽し、倒木などによってギャップ(林冠欠所)ができた場合に萌芽枝が成長して、林冠を埋めることができる。

3. 三宅島 2000 年噴火後の遷移

2000 年噴火と植生被害

　三宅島の概要で詳しく述べたように、2000年噴火はそれまでの溶岩の流出とスコリアの放出という噴火パターンと大きく異なっていた。また、その噴火の規模がひじょうに大きく、三宅島の森林の約60％に当たる2500 km^2 が被害を受けたとされている(三宅島災害対策技術会議緑化関係調整部会, 2004)。この2000年大噴火が、植生に与えた影響について整理すると以下のようになる。まず、噴火の直接的な影響として、①火山灰堆積による倒伏・埋没、②二酸化硫黄を中心とする火山ガスがあげられ、間接的な影響として、③泥流の発生、④火山灰や土壌の酸性化(加藤ほか, 2002)があげられる。阿部・大倉(2000)によれば、2000年噴火の火山灰は降雨により含水比が高まると、ひ

じょうに流動しやすい性質をもつとされ，泥流の発生の原因となっている。堆積火山灰の pH は 3 前後と低く，また，灰には硫酸が多量に含まれていることから，酸性化は二酸化硫黄によるものと考えられている(加藤ほか，2002)。

　火山灰堆積による植生被害は溶岩流の場合とは異なり，大部分の被害地は完全に植生が破壊されるのではなく，生きた植物が存在し，灰の堆積深などに応じて，さまざまな中間段階の被害地がある。衛星データを用いた噴火後の植生変化に関する研究(図 18；山西ほか，2003)によると，植生被害が火口を中心に，植被率が 0 に近い部分から，被害を受けていない部分までが，連続的に変化していることがわかる。露崎(2001)は火山遷移において，溶岩流を除くと，完全な一次遷移というのは少なく，生き残った植物が存在する二次遷移的な例の方が多いことを指摘している。

　一方，火山ガス放出は，これまでの噴火ではみられなかった火山活動である。気象庁(2007)によれば，2000 年冬には，1 日平均の二酸化硫黄放出量が 5 万 t を超える日もあった。その後，放出量は減少したが，2007 年現在，800〜5800 t が 1 日に放出されている。この二酸化硫黄は植物にとってもっとも有害な大気汚染物質のひとつとされる。気孔やクチクラ層を通過して吸収された二酸化硫黄の濃度が葉緑体内で上昇すると，RuBP カルボキシラーゼの CO_2 結合部位を SO_2 が占め，その結果，植物の光合成が阻害される(Larcher, 2003)。火山ガス(二酸化硫黄)と火山灰による植生被害は複合していることが多く，両者を完全に分けることはできないが，火山灰の堆積がほとんどなかった地域においても，常緑広葉樹のタブノキなどの全面落葉が確認されている(Kamijo and Hashiba, 2003)。三宅島の 2000 年 11 月と 2002 年 3 月の植生被害を見てみると(図 18)，被害の広がりに変化が見られ，島の東部では植生被害が拡大していた。三宅島では西風が卓越することが多く，島の東側は風下となるため，火山ガスの影響を受けやすかったためと考えられる。三宅村(2007)によると，平成 18 年 8 月から 19 年 7 月までの火山ガス(二酸化硫黄)濃度の平均値は，風下となりやすい島の東部の低地で 0.17 ppm であり，風上となりやすい島の西部，北西部，南東部などでは 0.03 ppm 以下となっている。また，その後の衛星データの解析により，風下とならない島の北西部では，植被率の回復が確認されるようになった(Yamanishi et al., 2005)。

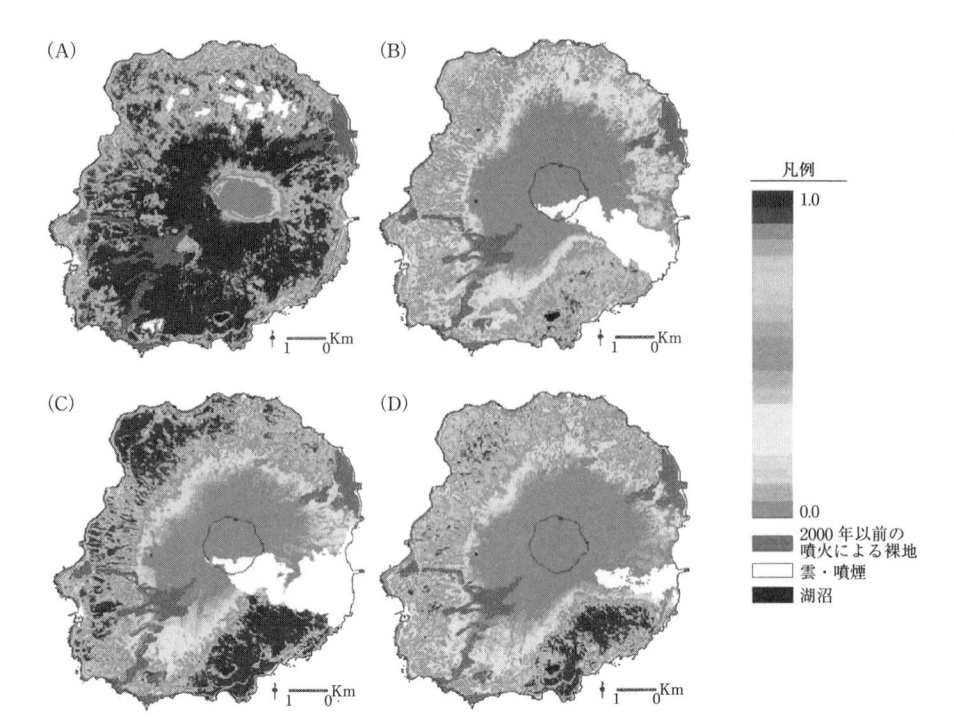

90　第II部　火山噴火による攪乱と遷移

図18　衛星データから推定された2000年噴火後の三宅島の植被率の変化(山西ほか，2003より)。(A)2000年7月10日，(B)2000年11月8日，(C)2001年10月13日，(D)2002年3月19日。裏カバーのカラー参照。

2000年噴火後の一次遷移

　2000年噴火被害はきわめて広い範囲に及んでいたが，その反面植生が完全に破壊された地域は，中腹部以上に限られていた。現在，これらの地域の裸地でもっとも高頻度で確認されるのはハチジョウススキである(上條ほか，未発表)。これまでの噴火においても，ハチジョウススキは溶岩上やスコリア上にも，オオバヤシャブシやハチジョウイタドリと共に出現したが，これら2種に比べ量的には多くなかった。噴火により裸地化した地域は，山頂火口に近いため火山ガスの影響も強い。したがって，噴火前の一次遷移パターンとの相違には，火山基質のほか，火山ガスの存在も関係していると考えられる。

生残した植物体からの植生回復

2000年植生被害地の多くは，噴火後も植物が生残した状態にあり，その回復過程は二次遷移に相当する。生残した植物体からの再生のなかでもっとも顕著なものは，全面落葉した樹木の胴吹き(幹から直接新条がでてくること)であり，1983年の噴火後にも数多く見られた(浜田，1984；本間，1986；松田・本間，1987)。2001年に行った広葉樹林の被害・回復状況の調査の結果によると，樹冠の葉が全面落葉した調査地点においても50%以上の樹木に関して胴吹きが認められた(上條ほか，2002)。胴吹き以外の残存植物体からの植生回復としては，火山灰に埋もれた根や茎からの再生があり，オオシマカンスゲなどの種で見られた(Kamijo and Hashiba, 2003)。1977～1978年の有珠山噴火の例では，噴火堆積物により1.5m埋没したオオイタドリが根茎から再生したことが報告されている(Tsuyuzaki, 1989)。

図19　島の北東部の植生被害地におけるユノミネシダの繁茂(松家大樹氏撮影)

巨大噴火後の島の生態系

　火山活動は陸上生態系にもっとも強いインパクトを与える自然攪乱のひとつであり，噴火によって形成される攪乱モザイクは，その後の生態系のプロセスに長期にわたって影響を与える(Turner et al., 2001)。三宅島においても，巨大噴火が島全体の生態系に大きな変化をもたらしていることが明らかになってきた。植物では火山ガスの影響の強い島の東部一帯を中心に，噴火前にはほとんど見られなかったシダ植物であるユノミネシダが急増した(図19；上條ほか，2005)。三宅島における本種の採集記録は1935年とひじょうに古いものしかなく，筆者らが噴火前に行った170地点の植生調査でもまったく出現しておらず，噴火後に特異的に増加したことがわかる(上條ほか，2005)。一方，昆虫ではフタオビトラカミキリ(槇原，2006)，マイマイガやハスオビエダシャクの大発生(加藤・樋口，2006)が見られるようになった。2000年噴火は島全体に影響を与えたため，クロノシーケンスを用いた植生遷移の研究に対してはバイアスをもたらすことになってしまったともいえる。その反面，島の生態系全体に興味深い変化が見られるようになってきた。2000年噴火後の三宅島の生態系を長期追跡することは，噴火という巨大攪乱に対する島の生態系全体の応答を理解する貴重な機会を与えてくれるものと考えている。

第III部

火山性荒原の攪乱と遷移

火山は，噴火から相当長い時間が経ってもなお，かなりの面積に植物が定着していない荒原が発達することがある。そのような火山における荒原状態の地域を火山(性)荒原と呼ぶが，これは決して生物が侵入に失敗し敗北した結果を意味してはいない。そのようなところでも生物は，攪乱をうまく利用して，むしろ活発に活動している。その代表として，ここでは，菌根菌類と地衣類をとりあげた。

　陸上植物の多くは，菌根菌という植物の根につく菌類と共生しており，この共生なしに生態系は成り立たない。ところが，菌根菌の研究は，土のなかの目に見えるか見えないかのような菌類の菌糸を量的に取り扱わなければならないため遅れていた。しかし，解析手法の発達にともない，菌根と菌根菌の研究は 21 世紀になって大きく進展した。そこで，まず，菌根菌の特徴と性質を述べ，ついで，火山性荒原における菌根菌群集の発達様式と植生回復や遷移に果たす菌根菌の役割についての最新知見を紹介する。

　もうひとつの，このような荒原で巧みに生活している生物として，地衣類があげられる。地衣類は，菌類と藻類が共生してひとつの形をつくる不思議な生物であるが，その様式により，きわめてわずかな栄養分しかないところでも生息できる特徴をもっている。そのため，地衣類は，火山性荒原にもよく生育している。さらに，その厳しい環境のなかで，多くの地衣類達が，やはり，それぞれの種にとって好適な生息地を占めようとしてさまざまな競争を行い，遷移しているというドラマが繰り広げられている。地衣類についても，菌根菌と同様，同定が難しいことや，野外での定量的測定が難しいことから，研究は種子植物に比べてはるかに少なかった。しかし，ここで紹介されるように，丹念な調査によって群集レベルでの研究の糸口が開けつつある。

　これらを通じて，荒原というと，これまでは，その名の通りの生物のほとんどいない荒れ果てたイメージしか沸いてこなかったかもしれないが，1960 年作製の米国映画「荒野の七人(原題 The Magnificent Seven)」にでてくるガンマンのような，格好よい生き物の世界が見えてくることと思う。

第6章 菌根菌による植生遷移促進機構

奈良一秀

　植物生態学の調査研究において地下部の根に目が向けられることは少ない。土のなかを見るのが難しいからだ。まして，土壌微生物にいたっては顕微鏡を使わなければ観察もできないうえ，見ただけでは種の同定すらできないものが多い。こうしたことから土壌微生物はブラックボックスとして長らく生態学から無視されてきたといってもいい。しかし，すべての陸上生態系はほんのわずかな厚さの表層土壌によって支えられており，そこでは圧倒的数の土壌微生物が中心にいることを忘れてはならない。近年，こうした土壌微生物の重要性が徐々に認識されるようになり，'Ecology goes underground'(Nature, 2000)や'Ecology in the underworld'(Science, 2004)といった特集も目立つようになってきた。そのなかでも「菌根菌」は，植物の個体レベルの成長から植生遷移まで直接的な影響を与える土壌微生物であり，最近の研究の進展には目を見張るものがある。この章では，菌根菌がどのようなもので，どういった機能をもち，植生遷移においてどのような役割を果たしているのかを紹介する。

1. 菌根菌とは

　植物の末端根に「菌類」が「共生」する構造を「菌根」と呼ぶ。菌根をつくる菌類のことを「菌根菌」という。ご存知かもしれないが，菌類は植物や動物と同じ真核多細胞生物で，細菌(バクテリア)などの原核単細胞生物とは

まったく異なる。菌類の生活様式として，腐生(生物遺体や排泄物などを分解して生活する様式)や寄生(病原菌など，ほかの生物から栄養を搾取する様式)については一般的にもよく知られているが，共生(ほかの生物と密接に結びつき，養分交換などを通して互いに助けあう様式)について知る人は少ない。しかし，全陸上植物の 8〜9 割に菌根菌が共生しているというのだから(Smith and Read, 1997)，決してマイナーな存在ではない。

一口に菌根といっても菌や植物の組み合わせ，菌根の構造などは千差万別である。しかし，菌糸が根のなかに侵入して，植物との物質交換に適した特殊な構造を形成するのはすべての菌根に共通する。もっとも多くの植物に見られる菌根は，「アーバスキュラー菌根」(VA 菌ともいう)である。根のなかに侵入した菌糸が，皮層細胞中に樹枝状体 arbuscule という菌糸構造をつくることから，こうした呼び名が用いられる。アーバスキュラー菌根菌には 7 科 10 属 200 種程度がこれまでに知られており，いずれもグロメロ菌類 Glomeromycota に属する(Redecker and Raab, 2006)。その起源は古く，植物が陸上に進出した約 4 億年前にはすでに存在していたことが化石や分子時計による研究から明らかにされている(Simon et al., 1993)。アーバスキュラー菌根菌も後述する外生菌根菌と同様に優れた養水分の吸収機能をもっており，その菌根菌と共生することで植物が陸上という新たな環境に進出できたのだと考えられている。現在でもアーバスキュラー菌根菌は陸上のほとんどの場所に分布しており，とくに草原などでは優占する菌根菌である。

森林では別のタイプの菌根が優占する。菌糸組織が細根の外表面をすっぽりと覆うばかりでなく，根のなかに侵入し皮層細胞を外から包むタイプで，「外生菌根」という(図1)。外生菌根を形成する菌類は，グロメロ菌類から進化してきた担子菌や子嚢菌類で，その大部分はいわゆるキノコである(マツタケやトリュフといえば想像できるであろうか)。外生菌根菌はきわめて多様で，記載されたものだけでも約 6000 種(Molina et al., 1992)，未記載種などを含めるとその数は膨大なものになると思われる。この外生菌根を形成する植物の大半は樹木で，温帯林の優占種を含むマツ科やブナ科はすべて外生菌根性である。そのほか，カバノキ科，ヤナギ科，フトモモ科，フタバガキ科なども外生菌根性であることが知られる。実際の森林では，こうした樹木の細根はほ

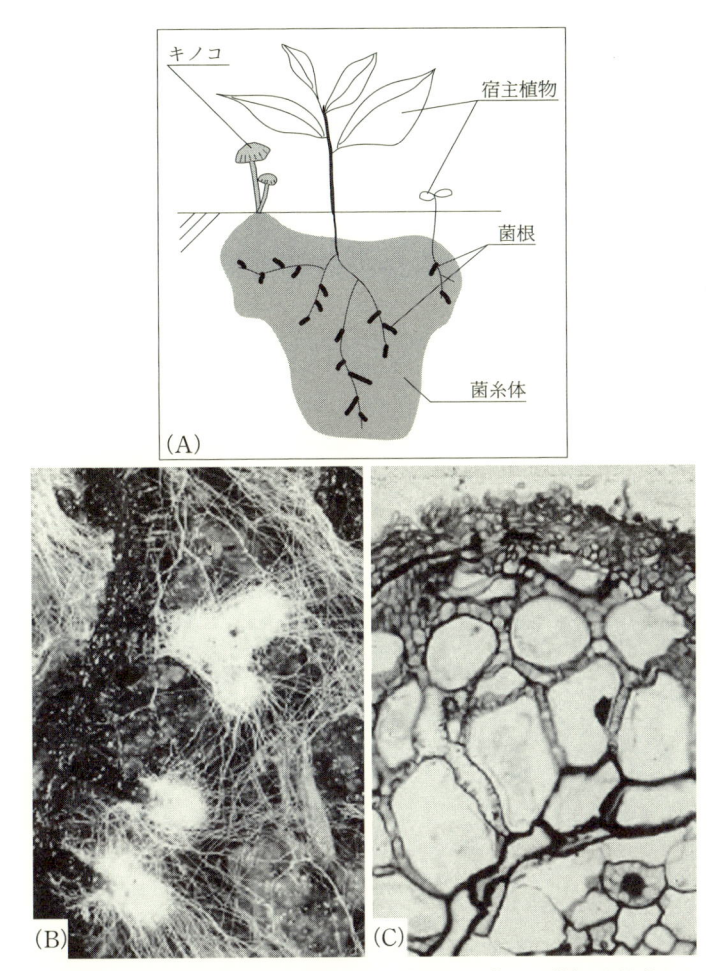

第6章　菌根菌による植生遷移促進機構　　97

図1　樹木と菌根菌の共生。(A)宿主樹木の根の末端には多くの菌根が形成され，そこから土壌中に菌糸体が広く伸びている。条件が整えば，菌糸体からキノコが発生する。菌根菌の成長や活動に必要な炭水化物は樹木から供給されている。逆に菌根菌は土壌中から吸収したリンや窒素などの養分を植物に供給する。(B)アカマツの菌根。菌根からは無数の糸のような菌糸体が土壌中に伸びる。(C)菌根の輪切り写真。アミかけの部分は菌糸組織。根の表面をすっぽり覆った菌糸は根のなかにも侵入し，根の細胞を取り囲む。

とんどすべてが菌根化しており，未感染の細根を探すことが難しい。それゆえ，外生菌根樹種が優占する森林の土壌中には外生菌根が一面に存在し，土壌呼吸の約半分は外生菌根によるものともいわれる(Högberg et al., 2001)。

以上に述べたアーバスキュラー菌根と外生菌根がもっとも主要な菌根タイプであるが，そのほかにも興味深い菌根共生が知られている。ラン科植物は種子の貯蔵養分がほとんどなく，共生する菌根菌がいないと発芽もできない。成熟個体となってからも菌根菌に養分吸収の大部分を依存しているといわれる。ギンリョウソウなどの葉緑体をもたないシャクジョウソウ亜科の植物は，必要とする栄養のすべてを共生する菌根菌から得ているが，その菌根菌は樹木と共生して炭水化物を得ている。つまり，ギンリョウソウは菌根菌を通して樹木から栄養を横取りしているのだ。ツツジ科植物は高山やツンドラ地域といった，有機物の無機分解が遅い寒冷地にも広く分布している。これは，共生する菌根菌が強い有機物分解能力をもち，必要な養分を効率的に利用できるからだという。このようにさまざまな興味深い菌根共生があるが，そのすべてを限られた紙面で紹介することはできない。本章では多くの森林で優占する外生菌根を中心に話を進める。そのほかの菌根共生の詳細については他書を参照していただきたい(たとえば Smith and Read, 1997)。

2. 菌根菌の生理的機能

外生菌根菌(以下，菌根菌)は必要とする炭水化物のほとんどを宿主樹木に依存している。菌根菌が樹木の光合成産物の 10〜50％を消費しているというのだから驚きだ(Simard et al., 2002)。こうした光合成産物の供給がなければ，菌根菌が菌糸を伸ばすことも難しいし，キノコを形成することもできない。つまり，菌根菌にとって樹木との共生が生きていくために必要不可欠なのだ。一方，樹木にとっても大きなコストを払ってまで菌根菌と共生するのには理由がある。簡単な接種実験で，菌根菌の共生が樹木にとってどれほど重要なのかをみてみよう。

図2はアカマツ実生への菌根菌接種実験の結果である。比較的肥沃な苗畑の自然土壌(滅菌済み)を使ったにもかかわらず，菌根菌を接種しなかった対

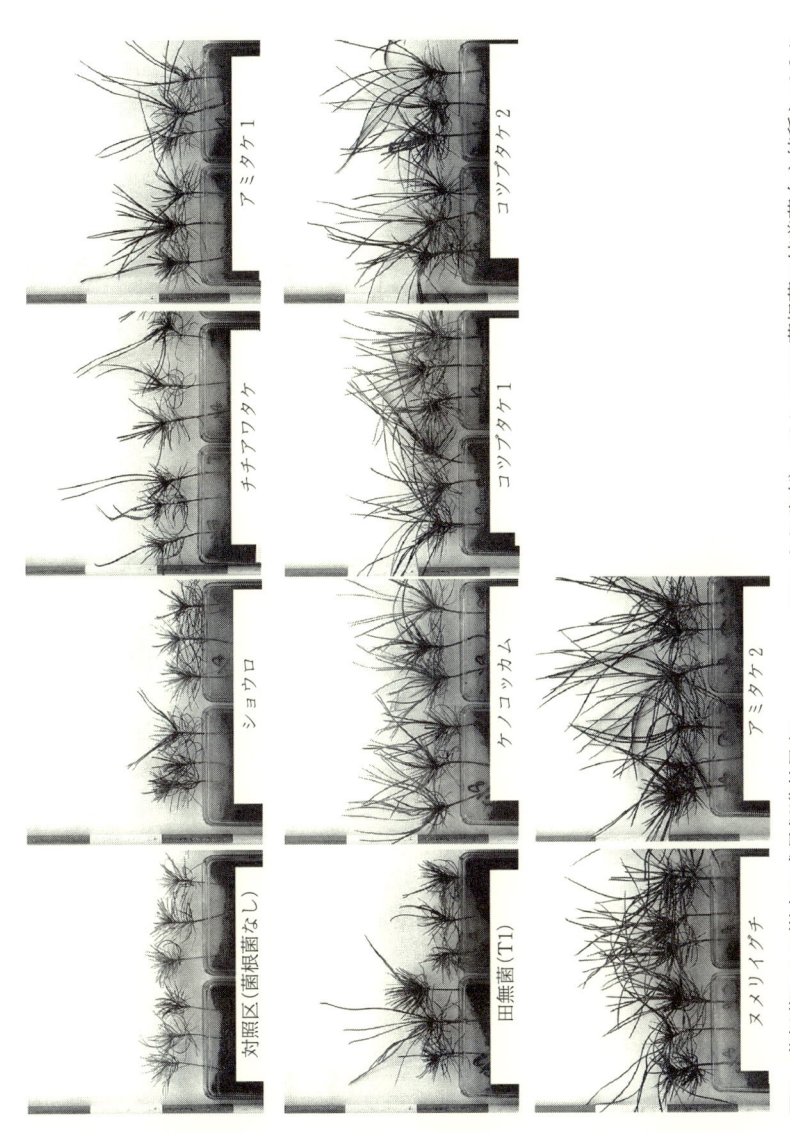

図 2 菌根菌による樹木の成長促進効果 (Nara et al., 2000 より改変)。アカマツに菌根菌の培養菌糸を接種して 6 か月後のようす。何も接種していない対照区はまったく成長していないが、接種したものはいずれも成長が促進されている。菌の種類によってその効果には大きな差がある。

照区の実生は，発芽直後からほとんど成長していない。何年経っても大きくなることはなく，やがて枯れてしまう。一方，菌根菌と共生した実生はいずれも成長が促進されている。菌種によってその効果は大きく異なるが，もっとも効果のあった菌種では接種から半年後の実生の乾重量が8倍，光合成量が32倍にもなった。これは何もアカマツに限られた特殊な結果ではない。そのほかの多くのマツ属樹種，カラマツ，ミヤマヤナギやフタバガキまで，私たちの調べたすべての樹種で同様の効果が確認された。さらに多くの樹種で同様な接種効果が国内外から報告されている。こうしたことから，ほとんどの宿主植物は菌根菌と共生しない限り通常に生育することすらできないと考えられている。

　ではどうして菌根菌との共生が樹木の成長に不可欠なのだろうか。土壌中のリンや窒素などの養分は，植物だけでは利用できない複雑な有機化合物や無機化合物の形で存在している割合が高い。土壌微生物の作用で無機化，溶出されたとしても，土壌粒子に吸着されて動きにくい。その結果，植物が自分の根だけで吸収できる養分はごくわずかで，必要な量を獲得できないのだ。菌根菌はさまざまな酵素や有機酸を分泌し，複雑な有機化合物や無機化合物を分解・利用する能力をもつ(Smith and Read, 1997)。さらに，細くて長い菌糸は，より狭い土壌空間やより遠くの土壌にアクセスできるので，根や根毛に比べてはるかに吸収面積が広い。つまり，優れた養分獲得力をもつ菌根菌と共生し，その菌糸を根の延長として使うことではじめて，植物は十分な養水分を獲得できるようになるのだ。ほとんどの植物にとって必要な養分の大半は菌根菌が吸収するのである。

3. 菌根菌と火山荒原

　上述した菌根菌の生理的機能から，菌根菌が生態系のなかでも重要な役割を果たしていると考えるのは当然だろう。しかし，菌根菌のような土壌微生物を野外で観察することは難しく，その生態についてはほとんど未解明といってもいい。ある場所にどんな菌根菌がどれくらい生息しているのかでさえ容易には知り得ないのだ。近年，DNA解析手法の普及によって根に感染

したり土壌中に存在している菌根菌を同定できるようになり，生態系のなかでの菌根菌の姿が徐々にではあるがみえてきた(Horton and Bruns, 2001)。そのひとつの成果が，菌根菌群集はひじょうに種が豊か species rich だということだ。実際に，秩父の落葉広葉樹‐針葉樹混交林の 10 ha に満たない面積で調べてみても，300 種を超える菌根菌が存在しており，植物の多様性をはるかに上回っていた(Ishida et al., 2007)。では，どのようにして森林で見られるような多様性の高い菌根菌群集が形成されるのであろうか。こうした問題に答えるのには，遷移の初期過程での研究が有効だ。ここでは私たちが研究を行っている富士山火山荒原の例を紹介しよう。

　1707 年の宝永山の噴火により，富士山の東側一帯は厚いスコリア(直径が数 mm～数 cm 程度の火山礫)に覆われ，すべての植生が破壊された。標高の低い場所から徐々に植生は回復してきているが，南東斜面の標高 1500～1600 m 付近では 300 年経過した現在でも植生被度が 5％程度にとどまっており，一次遷移の初期過程にある。わずかな植生は火山荒原という海に浮かぶ島のように，ぽつぽつとまばらに分布している。こうした植生の島の形成に欠かせないのはイタドリだ。イタドリは菌根菌に依存しない数少ない植物のひとつで，菌根菌のいない裸地でも定着することができる。一度定着すると根茎によって無性的に広がることができ，その島(パッチ)は年々大きくなる。スコリアは風でも動くほど不安定だが，イタドリの島の内部ではスコリアが安定し，そのほかの植物が侵入できるようになることが明らかにされている(高木・丸田，1996)。菌根性の先駆植物であるミヤマヤナギもイタドリが起点となった植生島に侵入するが，島の内部ではなく縁にまず定着する。ミヤマヤナギは高山性の矮性ヤナギで，この火山荒原では地を這うように成長し，樹高は高くても 1 m 程度にしかならない。

　5.5 ha の調査区のなかには 159 の植生島があり，そのうちの 37 の島にミヤマヤナギが定着していた(図3 B)。約 300 年経ってたったのこれだけだから(定着頻度 0.02/y/ha)，菌根菌のない場所へのミヤマヤナギ定着がいかに困難であるかが伺える。この最初の定着のメカニズムは不明だが，動物の排泄物の近くなどの局所的に養分の豊富な場所でたまたま発芽し，菌根菌の胞子が飛んでくるまで運よく生き残ったのであろうか。いずれにせよ，すでに定

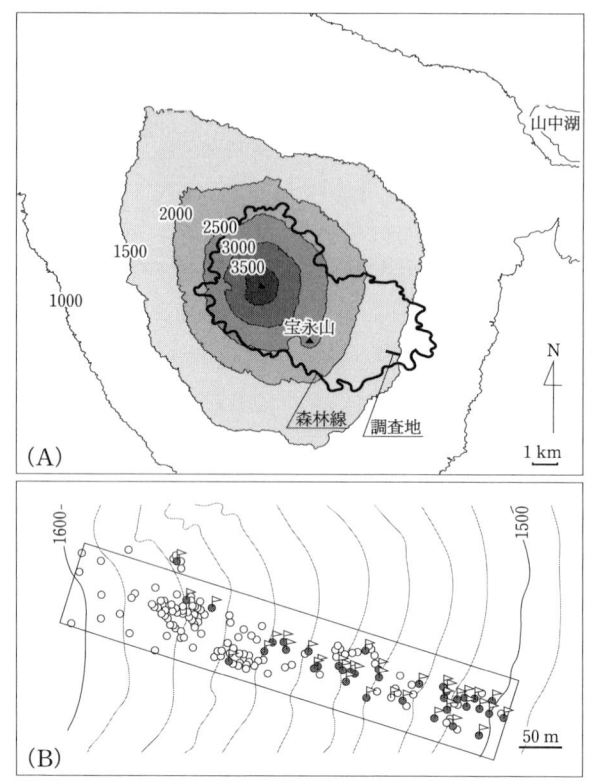

102　第III部　火山性荒原の攪乱と遷移

図3　富士山火山荒原の調査地(Nara et al., 2003a より改変)。(A)1707年の宝永山の噴火でできた富士山南東斜面の火山荒原は一次遷移の初期過程にある。ほかの斜面では森林線が標高2000 mよりもはるかに上にあるが，いまだにこの斜面では1400 mより下にある。(B)現存する植生は島状(図7も参照)に点在しており，標高1500～1600 mにかけて位置する5.5 haの調査区のなかにはそうした島が159存在していた(図中の○)。外生菌根性の先駆植物であるミヤマヤナギ(高山性の矮性ヤナギ)は37の島に見られ(●)，そのすべての島から菌根性のキノコが発生した(旗印)。

着したミヤマヤナギはすべて菌根菌に感染しており，37のヤナギ島の全部で菌根性キノコの発生が確認できた(図3B)。

　すでに定着したヤナギのサイズは，各島で大きく異なり，定着後間もない小さい個体から，50 m²を超える被覆面積をもつものまでさまざまである(図4)。発生した菌根性キノコの種構成や菌根のDNA解析による菌種同定などによって，それぞれのヤナギがどのような菌根菌に感染しているかを調べた

第6章　菌根菌による植生遷移促進機構　103

```
                    ミヤマヤナギ の 成 長  ▶
         菌 根 菌 群 集 の 発 達

         キツネタケ        ギンコタケ        ベニタケ属
         ウラムラサキ      ハマニセショウロ  ラシャタケ属
         クロトマヤタケ                      フウセンタケ属
                                            ワカフサタケ属
         一次出現菌種      二次出現菌種      三次出現菌種
```

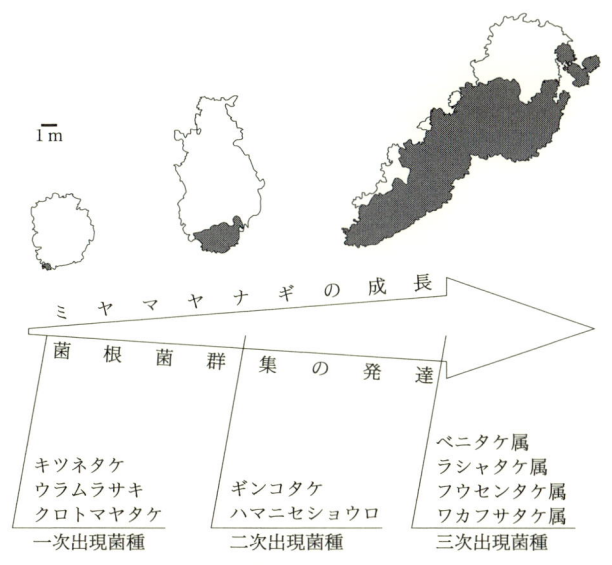

図4 先駆植物の成長と外生菌根菌の遷移(Nara et al. 2003a, b より改変)。島の縁に定着したミヤマヤナギは地を這うように徐々に成長し(後述するように新たな個体も側に定着・成長し)、やがては 50 m² を超える大きな被覆を形成する。そうした宿主の成長過程にともなって、菌根菌の種組成は変化し、明確な遷移系列を示した(詳細は本文参照)。

ところ、ミヤマヤナギの発達段階とともに菌根菌群集が変化していくことが明らかにされた(図4)。

　それまで菌根菌のなかった島に定着して間もない小さなミヤマヤナギは、ウラムラサキ、キツネタケ、クロトマヤタケのいずれかに感染していた(図4)。こうした最初に感染する菌根菌(一次出現菌種)には、いくつかの共通する特徴がみられる。当年生実生へ単離培養した菌糸を接種してやると数か月のうちに容易に子実体を形成する性質があること(奈良、未発表)、ミヤマヤナギの根の存在下で高い胞子発芽率(約20%)を示すこと(石田ほか、未発表)は3種ともに共通する。また、ウラムラサキとキツネタケの個体群をマイクロサテライト解析によって調べたところ、小さなジェネット*が年ごとに大きく入れ替わることも明らかにされている(Wadud et al., 未発表)。こうした結果は、一次出現菌種が胞子繁殖特性に優れていることを示唆している。菌根菌の存在しない島へ菌根菌が定着するためには胞子が唯一の手段だ。優れた胞子繁

殖特性をもつ3種の一次出現菌種は，ミヤマヤナギが新たな生息場所を開拓する際の重要なパートナーなのであろう。

いったん定着したミヤマヤナギが年々成長していく過程で，複数の一次出現菌種が同時に現れるようになるほか，これまでになかった菌種も見られるようになる。ハマニセショウロとギンコタケがそうした二次出現菌種だ（図4）。この2種はともにミヤマヤナギ島の縁からその外側の裸地部分にかけて分布する。直射日光にさらされる場所であることから，高温耐性などに優れるものとみられる。さらに，ミヤマヤナギの被覆が大きくなってくるとその内部には，ワカフサタケ属やフウセンタケ属，ベニタケ属などの三次出現菌種が見られるようになる。大きく発達したミヤマヤナギ被覆の内部では，有機物が堆積し，環境条件の変化も緩和されている。そうした環境に三次出現菌種が適しているのであろう。このように，植生の発達とともにさまざまな生息環境が生まれることで，菌根菌群集が多様化していくものと考えられる。

4. 先駆木本植物の定着と菌根菌の役割

富士山火山荒原にすでに定着したミヤマヤナギには菌根菌が共生しているのだから，その周辺の土壌には菌根菌の菌糸が存在しているのは間違いない。成木の側ではそうした菌糸によって実生に菌根菌が感染することが考えられる（図1A参照）。このような植物個体間（ここでは成木と実生）を菌根菌の菌糸がつないでいる状況をたとえて，菌根菌ネットワークと呼ぶこともある。一方，先着する宿主がない場所では，菌根菌ネットワークによる実生への感染は起こらず，胞子による感染しか起こらない。こうした菌根菌の感染経路や実生への影響を調べるため現地での植栽実験を行ってみた。

裸地やミヤマヤナギのない島に植栽したミヤマヤナギの当年生実生は，その年の終わりになっても菌根菌にほとんど感染していなかった（図5）。これ

103頁＊クローン植物やキノコなどの個体群において，遺伝的に同一のユニットを個体として扱う場合にジェネットという。キノコの種によっても異なるが，土壌中の1つの菌糸体が栄養繁殖によって長年成長を続け，100 m^{2}以上の大きなジェネットになることもある。そこから発生するキノコはすべて1つのジェネットである。

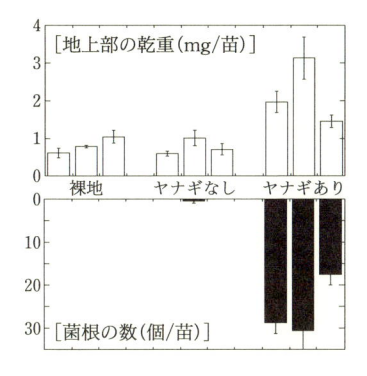

図5 ミヤマヤナギ実生の菌根形成と成長(Nara and Hogetsu, 2004 より改変)。裸地やすでに定着したヤナギ成木のない場所では，ほとんどの実生に菌根菌が感染しない。一方，すでに菌根菌と共生しているヤナギ成木の側では，すべての実生に成木と共通の菌根菌が感染する。菌根菌に感染することで実生の成長は有意に促進される。

は菌根菌の埋土胞子バンクがあまり存在しないか，機能していないことを示唆する。さらに，成長時期の終わりごろになって発生するキノコから散布される胞子も当年生実生の感染には役立っていないことになる。菌根菌が感染していないのだから，十分な養分を獲得できず実生の成長も悪い。

　これに比べて，ミヤマヤナギ成木の側に植栽した当年生実生は，すべて菌根菌に感染しており，成長も著しい(図5)。実生に感染した菌種をDNA解析によって同定してみると，すべて成木と共通の菌種であった(Nara and Hogetsu, 2004)。また，感染した菌根菌の種数と実生の成長には正の相関がみられた。それぞれの菌根菌は利用できる窒素形態などが大きく異なっていることから，異なる物質を利用できる複数の菌種が共生することで相乗効果が得られるのかもしれない。いずれにせよ，成木から伸びる菌根菌ネットワークが実生の定着を決定する要因であることが示唆される。ただし，この野外実験だけでは植栽場所によって土壌や環境要因が異なるために実生の成長に差が生じた可能性も排除できない。

　そこで，菌根菌以外の条件をすべて揃えて，菌根菌ネットワークを人工的に作出する現地実験を行ってみた(Nara, 2006a)。具体的には，予め菌根菌に感染させた1年生の菌根苗(対照区は無菌根の1年生苗)と当年生実生をセットにして同じ場所(先着ヤナギのない島)へ植栽した(図6A)。その年の成長期間の終わりには，すべての菌処理区において，各当年生実生は一年生苗と同じ菌種に感染したことから，各菌根菌ネットワークを現地で再現できたことになる。セットで植えた一年生苗と異なる菌種の感染は確認できなかったことから，

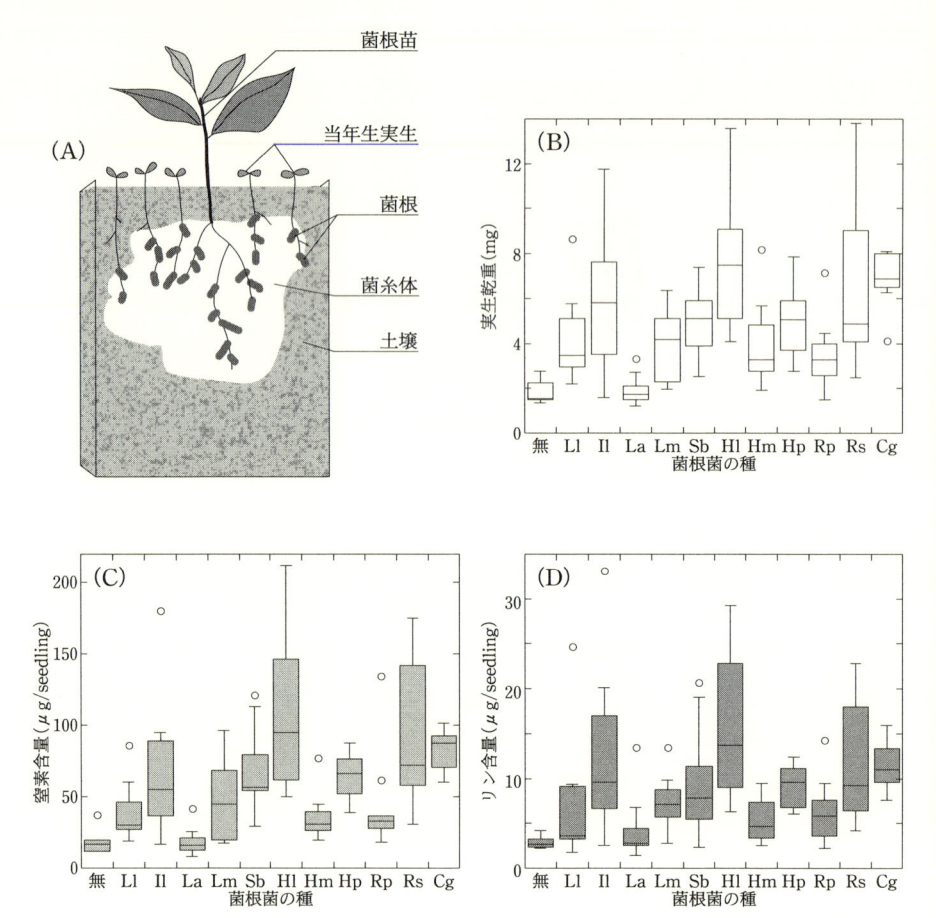

図 6 菌根菌ネットワークによる実生の養分吸収・成長の促進(Nara, 2006a より改変)。分離・培養した菌根菌を接種して予めつくっておいた一年生の菌根苗の周りに菌根菌に感染していない当年生実生を配置し，菌根菌ネットワークを人工的に形成させる実験を富士山火山荒原で行った(A)。この場所に生息する主要な菌根菌をすべて実験に含めている。全菌種で菌根菌のネットワークが形成され，菌根菌のない対照区に比べて(図中の無)，ほとんどの菌種で実生の乾重(B)，窒素(C)とリン(D)の含量は増加している(箱ひげ図の箱で上下四分変位点と中間値を，ひげで最大・最小値を表す。○は外れ値。)。菌種は遷移系列順に，Ll：キツネタケ，Il：クロトマヤタケ，La：ウラムラサキ，Lm：ギンコタケ，Sb：ハマニセショウロ，Hl：*Hebeloma leucosarx*，Hm：ワカフサタケ，Hp：*Hebeloma pusillum*，Rp：ニセクサハツ，Rs：キチャハツ，Cg：*Cenococcum geophilum*

やはり胞子による実生への感染が起こりにくいことが確認された。幸いほかの菌種の感染が起こらなかったことから，それぞれの菌根菌の実生への影響をみることができる。その結果，ウラムラサキを除いたすべての菌種で実生の養分吸収・成長が促進されていた(図6 B〜D)。菌種によって差は大きいものの，実生の乾重量で数倍に達するものもあった。

　小さな当年生実生が自分よりはるかに大きな根系をもつ一年生苗と同所的に存在することは，養分獲得競争の面で実生にとって大きなデメリットであろう。こうした状況化で菌根菌ネットワークが実生の成長を促進するメカニズムにはいくつかの可能性がある。成木から実生への光合成産物が直接移動するという可能性も指摘されているが(Simard et al., 1997)，これについては異論も多い。より現実的なのは，大きな個体の光合成産物で維持されている菌根菌ネットワークという養分吸収器官を低コストで共有できることで，実生の養分獲得上のデメリットは緩和されると同時に，菌根菌という大切な共生パートナーを獲得できることだ。いずれにせよ，菌根菌ネットワークによる成長促進作用やその菌種間差の結果をみると，菌根菌が実生の定着を左右する決定的な要因であるといえる。

　自然に定着したミヤマヤナギ実生も，ミヤマヤナギ成木の側では多数見られるが，それ以外の場所で見かけることはほとんどない。これまでに紹介した実験結果からみれば当然といえよう。いったん定着したミヤマヤナギの側には次々と実生が定着し成長することにより，大きなミヤマヤナギの被覆が形成されていく。実際に，マイクロサテライト解析によるこの火山荒原のミヤマヤナギ個体群調査でも，先着したミヤマヤナギ個体がその周りに新たな個体を集積したような遺伝構造が明らかにされている(Lian et al., 2003)。大きなミヤマヤナギの被覆も菌根菌の働きがあってこそでできあがったものなのだ。

5. 植生遷移と菌根菌

　矮性植物のミヤマヤナギがいくら定着しても森林とは呼べない。植生遷移が進行し，森林が形成されるためには，高木樹種の定着が不可欠である。富

108　第Ⅲ部　火山性荒原の攪乱と遷移

図7　ミヤマヤナギのある場所でしか見られないカラマツとダケカンバの定着。ミヤマヤナギ(a)という菌根菌と共生する先駆植物がすでに定着している場所では、菌根菌の菌糸が土壌中に存在しているため、後から侵入する樹木に菌根菌が感染しやすい。ダケカンバ(b)やカラマツ(c)といった樹木は、そうした菌根菌の菌糸が予め存在する場所でしか定着していない。

士山の火山荒原で、最初に侵入する高木樹種はカラマツとダケカンバだ(図7)。ともに菌根菌と共生する樹種である。この2種が占める面積はいまだにミヤマヤナギの0.1％に満たないが、その定着は森林形成の重要なステップといえる。そこで、両樹種がどのように定着し、菌根菌がどのようにかかわっているのかを調べてみた。

この火山荒原に自然に定着しているカラマツとダケカンバ個体を21 ha(標高1450〜1600 m)の範囲で調べてみた。その結果、26個体のカラマツと39個体のダケカンバが見つかった。驚くべきことに、そのすべてが先着したミヤマヤナギの側に定着していた(Nara, 2006b)。ミヤマヤナギが生育しているのは火山荒原の約1％の面積にすぎないが、そのわずかな場所にしか定着していないのだ。このわずかな場所はすでに菌根菌ネットワークが存在する唯一の場所である。ミヤマヤナギ成木がミヤマヤナギ実生の定着を促進していた

ように，ミヤマヤナギ成木は菌根菌ネットワークを後続樹種にも提供しているのだろうか．

　カラマツとダケカンバの当年生実生をミヤマヤナギのない島(菌根菌ネットワークのない場所)とミヤマヤナギの側(すでに菌根菌ネットワークがある場所)に植栽して，実生の菌根形成を調べてみた．両樹種ともミヤマヤナギのない場所では，成長期間の終わりになってもほとんど菌根が形成されていなかった．ミヤマヤナギの実生と同様に，胞子による実生への感染が難しいことを示唆している．一方，ミヤマヤナギ成木の側では，すべての実生にたくさんの菌根が形成されていた(Nara and Hogetsu, 2004)．感染した菌種をDNAで同定してみると，ほとんどすべてがミヤマヤナギ成木と共通の菌種であった．やはりミヤマヤナギ成木から伸びている菌根菌ネットワークが実生の菌根菌感染に重要なのだ．

　自然に定着したカラマツとダケカンバ個体のなかから，10個体ずつを選んでそこに共生している菌根菌についても同様に調べた．選んだ個体は，そのサイズから推定して，定着から10年以上経過しているものと思われる．それでもカラマツに形成された菌根の約7割，ダケカンバの菌根の約9割はミヤマヤナギと共通の菌種であった(Nara, 2006b)．菌根菌にはある特定の樹種に特異的に見られる菌種が存在し，こうした宿主特異的な菌種と共生する方が利益を独占できるのでいい面もある．しかし，後続樹種の小さな実生・幼木が宿主特異的な菌種のネットワークを自前で維持し，既存の大きな先駆植物の菌根菌ネットワークと競争するのは必ずしも得策ではないのかもしれない．少なくとも現在の富士山火山荒原における後続樹種の初期定着過程では，すでに存在する菌根菌ネットワークの役割が大きいといえる．

　菌根菌の多くは宿主樹木に対して相対的な嗜好性はあるものの，多数の樹種に感染できる広い宿主域をもつといわれる(Molina et al., 1992；Ishida et al., 2007)．カラマツもダケカンバも，ミヤマヤナギとは異なる科に属しているが，広い宿主域をもつ菌根菌のおかげで，すでに存在する菌根菌ネットワークにアクセスできる．広い宿主域をもつ多くの菌根菌の存在は，カラマツやダケカンバの後に侵入する多くの樹種(ブナ科やマツ科が中心)の定着に対しても同様に有効だろう．このように，菌根菌ネットワークによって宿主樹木の

定着がほかの植物に対して相対的・優先的に促進されれば，やがてそうした宿主樹木が自ずと優占するようになる。現実の植生遷移パターンもこの方向性と一致する(本書の第3章)。巨視的にも，菌根菌が遷移の方向性を決定するひとつのメカニズムであるといえよう。そのほかのさまざまな要因も植生遷移に関係するのはいうまでもないが，菌根菌ネットワークが植生遷移に果たす役割は大きい。

　植生遷移の末に森林が形成されれば，そこには多様な菌根菌が生息している。それぞれの菌根菌はすでに成木と共生し，縦横無尽に菌糸を伸ばしている。胞子や菌核などの感染源も蓄積されている。このため，そこに更新しようとする実生には何らかの菌根菌が容易に感染する。感染によって豊富に存在する有機化合物の養分プールが利用できることは，成木だけでなく実生にとってもほかの植物と競合するうえで重要だ。結局，菌根菌の存在は菌根性樹木が安定的に維持されるうえで重要な機構なのであろう(ほとんどの極相林がこの状況にあたるといえよう)。また，樹種や菌種の組み合わせによる反応の違いを考えると，多様な菌根菌の存在は森林の多様性維持にかかわっているとも推測できる。

　こうした安定した森林でも，火災や農地開発などの大規模な攪乱を受けると，宿主樹木とともに菌根菌群集が壊滅してしまう。実際に，インドネシアの熱帯フタバガキ林では，未攪乱な林床の約7割の場所で検出される菌根が，火災跡地ではほとんど見られない。こうした菌根菌の空白域では，富士山火山荒原と同様に，宿主樹木の定着は困難であろう。さらに深刻なのは，どんな菌根菌が生息しているのかがわかる前に次々と森林が失われていき，数多くの貴重な菌根菌が絶滅していくことだ。失われた菌根菌のもっていた機能がほかの菌種で補える保証もなく，元のような森林はどんなに努力しても戻らないかもしれない。いずれにせよ，森林が破壊された後に残った荒廃地は現実の大きな環境・社会問題であり，そうした場所での森林再生には菌根菌を考慮しなければならないだろう。

　菌根菌という土壌微生物に着目することで，植生遷移の新たな側面がみえてきた。今後，森林再生・保全といった応用面でも菌根菌と植生遷移の知見

は重要となってくるであろう。本章で紹介した菌根菌の働きはほんの一面にすぎないが，興味をもった方のなかで菌根菌の研究を志す人が少しでも増えれば幸いである。

第7章

火山環境と地衣類群集の形成

志水　顕

　地衣類は，我々の身近にいながら見過ごされがちな生物群であるが，菌類と藻類が共生するというユニークな生活形をもち，世界中に 14,000 種近く，日本にも 1500 種以上が生息することが知られている(柏谷ほか，1996; Kurokawa, 2003)。地衣類は，維管束植物とは異なった生活形と水や栄養塩類の獲得のしかたをもつため，樹上生，地上生，岩上生などじつに多様なハビタットを占め，乾燥や低温などの厳しい環境にも耐えてよく生育する。また，維管束植物とは異なり，葉状，樹枝状，固着などの自由な体制をとることが可能で，色鮮やかな地衣体や子器のデザインと相まって，いわゆる「空き地」において魅力的な研究対象となっている。しかし，野外における種の同定に困難をともなうためか，地衣類を用いた生態学的な研究は，日本においては多くはないのが現状である。

　私の場合は，もとはといえば，「そこに山があるから」ならぬ「山に地衣類があるから」という登山愛好者としてのやや邪(よこしま)な動機で研究をスタートし，「地衣類といえば遷移」という安易で誤った動機で十勝岳周辺を調べ始めたのが真相なのだが，各種を同定してそれらの分布を調べていくうちに，十勝岳の噴気口が巨大なストレス源(いわば工場の煙突)に見えるようになった。火山遷移のパイオニアと見なされがちな地衣類にも，火山ガスで硫黄臭いところが好きな種と苦手な種がいるようなのである。この章では，地衣類の一般的な定着や群集形成について理解した後，火山のようなストレス性の高い環境における地衣類の群集形成にはどのような特徴があるのかを考えてみよう。

1. 地衣類はどのようにして定着し，成長するのか

　地衣類は，藻類が菌類にサンドイッチされた体制をもち(図1)，その種名は共生菌に対してつけられている。地衣類は，有性的には菌体が子器に子嚢胞子を生産し，これが移動先で共生藻と遭遇して新しい地衣体を形成する。また，無性的には，菌と藻がセットになった粉芽や裂芽，あるいは小裂片として分布を広げることが知られている。これらの繁殖体は風や流水，および動物などによって散布される。

　散布された繁殖体は，岩や土壌，樹木の枝や幹，常緑樹の葉，動物の骨などのほか，人工の壁や屋根，ときにはガードレール(黒川，2003)などにも定着する。このことからも，地衣類の生育にはわずかな水と栄養塩類があればよく，エアープランツのように生きていけることがわかる。繁殖体が定着して成長するプロセスは，高等植物における種子の発芽や実生の成長の過程と似ており，ごく一部の繁殖体のみが生き残りに成功する。この際に重要な要素のひとつは，定着する岩や樹皮などの基物の表面の風合い(凹凸)であると考えられており，野外実験でも小孔や裂け目が存在する基物の方が定着に成

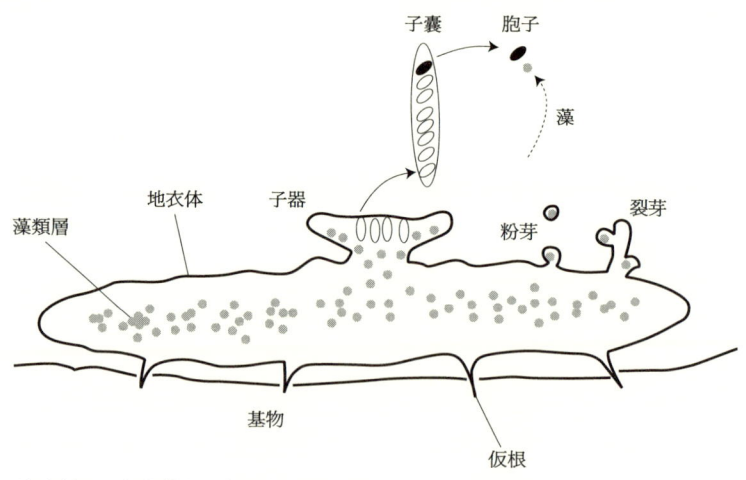

図1 地衣類の一般的体制。藻類層(共生藻)は，地衣体(菌体)でサンドイッチされている。

功する確率が高いことが報告されている(Armstrong, 1981)。また，初期にはいくつかの種の小さな地衣体が身を寄せあうように岩上や樹皮に定着する傾向があり，定着力の強い種の横には別の種が付着しやすいというような，定着促進化 facilitation が予見される。

定着した地衣体のうち生き残りに成功したものは成長するが，概してそのスピードは遅く，葉状地衣ではその内径の成長が 0.5～4 mm/年，樹枝状地衣では先端長の成長が 1.5～5 mm/年，固着地衣では内径の成長が 0.5～2 mm/年程度と見積もられている(Hale, 1973)。高山性や極地性の種では，成長スピードはさらに遅く，数百年以上生きている地衣体も存在すると考えられている。

葉状地衣の内径の成長速度は，一般に地衣体が大きくなるにつれて増加し，やがて上限値で一定の成長速度を示すことが多い。一方，高山帯で黄色が鮮やかな固着地衣であるチズゴケ Rhizocarpon geographicum では，内径成長率は増加して一定になった後，大きな地衣体では徐々に低下していく(Armstrong, 1983)。チズゴケは，岩石が露出してからの大まかな年代の推定にも用いられることが多く，このような手法は，ライケノメトリー lichenometry と呼ばれる。一方，ある程度成長した葉状地衣や固着地衣は，その中心部から破壊されて死んでいくことが多く，ほかの植物個体群と同様に，定着・成長と死亡が地衣類のサイズ-階級分布を規定する。

2. 地衣類群集のなかにも，環境選好性や競争がある

地衣類の生育と環境要因との関係を実験室で調べた事例は稀で，現在のところ，フィールドにおける報告がほとんどである。地衣体の成長速度は季節によって変化するが，この変動は主として降水量の変化と連動している(Armstrong, 1973)。このことは，乾燥条件下では休眠状態を保ち，吸水によって速やかに光合成活性を回復する，地衣類の特性を反映しているものと考えられる。微気候的な環境要因としては，このほかに地衣体の面している方位や傾斜，地上からの高さなどが，生育に影響を与えていると推定される(Yarranton and Beasleigh, 1969; John, 1990)が，これらの要因によって，直接に

は地衣体の含水率や光合成に必要な光強度，温度などが変化し，地衣体の成長を規定していると考えられる。

同一の樹木や岩に付着する地衣類群集においても，ハビタット特性は種ごとに異なっており，種ごとに選好性がみられる(John and Dale, 1989; John, 1991)。しかし異種の地衣体同士の境界面では，しばしば種間の競争が動かぬ形で直接観察される。基物に付着する地衣類は，高等植物とは異なり，極端に扁平化された体制をもつため，他種に上部を覆われると光合成ができず，生育不能となって枯れていく(Hawksworth and Chater, 1979)。特に岩上生の種同士の境界面では，2種の組み合わせごとに，特定の片方の種が覆いかぶさるように成長したり，地衣体が接触したまま成長が休戦状態になったりする現象が観察される(Pentecost, 1980)。

種ごとの競争や定着・成長の過程，および環境に関する選好性は，地衣類の群集形成においても遷移系列が存在することを予測させる(Woolhouse et al., 1985)が，こういった過程を詳細に調べた例は少ない。生成年代が明らかで，時系列を追跡しやすい特異な例としては，墓石・墓標上の地衣類群集があげられる(Hill, 1994)。このような過程において，当然のことながら，地衣類の遷移系列も環境や基物などによって異なったものになる。いくつかの地衣類の群集形成の過程を Grime (1977)の C‒R‒S 戦略にそって表示すると，図2のように示すことができる(Topham, 1977)。地衣類においても，競争や攪乱，ストレスに対する耐性が異なり，その場所ごとに異なった遷移系列を

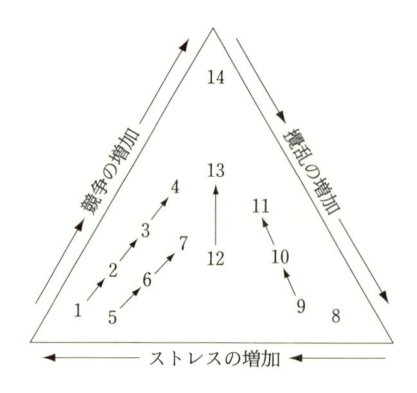

図2 C‒R‒S戦略にもとづき，いくつかの地衣類群集を評価した模式図(Topham, 1977)。地衣類群集1～14は以下のキーによる。1：海岸の沿岸帯，2：その上部の中湿性域，3：さらに上部の少湿性域，4：乾燥した海岸帯，5：乾燥域の岩上の先駆種，6：少湿性の岩上における葉状地衣，7：中湿性の岩上における樹枝状地衣，8：泥炭地や腐植土の裸地の先駆種，9：砂丘や土壌における先駆種，10：安定化した砂丘，11：草本性の荒原，12：森林帯の小枝上の先駆種，13：中湿性の森林帯における極相種(*Lobaria* 属など)，14：極地・高山風衝地の地上

経て，特徴的な極相が形成されていくといえるだろう．

3. 地衣類は火山遷移のパイオニアか

火山国である日本では，最近も三宅島や阿蘇山，桜島，浅間山，雌阿寒岳などで活発な火山活動が観測されており，活火山の数も100近くに上る．火山の周辺は，噴出する火山ガスなどにより極端な酸性の環境となるが，こういったところにも地衣類は定着していて，イオウゴケ Cladonia vulcani (vulcani は「火山の」という意味である)やハイイロキゴケ Stereocaulon vesuvianum (vesuvianum はイタリアのベスビオ山に因んだものである)などのように火山に関係の深い学名をもつものもある．火山性の地域での地衣類の研究例は世界的にも多くはないが，北海道や九州の火山では，地衣類の生育を左右する環境要因として，地温などよりも噴気口からのガスが風下側に散布されることが大きな影響を与えているという報告がある(Fahselt, 1995)．また，秋田県の玉川温泉でも，地衣類の生育と pH との関係が調べられており，極端な酸性環境に先にあげた Cladonia vulcani などの特殊な地衣類が見られることが明らかになっている(井上，1996; Inoue, 2001)．

地衣類は，火山遷移などの一次遷移の初期にコケ類などとともに早期に定着するパイオニア植物として扱われることが多い．しかし，多くの日本の火山では，火山灰や軽石，泥流などをともなった噴火のタイプを示すものが多く，噴火により地表面が大きく攪乱を受けるため，地衣類やコケ類をへずにいきなりイタドリなど根系の発達した多年生草本が定着することも多い．以前は，高校生物の教科書でも一般的な遷移系列を述べるにとどまっていたが，現在展開されている教育課程においては，たとえば「わが国の広い範囲で，初めにイタドリやススキなどの草本がパッチ状に侵入し，地衣類やコケ類が侵入することもある」(川島ほか，2003)というように，日本の実情に即した記述がなされるようになった．岩石の表面に定着する能力の高い地衣類も，不安定で浸食や回転を繰り返す地表面では共生している藻類の光合成ができず，生育が難しい．まさに，「転石苔を生やさず A rolling stone gathers no moss」というわけである．このことや群集形成についての前述の C-R-S 戦略な

どを考えあわせると，火山周辺に定着する種は，そういった攪乱およびストレス環境にハビタットを得ていると考えるほうがよさそうである。

4. 火山の周りの地衣類群集には，どんな特殊性があるのか

　北海道の十勝岳周辺では，大きな噴気口(62-Ⅱ火口)から多量の火山ガスが常時噴出しており，周辺の半径約 400 m には地衣類は生息していない。そして，この地域から離れるほど地衣類の種数が増加する傾向がある(志水，2000)。そこで，噴気口の周辺の半径 4 km の岩上に 73 の調査区を設けて噴気口からの方位，距離，pH，岩表面の面する方角，岩表面の傾斜角，標高を測定するとともに，採集した計 89 種類の岩上生地衣類の種を同定し，被度を調べてみた。この結果を，ポアソン回帰や CCA (Ter Braak, 1986) によって解析すると，各調査区の種多様性(総種数)および各種の分布を強く規定しているのは噴気口からの距離であり，pH などの要因は副次的だった。噴気口からの距離に対して総種数には指数回帰がよく適合することから，火山ガスの二次元的なエリアへの拡散が群集構造に強い影響を与えていることが予測された。一方，種ごとにみると，調査地の噴気口からの方位や，光合成に関係すると思われる岩表面の面する方角・傾斜角がある程度分布に影響を与えていたが，噴気口からの距離と比較するとその重要度はずっと低かった。調査地の噴気口からの方位は，十勝岳のような火山列においてはその形成年代の違いを反映していると思われるが，岩体の形成年代が必ずしもその露出年代を示さないことなどから，古い地域ほど遷移が進行しているというような時系列的な評価をすることは，一般的に難しいといえる。

　さらに，種間の相互作用を直接的にとらえるため，前述の Pentecost の研究を参考に，近隣種の解析法 neighboring species analysis を考案した。これは，採取した 545 個のサンプルのすべてで各種のコンタクトラインを実体顕微鏡で観察し，図 3 に示したようにこれらの接触が同等か，または一方が他方を覆って後から定着したかを評価し，コンタクトラインの長さをミクロメーターを用いて計測して，種間関係を推測するものである。この計測によって記録された地衣体の外周長は合計 91,139 mm，そのうち近隣種なし

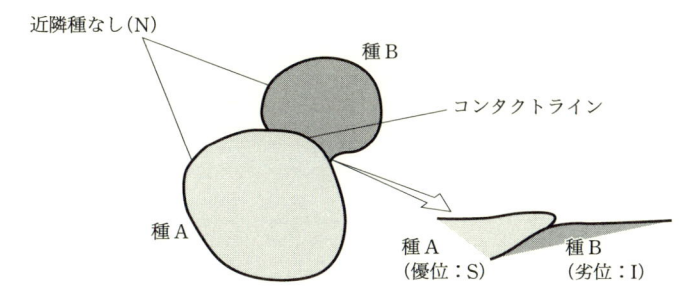

図3 岩上生の2種を用いた近隣種の解析法。実体顕微鏡で採取した標本を観察し、コンタクトラインに繰り返しミクロメーターをあてることにより、近隣種なし(N)、優位(S)、劣位(I)、同等(E)を線分の長さとして定量化する。上図は種Aが優位、種Bが劣位な例を示す。

は41,869 mmであった。この結果をもとに、種ごとに%N(no neighbor 近隣種なし)、%S(superior 優位)、%I(inferior 劣位)、%E(even 同等)を算出し、これらに各調査区の被度%と噴気口からの距離(被度による加重平均)を加えた6項目を用いてUPGMA法でクラスター分析を行ったところ、図4に示すような結果になった。近隣種なしの割合が高いグループ1のうち、1-Aは噴気口からの距離が近いことで、1-Bは被度が高いことと%N、%I、%Eの三者が均等に近いことで、1-Cは極端に%Nが高いことで特徴づけられる。また、グループ2は%Iが高いことにより特徴づけられる。グループ3は高い%Sで特徴づけられるが、その程度は%Eがある程度含まれる3-Aよりも3-Bで顕著である。これらの結果は、「%Nが高い」、「%Iが高い」、「%Sが高い」を各々「孤独である」、「覆われやすい」、「覆いやすい」と読みかえるとわかりやすい。

さらに、種ごとにコンタクトしている相手を分析すると、1-Aおよび1-Bではそのなかの種間のコンタクトはほとんど同等で、とくに被度の高い1-Bの3種と1-Aの *Micarea* sp. 1において他種とのコンタクトラインの合計が大きかった(図5の写真にこの例を示す)。一方、1-Cは単独で地衣体を構成していることが多かった。また、グループ1とグループ2の種間およびグループ2同士では、接触は同等かもしくは片方の種が優位となり、その優位性は2種の組み合わせごとに固定されていて、それが覆ることはない。グ

種名	和名	被度(%)	噴気口からの距離(km:加重平均)	%N (近隣種なし)	%S (優位)	%I (劣位)	%E (同等)
Micarea sp. 1		0.86	1.17	64.6	0.3	0	35.1
Lecanora sp. 1		0.14	1.41	51.1	1.7	4.3	42.9
Lecanora polytropa		4.19	1.68	54.3	1.4	2.7	41.6
Lecidella sp. 1		0.32	1.71	43.4	2.9	15.5	38.2
Rhizocarpon badioatrum		14.5	1.8	33.6	2	19.8	44.6
Fuscidea submollis		8.78	1.93	27.8	1.8	22.3	48.1
Lecidella sp. 2		1.18	2.27	29.5	0	10.8	59.7
Protoparmelia badia		0.52	2.06	72.5	0.8	6.7	20
Lecidea plana		0.9	2.34	75.7	0	7.8	16.5
Protoparmelia sp.		0.15	2.29	77.6	2.2	4.1	16.1
Acarospora fuscata	ホウネンゴケ	0.08	2.4	79.4	0	2.7	17.9
Acarospora smaragdula		0.15	2.05	38.8	0	61.2	0
Porpidia musiva		0.37	2.35	41.1	9.4	38.1	11.4
Aspicilia cinerea		0.64	2.51	5.4	6	76.5	12.1
Lecidea auriculata		0.45	3.2	17.3	0	55.7	27
Lecidea brachyspora		0.56	2.18	0	0	59	41
Orphniospora moriopsis	チャイロヘリトリゴケ	1.47	2.65	19.1	16	32.5	32.4
Rhizocarpon eupetraeoides	フタゴナミスゴケ	3.14	2.26	15.7	28	29.3	27
Rhizocarpon atrobrunnescens		0.7	2.55	15.5	4.3	34.5	45.7
Rhizocarpon copelandii		0.42	2.55	4.3	7.9	31	56.8
Umbilicaria caroliniana	シワイワタケ	0.27	2.8	0	35.3	64.7	0
Cladonia vulcani	イオウゴケ	0.07	1.98	14.3	47.4	9.4	28.9
Rhizocarpon geographicum	チズゴケ	2.26	2.39	19.8	44.1	16	20.1
Ochrolechia sp.		1.4	2.39	35.4	41.3	14.8	8.5
Stereocaulon vesuvianum	ハイイロキゴケ	0.85	2.28	50	27.5	10.9	11.6
Arctoparmelia incurva	イリダマゴケ	0.22	2.92	8.8	68.5	22.7	1.6
Melanelia stygia	タカネゴケ	1.29	2.45	5.9	68.7	23.8	0
Cladonia crispata	ショウダイゴケ	0.16	2.35	2.2	73.5	24.3	0
Umbilicaria exasperata	ダイセンイワタケ	0.21	2.43	0	73.8	26.2	0
Umbilicaria torrefacta	アナイワタケ	0.53	2.34	1.9	64.7	28.2	5.2
Pseudephebe pubescens	タカネゴケノリ	1.07	2.26	8.5	77.4	14	0.1
Umbilicaria cylindrica	タカネコナノリ	0.22	2.75	5.8	72.7	17.2	4.3
Ophioparma lapponica	イブザクロゴケ	0.11	2.89	18	65.1	8.3	8.6
Calvitimela aglaea		0.04	2.73	7	90.2	2.8	0.1
上記以外の55種合計		3.59					
全89種		51.7					

図4 十勝岳周辺で出現頻度の高かった地衣類の近隣種解析にもとづく特性 (Shimizu, 2004a を改変)。全89種のうち出現5以上の34種の特性をまとめてある。被度%は73の調査区の合計、噴気口からの距離は被度による加重平均(km)である。%N, %S, %I, %Eについては本文および図3を参照。

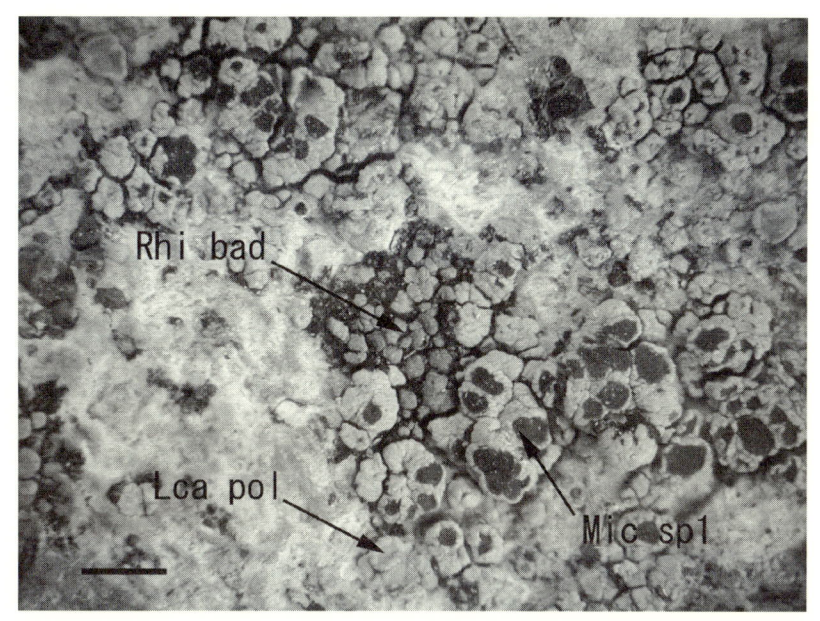

第7章　火山環境と地衣類群集の形成　121

図5　グループ1-AのMic sp1(*Micarea* sp. 1)と，Lca pol(*Lecanora polytropa*)が1-Bの Rhi bad(*Rhizocarpon badioatrum*)と同等にコンタクトしているようす。写真は，噴気口から約1.5 kmの調査区から採取した標本(A. Shimizu 850, TNS)を実体顕微鏡で見たもので，スケールバーは1 mmである。

ループ1とグループ3のコンタクトラインは多くはないが，この場合はグループ3が必ず優位となる。そして，グループ2とグループ3およびグループ3同士では固定された優位性は崩れ，お互いに地衣体が三次元的にたちあがって，ある場合は優位に，別の場合には劣位に，というような乱戦模様になる。

このような種間の関係を，コンタクトライン300 mm以上のおもな関係について，同等は破線矢印で，優位-劣位は実線矢印で示すと，図6のようになり，グループ1-Aの4種は左側に，1-Bの3種およびグループ2の5種は中央部に，グループ3の7種は右側に順に位置させることができる。この図は地衣体の優位性を示したもので，必ずしも時間軸にそった遷移系列を示すものではなく，ストレス源からの地理的な遷移をも内包していると考えられる。しかし，火山環境においては，まずグループ1-Aや1-Cのような

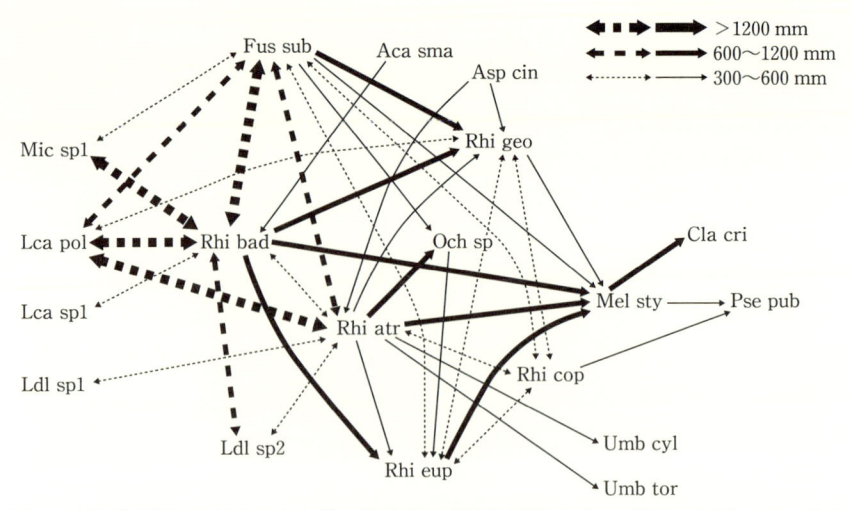

図6 十勝岳周辺におけるおもな種の地衣体の相互作用(Shimizu, 2004a より)。コンタクトライン 300 mm 以上の 19 種について，双方向の破線矢印は同等な接触を，一方向性の実線矢印は矢の終点の種が始点の種を覆い隠して優位となることを示す。Mic sp1: *Micarea* sp. 1, Lca pol: *Lecanora polytropa*, Lca sp1: *Lecanora* sp. 1, Ldl sp1: *Lecidella* sp. 1, Fus sub: *Fuscidea submollis*, Rhi bad: *Rhizocarpon badioatrum*, Ldl sp2: *Lecidella* sp. 2, Aca sma: *Acarospora smaragdula*, Rhi atr: *Rhizocarpon atrobrunnescens*, Rhi eup: *Rhizocarpon eupetraeoides*, Asp cin: *Aspicilia cinerea*, Rhi geo: *Rhizocarpon geographicum*, Och sp: *Ochrolechia* sp., Rhi cop: *Rhizocarpon copelandii*, Mel sty: *Melanelia stygia*, Umb cyl: *Umbilicaria cylindrica*, Umb tor: *Umbilicaria torrefacta*, Cla cri: *Cladonia crispata*, Pse pub: *Pseudephebe pubescens*

ストレス耐性あるいは岩上への接着力の強い種が定着し，次にグループ 1-B およびグループ 2 のように時間的にあるいはストレス源に対して移行的な種が，そしてストレス源から離れた地域ではグループ 3 のように後から定着する種が現れるといってよいだろう。とくに，グループ 1-A の *Micarea* sp. 1, *Lecanora* sp. 1, *Lecanora polytropa* など，噴気口の近くに特徴的な種は，ストレス環境に適応することで競争を回避していることがうかがえる。こういった高ストレス環境やその周辺域における定着の初期においては，岩上における種間のコンタクトは頻繁で，種間の関係は同等あるいは序列が決まっていることから，先に定着した種の横に定着することによる定着促進化 facilitation の存在が示唆される(図5の写真を参照)。

最後に蛇足ながら，先の図4において，表の上ほど種名の確定しないもの

が多く，下にいくほど和名のついている割合が多いことは，火山地帯を中心とした固着地衣類で分類学的研究が進んでいないことを物語っている。

5. 地衣類の指標生物としての価値

地衣類は体の表面から水や物質を吸収するため，環境に敏感に反応する。火山によく似た環境条件は，近年，我々人類の環境汚染によってもたらされている。大気汚染物質の亜硫酸ガスは一般に地衣類の光合成活性を低下させるが，その程度や耐性は種によって異なることが知られている(Hill, 1971)。地衣類は，こういった汚染の度合を示す指標生物として有用であると考えられる。最近日本でも，絶滅に瀕した地衣類がレッドリストとしてまとめられ，現在その見直しが行われている。種ごとのカテゴリーの分類は，国際自然保護連合(IUCN)の基準では，主として10年または3世代におけるその種の減少率によって規定される。地衣類では個体群ごとの繁殖動態が明らかになっておらず，継続的な観察が行われている地点も少ないので，このような枠組みには馴染みにくいと感じている。しかし，それらの稀少化のうちの少なからぬ部分は近年の環境変動や人為的な汚染に原因があると考えられる。とくに大気汚染に敏感で世界的に減少傾向にあるサルオガセ属 *Usnea* が，前に述べた十勝岳噴気口周辺の半径8 km以内でまったく見つかっていない(Shimizu, 2004b)ことは，このような事実を裏づけるものと思われる。今後，火山環境と都市環境の両方で調査を進めれば，どのような汚染がどの程度進んでいるのか，野外の地衣類群集を調査することで比較的簡単にわかるようになるかもしれない。

第IV部

湿原の攪乱と遷移

日本には，数多くの湿原が存在していたが，低地に分布していた湿原の多くは農地化や宅地化により消失してしまった。しかしながら，北海道では，東に釧路湿原，北にサロベツ湿原をはじめとする広大な湿原が今なお広がっている。第Ⅳ部では，まず，これらの湿原の分類，泥炭地の形成過程，泥炭地の機能，湿生植物の特性について，化学的攪乱の目を通して述べる。化学的攪乱とは，聞きなれない言葉かもしれない。実際，狭い意味で攪乱とは，物理的環境から受ける生物あるいは生物群集の形態的・構造的な変化という意味になるが，動物が植物を食べることによる物理的破壊などは，この定義からはずれてしまう。そこで，攪乱は，より広い意味で，物理的という言葉をはずした意味で用いられることが多い。したがって，化学的攪乱という枠組みを設ける方がより現象を説明しやすくなることもある（流行語となるかもしれない）。ついで，湿原生態系，とくに泥炭湿地に対する化学的攪乱が湿原生態系に及ぼす影響について，熱帯から冷温帯までの湿原を対象にまとめている。

　そして，ここにも火山の影響が見られる。火山の大規模噴火では噴出物が数kmの高さまで噴きあげられ，広域的に植生や地面に積もる。これによって植物はさまざまな影響を受け，遷移の方向が変わることさえある。北海道の湿原における研究結果を中心に，植生変化機構について紹介する。

　釧路湿原では過去に，火災がほぼ同じ地域で繰り返し起こり，近年の火災はその面積や地域が特定できる。釧路湿原では，現在，乾燥化（これも攪乱）によるハンノキの侵入が懸念されている。そのハンノキの定着した湿原においては，火災後のハンノキの回復はすべて萌芽により行われていた。一方，火災を長期間にわたり被っていない地域では樹齢も高く，種子分散による更新が主となる可能性が高かった。このことは，ハンノキの更新機構に対する新知見であるばかりでなく，湿原へのハンノキ侵入の抑制や生態系復元を考えるうえで重要な情報となる。

　湿原というと，「遥かな尾瀬」の穏やかな光景を思い浮かべる人も多いと思うが，じつは攪乱という大敵と戦い，かつ利用しながら発達しているのである。

第8章 湿地生態系の化学的攪乱と植物遷移

原口 昭

1. 陸上生態系よりはるかに多彩な湿地生態系

　陸上生態系と湿地生態系とではどちらがより多様性に富んでいるか，という比較はナンセンスではあるが，湿地生態系も，陸上生態系に負けず劣らず多様である。
　そもそも，湿地とはどのような場所なのであろうか。じつは，湿地の定義は国により，また研究者によりさまざまであり，統一された定義はまだ提示されていない。日本では，「湿地」より「湿原」のほうが一般に通用している用語であるが，「湿原」もまた解釈がいろいろで，学術的な定義はない。しかし，湿原というと，釧路湿原とか尾瀬の湿原を想像するように，後述する泥炭湿地の意味で用いられることが多い。これに対し，「湿地」は「湿原」より広義で用いられ，干潟なども湿地に含まれる。
　湿地 wetlands の定義として広く用いられているのが，ラムサール条約における定義であろう。とくに水鳥の生息地としての国際的に重要な湿地に関する条約，すなわちラムサール条約では，「湿地とは，天然のものであるか人工のものであるか，永続的なものであるか一時的なものであるかを問わず，さらには水が停滞しているか流れているか，淡水であるか汽水であるか塩水であるかを問わず，沼沢地，湿原，泥炭地または水域をいい，また低潮時における水深が6mを越えない海域を含む」と定義されている。この定義に

従うと，我々が一般にイメージする湿原や干潟のみならず，湖沼や河川，水田や貯水池，さらには沿岸海域までが湿地に分類されることになる。ラムサール条約における湿地の定義はいささか広すぎるという意見も多いが，「水と関係した場所」の意味で湿地という用語を広義で用いることは，生物の生活や生態系の機能に水が大きくかかわっていることを認識する意味では適切な定義であるといえよう。

　この章では，広義の湿地のごく一部，とくに，わが国で「湿原」と認識されている泥炭湿地を中心に，化学的攪乱と生物群集との関係について解説するが，この泥炭湿地もまた多様性に富んでいる。泥炭湿地は，mire とほぼ同義であり，泥炭，すなわち十分に分解が進んでいない植物遺体からなる堆積物の層がおおよそ 30 cm 以上地表面に存在する場所を泥炭湿地と呼んでいる (Joosten and Clarke, 2002)。「泥炭地」が一般的な用語であるが，ここでは湿地のひとつであることを強調する意味で，泥炭湿地という用語を用いることにする。

　泥炭湿地は，泥炭層の厚さや涵養性(水や栄養塩類の供給源)の違いにもとづいて細かく分類されている(阪口，1974)。泥炭層の厚さにもとづく分類では，泥炭層が厚く堆積している高位泥炭地，泥炭層が薄い低位泥炭地のように分類される。一方，涵養性による分類では，もっぱら降水(雨，雪，霧など)から水と栄養塩類の供給を受ける貧栄養な泥炭湿地を降水涵養性泥炭湿地 ombrotrophic mire (あるいは bog) と呼ぶ。一方，泥炭層の下にある鉱物質層や河川の氾濫による水や栄養塩類の供給を受ける泥炭湿地を鉱物質涵養性泥炭湿地 minerotrophic mire，もしくは流水涵養性泥炭湿地 rheotrophic mire と呼び，一般に fen というタイプに分類されている。泥炭層の厚さは植生とも密接な関連をもち，たとえば高位泥炭地では泥炭層が厚く堆積しているため，泥炭層下の鉱物質層からの栄養塩供給や河川の氾濫の影響を受けにくく，降水涵養性となることが多い。このように，泥炭層の厚さによる分類と涵養性による分類は独立の体系ではないが，分類の観点が異なる点に注意しなくてはならない。

　このほかに，極周辺では永久凍土の影響を受けて盛り上がりを形成するパルサ palsa や，表面流の影響を受け，同心円状の筋状の盛り上がり string

を特徴的な微地形としてもつアーパaapaなど，成立条件の違いによりさまざまな泥炭湿地が見られる．このように，湿地のほんの一類型である泥炭湿地ひとつを取ってみてもさまざまなタイプのものが存在するが，これは，湿地生態系に影響を及ぼす環境要因としてもっとも重要な水が，物理的，化学的にきわめて多様な状態をとるからであり，水環境が多様であることがさまざまな湿地生態系を生む要因となっているのである．

2. なぜ湿地生態系は化学的攪乱を受けやすいのか

　この節では，湿地生態系への化学的攪乱について考える．内分泌攪乱物質（通称，環境ホルモン）という言葉は化学物質が動物の内分泌系に及ぼす作用を攪乱という言葉で表現したものであるが，これと同様に，ここでは化学物質の生態系への影響を化学的攪乱と呼ぶ．ここでいう化学物質とは，重金属類，農薬，合成洗剤，家庭排水，農業排水，工業排水中に含まれる有機，無機の汚染物質のみならず，降水，湧水や火山噴出物，火山ガスなどに含まれる自然発生的な化学物質も含む．
　このような化学物質に対して，湿地はきわめて影響を受けやすい生態系であるといわれている．それは，湿地が水陸の境界に位置する生態系であることと密接に関係している．たとえば，陸上の森林生態系と比較して考えてみよう．もちろん，水がなければ生物は生存できないので，当然森林生態系も水の影響を受ける．もっともわかりやすい酸性雨の森林への影響を例にすると，降水中の酸性物質が樹木に接触し，また，土壌中に浸透して土壌生物に直接的な影響を及ぼしたり，あるいは土壌中の交換性カチオンを溶出し，アルミニウムなどの有害物質を可溶化したりすることにより，森林生態系に化学的攪乱作用を及ぼしている．湿地生態系でも当然森林生態系と同様な酸性雨による攪乱も受けるが，さらに，湿地は多湿な環境であるため，降水が土壌中に長時間留まることになり，その攪乱の影響が長時間に及ぶ．また，河川の氾濫の影響を受ける湿地では，降水のほかに河川水の影響も受け，さまざまな経路でかついろいろな化学物質の負荷を受けることになる．もちろん，大気も重要な化学物質の輸送媒体であるが，水の優れた溶媒としての機能を

考えると，はるかに溶液系のほうが化学物質の輸送効率が高い。したがって，生態系のなかに存在する水の量が多く，また水の出入りも多い湿地生態系は，陸上生態系と比べて化学的攪乱の影響を受けやすい生態系なのである。

　もうひとつ重要な観点は，湿地生態系への水の影響が時間的に均質ではなく，一般に変動性が高い点である。降水も時間的に均質ではないが，河川の氾濫による湿地の水位も時間とともに変動する。干潟は潮汐変動の影響を受けるため，干潟の水環境は周期的に，あるいは突発的に変動する。環境の変動性が大きいということは，その生物に対する影響が時間とともに変動するということであるので，湿地に生息する生物の立場からはきわめて予測しがたい環境変動の影響を受けることになる。すなわち湿地生態系は，時間的にまた空間的に変動性の高い化学的攪乱を受けていることになる。これは，一方では，湿地環境の複雑性を生ずる原因として重要であり，この複雑性が湿地生態系の生物多様性を生ずる要因となっていることは事実であるが，見方を変えると予測が難しい複雑な攪乱を受けている生態系であるともいえる。このように，量的にも質的にも多様な化学的攪乱を受けるということが湿地生態系の環境のひとつの特徴であるといえる。

3. 歴史の証人である泥炭湿地

　分解が不完全な状態で植物の遺体が堆積して形成される土壌を泥炭と呼び，泥炭が堆積して形成された湿地を泥炭湿地と呼ぶ。物理的な攪乱を受けない限り泥炭は下から順に堆積していくので，泥炭層の形成年代は下ほど古く，上にいくほど新しくなる。現在地表にある泥炭層は，ほとんどが最終氷期であるウルム氷期の終了後に形成が開始したとされているので，泥炭湿地の歴史は高々約1万年であることになる。これに対し，一般の鉱物質の土壌は，泥炭のような堆積物とは異なり，もともとその場に存在していた岩石が，生物の作用を受けつつ風化されて形成されるものであるので，土壌は上から下に向かって形成が進む。土壌生成が進行すると，やがてA層，B層，C層といった土壌層位が形成されるが，これらの層位はもともとそこに存在していた岩石の各部分が受ける風化の程度の差に対応するものであるため，母材

(土壌のもととなる岩石)そのものは同一のもので，下ほど古いといった年代の違いはないのが堆積物の泥炭とは異なる(松井，1988)。

　泥炭層のなかには，泥炭を形成する植物遺体のほかに，花粉，胞子，種子，原生動物やケイソウなどの生物遺体，炭化した植物遺体，火山灰，砂や粘土などが含まれる。また，泥炭は一般に酸性が強く，貧栄養で微生物活性が低いので，動物遺体も分解が進まずに保存されている場合があり，ヒトの遺体が良好な状態で発見されることもある。このような泥炭層のなかに含まれるさまざまな生物遺体や堆積物層は，通常は泥炭層表面に堆積した後にさらにその上に泥炭層が堆積することによって泥炭層中に埋没するので，泥炭層とともに下から上に向かう過去から現在への時系列上にのる(辻，1993)。わが国に広く分布する堆積物である火山灰は，その多くがいつどの火山の噴火に起源を有するものであるかがわかっている。たとえば，今から約6400年前の九州南方の喜界島付近の海底火山の大噴火によって放出されたアカホヤ火山灰は，東北地方南部まで広域的に飛散したが，泥炭層中にこのアカホヤ火山灰が含まれていると，この直上直下の泥炭はおおよそ6400年前に堆積したものであると推定できる。このほか，炭素の放射性同位元素である^{14}Cの含有量から有機物の年代測定を行うことも一般的に行われており，これらの年代測定の結果を総合して，泥炭層のどの部分がいつの時代に堆積したものであるのかをかなり正確に知ることができる。

　泥炭層のなかに含まれる生物遺体のほとんどは，堆積当時の泥炭湿地内やその周辺に生息していた生物のものである。このことから，それぞれの深さでの泥炭の堆積年代と生物遺体との関係から，泥炭湿地周辺に生息していた生物相の変遷の歴史を知ることができる。なかでも花粉相の変化は大変重要な指標となり，森林の変化，さらには森林が気候変動に対応して変化することを考慮にいれて，過去の気候変動を推定することができる。このように，泥炭湿地は，過去が記録されている古文書のようなもので，湖底堆積物や南極の氷床などとともに，貴重な自然の歴史の証人となっているのである。

4. 泥炭湿地の形成は攪乱の歴史

　泥炭湿地の形成過程は，陸化型と沼沢化型のふたつに分けられる(Tallis, 1983)。これらは，まったく逆方向の遷移過程であるが，ある場所に水が溜まるような環境条件の変化が起こることが泥炭湿地形成の引き金になっているという点では共通している。

　陸化型の過程は，まず湖沼の形成から始まる。湖沼は火山噴火や地殻変動などの地形変化で自然に形成されるほか，ダム湖の建設や人為作用に起因する地盤沈下など人為的な要因によって形成される場合もある。湖沼は，たとえば摩周湖のようにきわめて貧栄養な火山性の湖沼でも，長い年月をへるうちに集水域からの土砂の流入により浅くなり，また栄養塩類や有機物の流入により，徐々に富栄養化してゆく。富栄養化にともない，湖沼の生物群集は豊かになり，沿岸帯にヨシ，マコモなどの抽水植物群集が形成されると，しだいに沿岸帯から陸化し，最終的には全域が陸地化する。このような場所が泥炭の堆積に適した条件にある場合には，しだいに泥炭湿地へと遷移する。これはまさに一次遷移の湿性遷移そのものである。泥炭湿地になるか否かはその場所の条件によるが，たとえばヨーロッパでは，第三紀に氷河の前進と後退が繰り返されるなかで，氷河湖の形成，泥炭湿地化，氷河の前進，というプロセスが繰り返し起こり，何層もの泥炭層が湖底堆積物層と互層を形成している地域がある(図1)。第三紀に形成された泥炭は，現在では褐炭として存在し，重要な植物系化石資源のエネルギー源として利用されている。

　一方，沼沢化型泥炭地は，もともとは陸地であった場所が何らかの攪乱を受けて排水不良となり，ここで泥炭の堆積が開始されて形成された泥炭地である。一見，陸化型とはまったく逆であるようだが，攪乱によって水が溜まることが引き金になる点では両者は共通している。排水不良になる理由としては，河川による自然堤防と後背湿地の形成がもっともよく知られている。自然な河川は，運搬，堆積作用により自然堤防を形成するが，自然堤防が形成されると，しばしば起こる河川水の氾濫の際に氾濫した水が河川に戻りにくくなり，過湿な後背湿地が形成される。かつて，尾瀬ヶ原の湿原は湖の陸

第8章 湿地生態系の化学的攪乱と植物遷移　133

図1 ドイツ東部ラウジッツ丘陵の褐炭層。上下の濃い色に見える褐炭層に挟まれて，第三紀の間氷期に堆積した湖底堆積物層(白く見える層)がある。

化によって形成されたと考えられていたが，堆積物のなかに湖底堆積物が認められないことから，現在では河川の後背湿地から沼沢化のプロセスをへて形成されたものであるとされている(図2)。

　沼沢化を導く要因としては，このほかに，火山活動にともなう地下水脈の変化による湧水の出現や，変わったところでは，ビーバーがつくるダムによる沼沢化などが知られている。いずれにしても，これらは何らかの攪乱によって水の動きが変化することにより起こる現象で，泥炭湿地の形成には攪乱が不可欠であるといえよう。

5. 化学的多機能体としての泥炭湿地

　湿地あるいは泥炭湿地はさまざまな機能をもつ生態系である。とくに，泥炭を形成する泥炭湿地は，泥炭そのものが有機物であり，これが十分に酸化

134　第Ⅳ部　湿原の攪乱と遷移

図2　尾瀬ヶ原湿原。中央に広がる泥炭湿地のなかに見られる帯は，河川にそって成立した森林(拠水林)であり，泥炭地は河川の後背湿地に分布している。

分解を受けずに継続的に堆積して形成され，現在もなお形成が進んでいる生態系であるので，泥炭中にはきわめて多量の有機態炭素が蓄積されている。泥炭中の炭素蓄積量に関してはさまざまな見積もりがあるが，Maltby and Immirzi(1993)によれば，泥炭中には 329〜525 Pg(1 Pg＝10^{15}g)の有機炭素が蓄積されており，これは地球全体の土壌中の有機炭素蓄積量 1500〜1600 Pg の 21〜35％に相当する量である。生物体中の炭素量が 540〜610 Pg，化石資源中の炭素蓄積総量が 4000 Pg であることから考えると，泥炭中の炭素蓄積量は相当な量であることがわかる。近年，泥炭湿地の農地開発や，とくに熱帯地域における森林火災による泥炭の消失，分解，あるいは地球の気温上昇にともなう泥炭の酸化分解促進などにより，泥炭中の有機炭素が二酸化炭素として，あるいは還元的環境においてはメタンとして大気中に放出されている。これらのガスはいうまでもなく温室効果ガスとして地球の気温上昇に拍車をかけている。とくに泥炭湿地は水位が高く低酸素の環境にあるため，温室効果が二酸化炭素の数十倍も高いメタンの発生源となっており，地球環境に大きく影響を及ぼす生態系となっている。このような意味で，泥炭湿地は地球環境調節系であるといわれている。

　このように，泥炭湿地の消失は温室効果ガスの大気中濃度の上昇を導く要因となるが，泥炭地の復元や新たな創生により泥炭化を促進することによって，大気中の炭素を泥炭として封じ込めることも可能である。このような効果を狙って，都市緑化や屋上緑化にミズゴケなどの泥炭形成植物を利用する試みがなされている。緑化を進め，同時に地球環境調節をも狙おうという一石二鳥の発想である。泥炭そのものは石炭同様のエネルギー資源としても利用できるので，緑化で生産した泥炭をエネルギー源として利用すれば，バイオマスエネルギーの循環系の構築も可能であり，ゼロエミッションに一歩近づくことができる。こうなれば，一石三鳥の効果が期待できよう。

　泥炭湿地に限らず，湿地は一般に水質浄化作用が高いといわれている。残念ながら，湿地はもともと水が潤沢にある環境で形成され維持される生態系であるので，森林で見られるような降雨を一時的に蓄え，徐々に放出するような保水，利水作用は低いとされている。その一方で湿地にはつねに水が存在し，この水が土壌表面や土壌内部を流れることによって水中の化学物質が

湿生植物と接触して水質が変化する。とくに，生活排水や農地から流出する水が流れ込むような湿地では，湿生植物および水中の微生物によって栄養塩類が吸収され，また有機物が分解されて無機化された後に生物によって吸収され，結果として水中の有機物，栄養塩濃度が湿地を通過する過程で低下し，水が浄化される。もちろん，水生植物による栄養塩吸収は無限ではないので，ある程度植物が繁茂すると，植物の栄養塩吸収と植物体の分解による栄養塩放出がつりあって平衡状態となり，実質的な浄化作用は停止してしまうが，植物体を除去するとか，あるいは泥炭化が進むような湿地であれば，水質浄化機能が失われずに継続する。このような効果を期待して，人工的に湿地を構築する試みが各所でなされている(Cylinder et al., 1995)。

6. 化学的難所に生きる生物の特性

湿地の環境でもっとも特徴的な点は，きわめて多湿である，つまり，地下水面の高さが地表面付近にあるか，もしくは表面水として水が地表を覆っている環境にあることである。したがって，一般に土壌中に根をはる維管束植物にとっては，根が常時，もしくは少なくとも一時的に冠水するような環境にある。植物根は，栄養塩や水の吸収のため，あるいは根自体の維持と伸長のために酸素呼吸を行っているが，根が水没すれば当然根は酸素欠乏に陥り，やがて根腐れを起こす。湿地に生育する植物にとっては，根の冠水は避けることができないが，湿生植物はさまざまな生理的・形態的適応によって根の冠水に耐えているのである(Jackson and Drew, 1984)。もっとも，コケ類のように維管束をもたず，体表面から直接水分を吸収する植物にとってはある程度水分が多い環境でないと生育できないので，維管束植物と比べると湿地の環境では有利な植物群であるといえよう。しかしながら，コケ類といっても，耐水性や耐乾性はさまざまで，たとえば一般に多湿な環境に生育するミズゴケ類に限定しても，冠水に耐える種と耐えない種，長期の乾燥に耐える種と耐えない種といろいろである。

話は維管束植物に戻るが，冠水による根腐れに対する適応でもっともよく知られているものが通気組織である(図3)。ヨシなどの抽水植物の茎がもっ

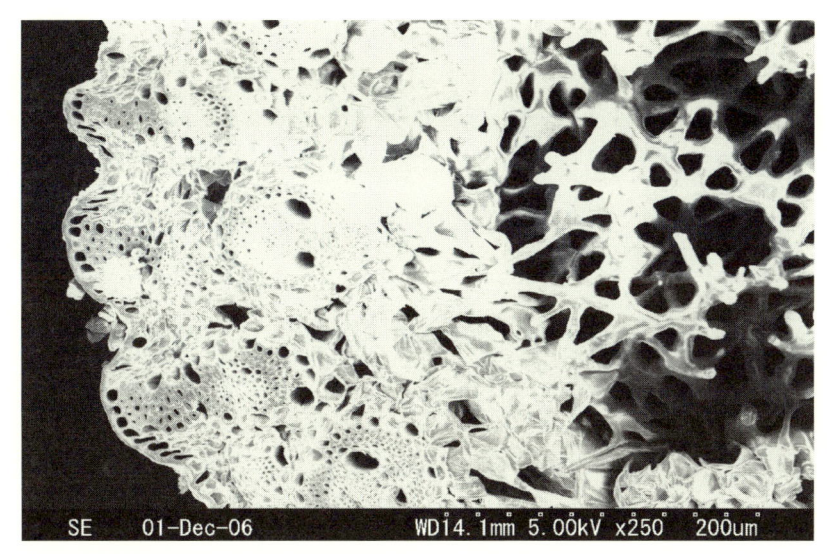

図3 イ(イグサ)の茎の横断面の電子顕微鏡写真。湿性植物の茎には，地上部と地下部を連結する通気組織(空洞になった部分)が認められることが多い。

ともわかりやすいが，茎の組織の一部の細胞が空洞化して空気の通り道ができる。これを通気組織と呼んでいる。通気組織は単なる空洞であり，イメージとしてはストローか煙突が土壌中の根と大気とを繋いでいるようなものである。したがって，通気組織中での物質の輸送は濃度勾配に従った受動的な拡散である。根では酸素が消費され根組織中での酸素分圧が低くなると，根と大気とのあいだに酸素の濃度勾配が生じ，分圧の高い大気から根へと酸素が輸送されることになる。同様に，根では二酸化炭素分圧が高くなるので，二酸化炭素は根から大気中へと運ばれる。このようにして，根の酸素，二酸化炭素分圧が適正に調節され，根の生理活性が保たれる。通気組織は湿地土壌で生成するメタンが大気中へと輸送される際の通路にもなる。通気組織のほかにも，茎に形成された皮目や，hypertrophied lenticel と呼ばれる「こぶ」も，大気と茎，根を結ぶ気体の通路となっており，湿生維管束植物の根腐れ防止に貢献している。

　また，主として湿地に生育する樹木で見られる器官で，塩性，淡水性沼沢地やマングローブの構成種などで典型的なものが気根である。これは，まさ

に大気中にでている根のことで，過湿ゆえに深くまで根を張ることができない湿地樹木にとっては，幹を力学的に支持する根の機能も重要であるが，根は大気とのあいだのガス交換の機能をもつ器官でもある。気根にはさまざまな形態のものがあり，マングローブ構成種の *Avicennia* 属植物などで見られる地中から垂直に突出した剣状のもののほか，地上10 m もの高さから垂れ下がったもの，屏風のように幹から伸びた板根などいろいろな形態のものがある。

　以上，一般に湿地の植物の低酸素環境への適応について述べたが，湿地の化学環境はきわめて多様であり，たとえばマングローブや塩湿地などでは，高い塩分濃度に対する耐性をもつことが必須となる。ここでは，本章の主題である泥炭湿地についてもう少しみてみることにしよう。泥炭湿地といっても化学的な環境は多様であることは先に述べたが，特筆すべき点は，土壌が酸性化している点と，貧栄養な環境にあるという点である。泥炭湿地の土壌がなぜ酸性化するのかについては，まだ十分に議論が尽くされているとはいえないが，有機物分解の際に生成する有機酸や腐植により，また根や土壌微生物の呼吸により発生する炭酸により酸性化が進むといわれている。さらに，降水涵養性泥炭湿地の主要な構成植物であるミズゴケは，これが生成するミズゴケ酸という有機酸の放出と，細胞壁での高いカチオン交換機能によるプロトン放出とによって土壌環境の酸性化を自らが促進している(Clymo and Hayward, 1982; Wilschke et al., 1990)。ミズゴケの例にみられるように，泥炭湿地構成植物は，酸性環境に耐えるというよりも，むしろ好酸性植物といえる種も多い。同様に，降水涵養性泥炭湿地は貧栄養な環境にあるため，少ない栄養塩でも生きていける植物しか生育することができない。このように，泥炭湿地は周囲の陸域生態系とは隔絶された特殊な環境であるので，最終氷期終了後の温暖化にともなって，より温暖な地域に生育する生物が高緯度方向へと移動した際にも，泥炭湿地はこのような暖地性生物を容易には受けいれず，したがって現在でもなお寒冷地生物が残存する地域となっているのである。

7. 泥炭湿地における植生変遷と攪乱の因果関係

大都市と共存する京都深泥池浮島泥炭湿地

　京都市街地の北部に位置する深泥池(みぞろがいけ)は，暖温帯では珍しく，標高70 mほどの低地にある泥炭湿地である。一般に泥炭地は，亜寒帯から冷温帯にかけての寒冷な気候の地域と，東南アジアを中心とする熱帯地域に分布し，亜熱帯から暖温帯にかけての地域では，標高の高い寒冷な地域を除いて泥炭地の空白地帯となっている。深泥池泥炭湿地はこのような空白地帯に分布するというだけでも貴重な存在であるが，さらに大都市の人口集中地域にあり，人為的攪乱を強く受けつつも維持されているという点で，大変稀な泥炭地である。このようなわけで，深泥池の湿生生物群集は天然記念物に指定されている。

　地質学的な調査の結果，深泥池の泥炭は，1.5〜2.0 mの浮島堆積物の下に，水層を挟んでさらに約10 mの泥炭堆積があることが知られており，およそ1万年のあいだ，泥炭地がこの地に存在していたことがわかっている(中堀，1981)。現存する日本のほとんどの泥炭湿地が最終氷期が終わった約1万年前に形成が始まったことから考えると，深泥池泥炭湿地の形成もこれと同時期に始まったことがわかる。

　歴史の古さだけでなく，都市のなかにあって人為的攪乱の影響を受けつつも泥炭湿地が維持されている点はとても興味深い。なぜならば，泥炭形成植物の多くは貧栄養でかつ酸性の環境に適応している種が多いため，生活排水の影響で富栄養化し，またpHが高まると，ある種は生理的に生育が困難になる。また生理的には生育可能な種であっても，より富栄養な環境で旺盛な生育を示す他種に競争排除されてしまう。深泥池では，周囲の都市域からの生活排水の影響が大きく，また水道水の漏水の問題もあり，富栄養化と酸性度の低下は湿生植物に大きな影響を及ぼしている(Haraguchi and Matsui, 1990)。たとえば，深泥池で泥炭を構成する主要な種であるオオミズゴケとハリミズゴケは，ほかのミズゴケ種同様このような富栄養，高pH環境に弱いが，なかでもハリミズゴケは富栄養な環境にきわめて敏感で，容易に富栄養環境に

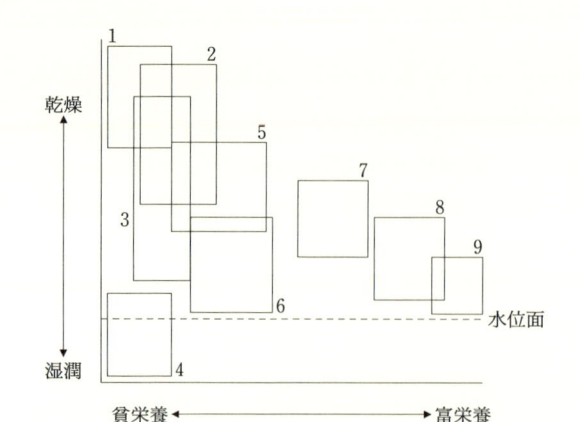

140　第Ⅳ部　湿原の攪乱と遷移

乾燥↑
↓湿潤
貧栄養←→富栄養

1：ウスベニミズゴケ，2：ムラサキミズゴケ，3：チャミズゴケ，
4：ハリミズゴケ，5：スギバミズゴケ，6：サンカクミズゴケ，
7：ホソバミズゴケ，8：オオミズゴケ，9：ウロコミズゴケ

図4　ミズゴケ9種の生育環境(Daniels and Eddy, 1985 より改変)。ミズゴケの分布は，主として水分環境と栄養性によって決められる。

強いヨシなどに置き換わる(図4)。泥炭湿地の形成過程では富栄養なヨシ群集から貧栄養なミズゴケ群集へと遷移するのに対して，湿地環境の富栄養化はこれと逆行する方向に群集を遷移させるので，このような遷移は退行的遷移とも呼ばれている。深泥池では，現状ではこのような退行的遷移が優勢であるが，一部では新しいミズゴケ群集も形成されつつある。深泥池の生物群集は必ずしも健全とはいえないかもしれないが，維持されて続けている。

　このような富栄養化という化学的攪乱を受けつつも深泥池の泥炭湿地が維持されてきた理由として，泥炭が浮島として存在している点が重要である。浮島とは，名のごとく水に浮いている島であり，尾瀬ヶ原の浮島は大変有名であるが，深泥池の浮島は巨大で，長径250 m，短径150 m程度の大きさをもつ。一部は陸と繋がっているが，ほとんどの部分は水上に浮いている。この浮島は，夏の高温期には泥炭層中で発生する二酸化炭素やメタンにより泥炭の密度が低くなりかつ層厚が増して浮上し，冬の低温期には密度の上昇と層厚が薄くなることにより沈降する。この浮沈運動にともなって，泥炭表面は冠水と渇水を繰り返す。泥炭表面の微妙な凹凸に対応してこの冠水と渇水の時間が異なり，渇水期の長さと渇水開始の時期の違いに応じて泥炭地の

植生が異なる。たとえば、ほんの1 cmの標高差でも、そこに生育する植物種が異なる(Haraguchi, 1992)。この微小な環境の違いが泥炭湿地の高い生物多様性を生ずる重要な要因となっているが、浮島ならではの浮沈運動による地表面の渇水は、泥炭地表面の生物群集を周辺開水域の富栄養な水から隔離する効果をもち、富栄養化の影響が軽減される。実際、渇水期間が長い盛り上がった場所ではハリミズゴケの群集が再生し、さらに盛り上がりを高くしつつハリミズゴケ群集を拡大しているようすが見られる。この盛り上がりがさらに高くなると、ハリミズゴケ自身は耐乾性が低いため、より耐乾性の高いオオミズゴケがハリミズゴケ群集の中央部分に侵入し、やがてハンモックと呼ばれる高さ50 cm程度の凸地形を形成する(図5)。さらにハンモックの形成が進行すると、中心部分により乾燥した環境に生育するアカマツやネジキ、イヌツゲなどの低木が生育するようになる。木本が生育するようになると泥炭の堆積速度が低下し、やがてハンモックの中央部分から低くなり、元

図5 深泥池浮島泥炭湿地のなかに見られるハンモック(小凸地)。ハンモックの外縁にハリミズゴケが、そのすぐ内側にオオミズゴケが群落を形成し、これらが基盤となってハンモックが形成される。

の冠水状態に戻る。従来，泥炭湿地上では凸地と凹地が交互に形成され，全体が凸地と凹地の複合体として相互に入れ替わりつつ泥炭地が形成されていくという再生複合体の考え方が泥炭地遷移の基本的な考え方であったが，深泥池泥炭湿地に関してはこの過程通りとはいえないものの，ハンモックの形成と崩壊という局所的な遷移が見られることは事実である。また，この遷移は水環境の変化，つまり冠水と渇水の時間的変化が植生変遷の環境作用として，また泥炭形成にともなう微地形の変化という環境形成作用の結果として植生変遷に相互作用系として働いていることがわかる。さらに，深泥池泥炭湿地では富栄養化という化学的攪乱も加わり，複雑な過程をへて泥炭湿地全体の遷移が進行しているのである。

都市域の生物群集のもうひとつの深刻な攪乱要素として外来種の問題があり，深泥池も例に漏れず，植物ではナガバオモダカ，キショウブ，ミズユキノシタ，魚類ではブラックバス，ライギョなどによる在来種への攪乱が深刻な問題になっていることを付記する。

霧と海塩の影響を受ける北海道根室市落石泥炭湿地

釧路湿原や霧多布湿原など海岸線に分布する湿地は，当然のことながら内陸性の湿地より海の影響を強く受けている。さらに，塩湿地やマングローブになると直接海水の浸入を受けるので，海の影響がより強くなるが，これらの湿地は海水の浸入を受けることによって成立した湿地であるので，海水の影響は攪乱とはいえないであろう。しかし，泥炭湿地では，海水の影響はその成立に必要な条件ではないので，泥炭湿地への過剰な海塩の負荷は攪乱要因となる。

海洋性の泥炭湿地への海塩の負荷は，高潮時に直接海水が飛沫として飛んでくるような場合もあるが，平常時は大気降下物として湿地生態系へはいってくる。落石地域で海洋性の泥炭湿地における降水中の海塩濃度をいくつかの湿地で比較してみると，海岸線に近いほど降水中の塩濃度が高い。さらに，樹木の林冠を通過した林内雨や樹木の幹を伝って流れる樹幹流は露地雨より塩類濃度が高く，また露地雨同様に海岸線に近いほど塩濃度が高くなる傾向があることから，樹木への塩類の沈着量(乾性沈着)もまた海岸線からの距離

に依存することがわかる(Haraguchi et al., 2003)。

　泥炭湿地に負荷された海塩は，一部は栄養塩として植物に吸収され利用されるが，海塩の主成分である塩化ナトリウムが過剰に含まれているため，塩湿地やマングローブの構成種のように高い塩類環境に適応した植物以外の植物にとっては有害である。塩類の負荷は土壌の浸透圧を高める働きをもつほかに，土壌の酸性化にも関係している。とくに泥炭のように有機質の土壌の場合には，海水中に含まれる塩基性カチオン(ナトリウム，カリウム，マグネシウム，カルシウムなど)が有機物質とカチオン交換反応を行い，これらのカチオンが泥炭に吸着されると同時にプロトンが泥炭から放出される。このようなプロセスによって海洋性の泥炭地では土壌の酸性化が進んでいることが，北海道東部の落石周辺の泥炭湿地での研究から判明しており，またイギリスの海洋性湿地での研究からも同様な結果が示されている(Gorham, 1956)。

　北海道東部の泥炭湿地では，塩類の負荷のほかに海霧の影響も大きい(Iyobe et al., 2003)。北海道東部の太平洋岸では，5〜8月にかけての時期に，親潮と黒潮が出会う三陸沖で発生した海霧が移流霧として移動してきて，月間霧日数20日というきわめて高い頻度で霧に覆われる。高頻度で霧が発生する時期は植物の生育期と一致しているため，霧による日照不足や低温の影響は，植物の生育にとっては芳しくない。しかし，低温で多湿な環境は，まさに泥炭の生成には適した環境条件であるため，この地方の泥炭地は霧によって維持されている面も強い。

　以上，北海道東部の泥炭湿地の特徴について述べてきたが，海塩と霧の影響は，その程度に応じて生物に対してプラスの効果もマイナスの効果も及ぼすので，現状では湿地の維持に良好な環境であったとしても，その影響がより強くなりすぎても，また弱くなりすぎても生態系にとってはマイナスの影響を及ぼすことになる。つまり，これらの環境要因のきわめて微妙なバランスによって維持されている生態系であるといえよう。このような意味で，現状では生態系の維持にとって重要な要因も，程度の変化が起こればそれは攪乱要因となりうる。

河川の氾濫と森林火災の攪乱を受けるインドネシアの泥炭湿地林

泥炭湿地が寒冷な地域と熱帯地域に二極分布することは先に述べたが，ここで熱帯泥炭地について簡単に触れておこう。熱帯地域，なかでも東南アジア地域には広範囲にわたって泥炭地が分布しているが，寒冷地の泥炭地の泥炭堆積が4～5m程度であるのに対し，熱帯泥炭地域では，場所によっては10～15mの泥炭堆積があることが知られている。したがって，単位地表面積当たりの炭素蓄積量が寒冷地の泥炭地と比較して多く，大気中の二酸化炭素濃度との関連から，温暖化などの地球環境調節機能をもった系としてきわめて重要であると認識されている(Shimada et al., 2001)。

熱帯泥炭地域は，ごく最近まで原生の生態系であったが，インドネシアのメガライスプロジェクトに代表されるように，近年，急速に，きわめて広範囲にわたって，たとえばメガライスプロジェクトでは10,000 km^2 にもわたって泥炭湿地への人為的攪乱が加わり，泥炭湿地が失われつつある。人為的攪乱でもっとも深刻なものが森林火災であり，火災の原因は焼畑ともタバコの投げ捨てともいわれている。インドネシア中央カリマンタンでは1997年と2002年に大規模な森林火災が発生したことから考えて，頻繁に泥炭地が焼失していることがわかる。

人為的攪乱は，森林火災の頻度を高めていることは事実であるが，黒く炭化した層が何層も泥炭層のなかに認められることから，人為作用を受けるようになる以前から森林火災が繰り返し発生していたことが推測される(Haraguchi et al., 2000)。人為作用が加わらない状態で，どの程度の頻度で森林火災が発生していたのかについてはまだ十分なデータが得られていないが，少なくとも火災という攪乱はごく自然の現象であるといえる。攪乱というと生物群集の維持にとってはマイナスの効果があるようにとらえられがちであるが，オーストラリアのユーカリ林をはじめ多くの森林が自然に発生する森林火災によって維持されていることを考えると，火災は生物群集の維持に不可欠な要素である場合もある。もちろん，だからといって人為的に引き起こされる火災が容認されるわけではない。

熱帯泥炭の柱状サンプルを見ると，氾濫原に成立した湿地のコアには，炭化した層のほかに多くの粘土層が含まれている(図6)。これは，河川の氾濫

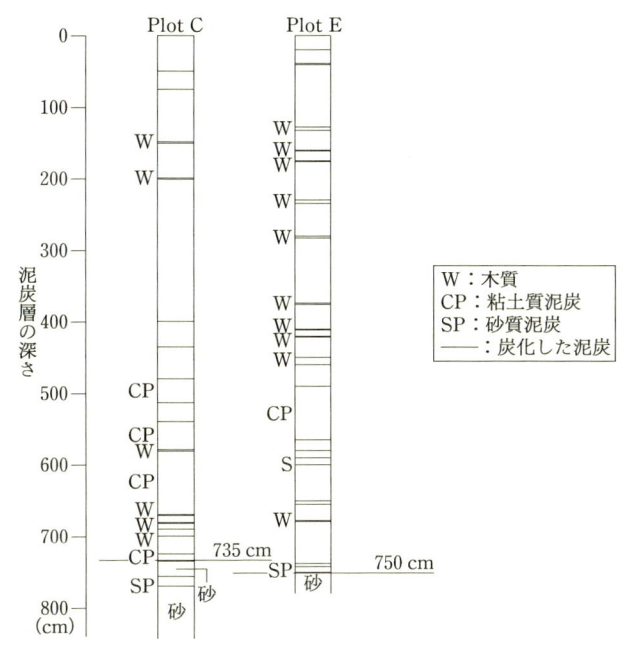

第 8 章　湿地生態系の化学的攪乱と植物遷移　145

図 6　インドネシア中央カリマンタン州ラヘイ周辺の熱帯泥炭湿地における泥炭の柱状構造（Haraguchi et al., 2000 より改変）。泥炭層のなかには，多数の炭化した層や粘土を含む層が認められることから，この泥炭湿地は，森林火災と河川の氾濫による攪乱を繰り返し受けてきたことがわかる。

による攪乱を受けている証拠であるが，熱帯泥炭湿地に限らず，河川の氾濫による攪乱は陸化型泥炭湿地では普通に見られる。河川の氾濫は，その程度にもよるが，栄養塩の供給や礫の堆積による通気性の向上とそれにともなう有機物分解の促進，あるいは逆に粘土の堆積による通気性の低下とこれにともなう根圏への酸素供給の低下などの作用によって湿生生物に生理的影響を及ぼす。攪乱を受けた生物群集は，一時的にそれ以前とは異なった群集に変化し，場合によっては壊滅的な状態にもなるが，やがて元と同じ群集に戻ってゆく。攪乱の周期は決して定期的なものではないが，攪乱の頻度に相応して生物群集の遷移が進行しているといえよう。人為的攪乱も自然攪乱と性質が似ているとはいえ，通常は自然に起こる攪乱の頻度よりかなり高い頻度で起るために，生物群集の遷移速度が攪乱の頻度に相応せず，生物群集の維持

にとっては適切でない場合が多い。

火山や野焼きと共生する里谷地——九重タデ原湿原・坊ケツル湿原

　人為的な攪乱は湿地の生物群集の維持にとってはあまり好ましくはないと述べたばかりであるが，人為的な野焼きが湿地の維持にかかわっている場合もある。奈良の若草山や阿蘇山の草千里が，野焼きによって維持されている草原であることはよく知られているが，野焼きによって維持されている湿地もある。薪炭林の利用など，人間の生活に利用され，定期的な伐採による管理によって維持されてきた森林を里山と呼んでいるが，同様に人為的に管理されてきた湿地をここでは「里谷地」と呼ぶことにしたい。谷地というのは，湿地，とくに泥炭湿地を指す用語で，もともとは作物の生産などに適さない，利用できない不毛の土地という意味の否定的な用語である。しかし泥炭湿地が環境調節などきわめて重要な機能を有していることが判明した今こそ，この「谷地」を逆説的に利用してみたい。

　用語はともかく，阿蘇九重火山地域に分布するタデ原湿原，坊ガツル湿原は，小規模な湿原ではあるが，2005年にラムサール条約の登録湿地となり，その価値が広く認識されている。火山性の湿地ということで，火山特有の火砕流，土石流，火山灰の降灰，火山性ガス，火山特有の成分を含んだ湧水などの攪乱を受けている。タデ原における泥炭構成植物の変遷をみると，ミズゴケが優占する貧栄養な植生と，ヨシが優占する富栄養な植生とがめまぐるしく変化して出現していることがわかる(図7；中園ほか，未発表)。これと同時に泥炭中の元素組成も小刻みに変動している。泥炭の深層部では，物質の拡散や流出などの影響で成分の変動が明瞭ではないが，深さ140 cm 付近(970 yBP)より上層部での変動をみると，泥炭中のイオウ成分含有量の増加とともにミズゴケからヌマガヤ，ヨシの優占する群集へと移っている。つまり，貧栄養な植生から富栄養な植生へと，いわゆる退行遷移が進行し，深さ85 cm 付近より泥炭中のイオウ含有量が著しく低下するのに対応して，ヨシからヌマガヤ，さらにはミズゴケの優占する群集への遷移が開始している。泥炭の化学性の変化と植生変遷とのあいだには時間的なずれがあるのが普通で，またイオウの負荷が直接植生の栄養性とかかわりをもつとは言い切れないも

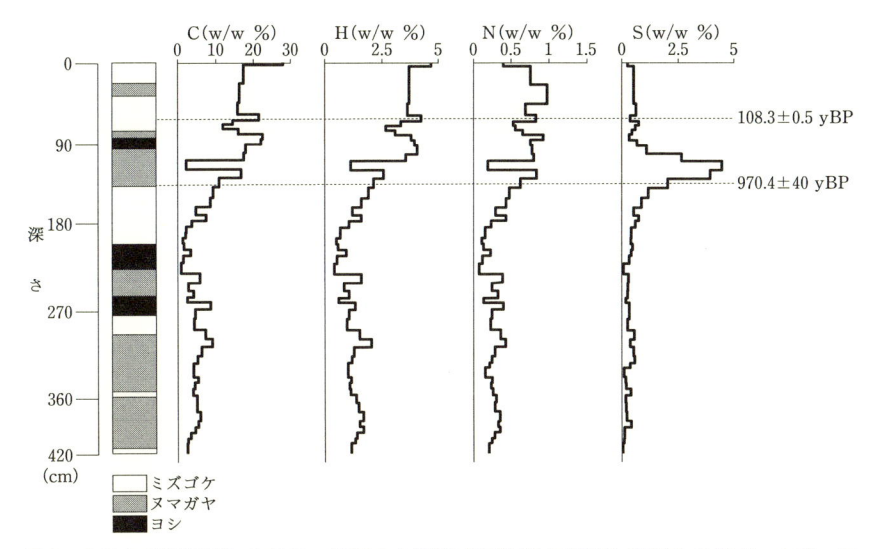

図7 九重タデ原湿原における，泥炭の主要構成植物種の変遷と泥炭中の炭素，水素，窒素，イオウ含有量の関係（中園ほか，未発表）

のの，少なくともこの湿原周辺でのイオウの負荷要因としては火山性の噴出物の寄与が大きい可能性が高い．さらには，980±30 yBPに九重火山群にある黒岳の噴火の記録もあることから判断して，この時期の植生変遷には火山活動による攪乱が大きくかかわっているといえよう．

一方，近年の植生変遷には，人為的な攪乱の影響も無視できないであろう．タデ原湿原と坊ガツル湿原の成因と維持機構については，現在研究が進められているが，年1回早春に行われる野焼きが湿地への樹木の侵入を抑え，蒸発散量を抑えることによって湿地が維持されていると考えられている．樹木の侵入は必ずしも湿地の乾燥化を促進するものではない．ハンノキやアカエゾマツの泥炭湿地林のように，森林を本来の姿とする湿地もあるが，湿地への樹木の侵入は，一般には湿地の乾燥化を意味し，また草本より高い蒸発散機能は，いっそうの乾燥化を導くものと考えられている．

野焼きは，同時に栄養塩循環の促進という富栄養化を導く効果もある．一方で，灰となって無機化した栄養塩類は流亡しやすい．とくに，野焼きは植物の生育期前の3月に行われるため，灰となって無機化した栄養塩は，すぐ

に植物に吸収されるということはない。したがって，栄養塩は湿地生態系から流出することになる。前年の生育期間に植物が吸収し，有機物として蓄積した栄養塩が湿地外へと流出すれば，湿地から栄養塩が洗い流され，貧栄養な環境が保たれることになる。降水涵養性の泥炭湿地が貧栄養な環境で維持されていることは先に述べた。里谷地のように人間生活が湿地の近傍で営まれ，つねに人間の活動による栄養塩負荷の攪乱を受けている湿地にとっては，植物の生育期前に野焼きを行い，人為的に有機物を無機化し，その無機栄養塩類を湿地外に洗脱してしまうことにより人が負荷した栄養塩を人為的野焼きによって洗浄することが，貧栄養な湿原植生を維持するうえで重要なのである。このように，野焼きは人為的な攪乱ではあるが，富栄養化という別の人為的攪乱の影響を補償する機能を有しているといえよう。

8. 湿地の行く末

湿地，とくに泥炭湿地が今後どのような変化をたどるのかについては，簡単に予測することはできない。しかし，確実にいえることは，湿地が化学的な攪乱，とくに人為的な化学的攪乱の影響を受けやすい生態系であるということである。これは，泥炭湿地が多すぎず少なすぎず適当な水供給によって維持されていることと，溶媒としての水がさまざまな化学物質を取り込みやすく水質がきわめて変化しやすいこと，また，これらが人為的な攪乱により変化しやすい要因であることに起因している。もちろん，湿地そのものの自然な遷移もあるし，水環境とかかわりをもつ自然な攪乱による湿地の変化も大きい。しかし，人為的な攪乱を受けやすい生態系である以上，これを最小限にとどめるための保全も必要となるであろう。ラムサール条約をはじめ，自然公園法など国内外の条約，法や条例によって多くの湿原が保護の対象になっているが，まだまだ湿地保全に関する意識が十分高いとはいえない。湿地がさまざまな環境機能を有する生態系であることを認識し，保全の必要性についての共通認識をもちたい。

第9章 火山噴火降灰物が湿原に与える影響

Stefan Hotes

　火山が噴火すると，生物の生育・生息環境が一瞬に変わる．火口付近では火砕流，溶岩流，火山ガスなどによって既存の生物が全滅し，生命がまったくいない「空き地」がつくられる．しかし，火口から離れて行けば行くほど，積もった噴出物の厚さが薄くなり，噴火時の高熱や毒性ガスの影響も弱まり，生物は生き延びることができる．噴火が治まってから，新たな生物群集の発達が始まる．群集の種組成や構造はどのような要因によって決められるだろうか．攪乱が起こる前の群集の種組成，種によって異なる噴火が及ぼす被害の程度，隣接する地域からの種の侵入の順番，噴火後の立地の変化(たとえば火山噴出物の侵食や再堆積，火山灰層から溶けでるイオンによる栄養状態の変化)などというのは生物群集の発達に影響する可能性があるが，いったいどの要因が重要なのだろうか．ここでは湿原植生を例としてあげ，火山噴火降灰物の生態学的役割について検討する．

　火山噴火にはさまざまな様式があり，噴出物もさまざまに分類されている．噴火のときに火口から大気中に噴きあがり，その後降下する火山噴出物をギリシャ語由来の専門用語で「テフラ」と呼ぶ(図1)．これらの噴出物は粒子の大きさによって，いくつかのタイプに分けられている．ここでは粒子の細かい，一般に「火山灰」と呼ばれているものの生態学的役割におもに注目するが，軽石などを含めることもあるので火山噴出物に対する用語としては「テフラ」を使うことにする．

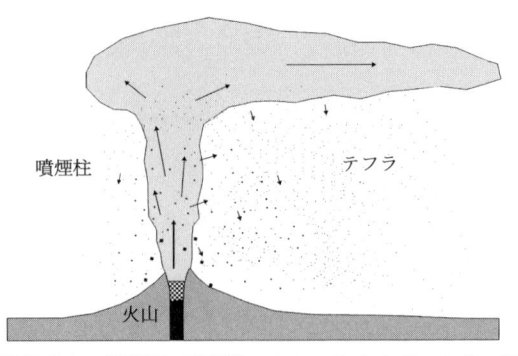

図1 爆発的噴火の概略図。噴煙柱のなかでは火山ガスと共に固形物が噴き上げられ，その後降下する。固形物の大きさ，比重，形などにより降下速度が異なるため噴出物の散布される距離が異なる。これらの固形物の総称は「テフラ」である。

1. テフラはなぜ面白いか

　テフラが植生に与える影響という生態学的問題と初めて接する機会があったのは，1996年の夏であった。修士論文のために，北海道東部にある霧多布湿原の植生や水文・水質，形成過程などをテーマとして研究していた。泥炭のなかで保存されている植物遺体から湿原植生の移り変わりを読み取ろうとボーリング調査を始めたら，泥炭層に数枚の無機質層が挟まれていることに気づいた。枯死した植物，つまり有機質からなる泥炭層に，肉眼でもはっきり見えるこの無機質はどのようにしてできたのか，不思議に思い詳しく調べることにした。その結果，無機質層は，色や粒度の異なる2つのタイプに区別できた。ひとつは，比較的粗い砂質で灰色のタイプで，津波堆積物であった。もうひとつは，より細かい砂質〜シルト質で，明褐色〜白褐色のタイプであった。この無機質は火山起源であることが判明した。津波の影響は沿岸地域に限られるが，テフラ降下は陸や海を問わず，すべての生態系に起こる地球上でもっとも広域的な攪乱のひとつである。文献を調べたところ，噴火の影響を強く受けた火口付近や，その周辺地域における生態系の変化や遷移については，いろいろな報告があったが，火山からある程度離れテフラ

が比較的薄く積もる地域における研究事例は少ないことがわかった。そこで，関連する諸問題を探ることにした。

2. 研究へのアプローチ

爆発的大噴火の場合は，テフラの微粒子が大気中の数kmの高さまで上がり，その後，広域的に地面や植生上に積もる(図1；町田・新井, 1992)。粗くて重い粒子は火口付近に積もり，相対的に厚い層をつくるが，砂やシルト，粘土質の粒子は風に乗って遠くまで運ばれ，降下すると比較的薄い層をつくる。多くの火山で得られた研究結果にもとづいて，テフラ層の厚さも粒度も，距離に応じて指数関数的に小さくなることが明らかとなっている(図2)。噴煙柱の高さや風向き・風力，粒子の大きさ，形，比重などによってテフラがどこまで運ばれるかは決まるが，細かい粒子は数百〜数千km離れたところにまで分散され，ひじょうに広い地域に薄く積もることがある。テフラ層は薄くても，生き物への影響は必ずしも小さいとはいえない。細かい粒子は植物表面に付着し，その重さで植物が倒れたり，枝が折れたりして，光供給が妨げられる。そのため，光合成が阻害され，植物に被害がもたらされる。噴火の際に放出される火山ガスは，硫酸，塩酸，フッ化物などの有害物質を含み，それらがテフラの細かい粒子の表面に吸着され，植物の葉などに接す

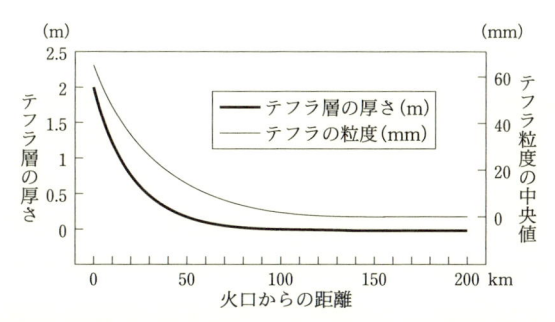

図2 爆発的火山噴火の際に形成される，火口からの距離に応じたテフラ層の厚さ・粒度の関係。火口からの距離が大きくなるのに連れて，テフラ層の厚さも粒度も指数関数($y=ka^{-x}$)的に減少する(yはテフラ層の厚さ(左側の縦軸，太い曲線)または粒度の中央値(右側の縦軸，細い曲線)，k, aはテフラ層毎に異なる係数，xは火口からの距離)。

るとクチクラが腐食される．被害が大きいと葉が枯れるばかりでなく，植物全体が枯死に至ることさえある．細かいテフラが地面を覆うと，土壌と大気間のガス交換が妨げられ，土壌が嫌気状態になる可能性もある．これにより，土壌生物相や植物根に悪影響を与えることも考えられる．一方，テフラは，植物の生育条件を改善する可能性もある．テフラはリンやカリウム，カルシウムなどを含むため，これらのイオンが溶けでると，肥料となりうる．これらのさまざまなメカニズムが働けば，細かい粒子からなる薄いテフラ層が降下する際にも，生物群集が応答し，遷移の方向が変わるものと考えられる．

　これらの過程を調べるには，どのような生態系を対象にし，どのような研究手法を応用すればよいのだろうか．大規模火山噴火は，(幸いなことに)めったに起きないため，関連した自然現象を直接観察するのは容易なことではない．そこで，過去の噴火にともなう群集の変化が何らかの形で記録されている生態系を用いて，噴火が群集に与える影響を調べる古生態学的なアプローチが，研究手法のひとつとして提案されている．具体的には，湖沼や湿原など堆積物が徐々に溜まっていくような生態系においてその層序を調べ，堆積物中で保存されている花粉，植物(または動物)遺体など群集の組成の指標となるものを分析することが多い．しかし堆積物が溜まる速度は遅く，しかも，堆積速度は必ずしも均一とは限らないため，これらの研究手法による時間的解像度は誤差が大きく限界がある．たとえば，湿原の堆積物(泥炭)では，平均して1年間に厚さが約1 mm増えることが多いが，厚さ1 cm以下のサンプルを採取するのが困難なため，泥炭を分析する場合には，遷移を10年間以上の時間幅で調べることとなる．すなわち，10年間以下の時間間隔で起こる変化は正確には把握できない．さらに，広面積での遷移を復元するためには，複数の柱状試料を採取する必要があるが，試料の採取・分析には多大な労力がかかり，ボーリングの地点数を無限に増やすことは不可能である．これらの技術的難点に加え，完全に分解され堆積物中に保存されない情報もあるため，古生態学的アプローチでは解決できない問題がある．

　比較的短い時間スケールにおける変化，つまり1日〜数年間に起こる現象を調べるには，噴火直後に噴出物の影響を受けた地域を踏査するか，もしくは自然の噴火を模倣した実験を行う，などという方法がある．とくに，模倣

実験は，噴火の際に起こる複雑な物理現象や化学反応を完全に模倣するのは不可能だが，実験前に現存の立地条件や群集を調べておくことができるため，実験処理前と処理後の比較によって処理の影響を正確に定量化できるため意義は高い。自然の噴火では調べにくい点，たとえば，物理的・化学的要因を分離することや季節の影響(噴火が植物の成長期に起きるか，休眠期に起きるかによって生態系への影響が異なるかなど)を解明する実験デザインを組むことも可能である。そこで，ここでは，著者がおもに研究を行っている北海道の湿原を中心に，まず古生態学的研究によって明らかにされたことをまとめ，ついで実験研究により新たに明らかになったことを紹介したい。

3. 湿原における古生態学的研究

古生態学的研究を行うときに，試料採取場所と採取数の決定は大きな問題である。堆積物中に残る過去の変遷の記録はさまざまな時空間的スケールで働く環境要因や生物間の相互作用によって決められるため，あるひとつの要因の機能を解明するために十分な数のサンプルを分析しなければならない。テフラ層の厚さや粒度は火口から離れるにつれて指数関数に従い減っていくため(図2)，噴出物の性質(厚さ，粒度の複合的作用)に応じた植生変化を調べるには，この性質がいちじるしく変わる火山に近い狭い範囲に調査地点を置くのが有効なやり方のひとつであろう。逆に噴火前に存在していた植生タイプによって噴火後の遷移が異なるかを解明しようとするならば，広域的に似たような噴出物を被る，火山からある程度離れた地域に調査地点を設けるのがよいだろう。しかし，噴火時の気象条件などによって火山から遠く離れた地域においてテフラが相対的に厚く積もったり，大気中で細かい粒子が結合することによって局所的に粗い粒が降ることもある。そのうえ，テフラは，地面に積もった後，雨に流されたり，風に飛ばされたりして，侵食や再堆積が起こることもある。したがって，コケ類などの小さい植物はもちろん，維管束植物の遷移も数 cm 離れたところで試料採取を行えば異なる結果を得る可能性がある。柱状試料を採取する道具(ピートサンプラー)は大きくても直径 10 cm 程度であり，このような小さい空間スケールにおける違いが調査結果に

大きく影響する可能性がある．したがって，植生の平均的な応答を調べるためには，1か所において複数の試料を採る必要がある．

　北海道の湿原を用いて火山噴火が群集に与える影響を古生態学的に知るには，調査地点はどのように配置するのがよいのだろう．それには，北海道における火山噴火の歴史と湿原の分布を対応させて検討する必要がある．完新世において広域テフラを噴出したすべての火山は，北海道の南西部と東部に位置している（図3）．そして，北海道では，西風が卓越することが多いため，火山噴出物を多く被っている地域，すなわち，完新世の広域テフラはそれらの火山よりも，東側に位置する太平洋側や道東地域におおむね集中して分布している（表1）．テフラの分布に対して湿原はどこに位置しているか見てみよう．開拓が始まる前に湿原は，おもに大きな河川の下流域や沿岸の平野な

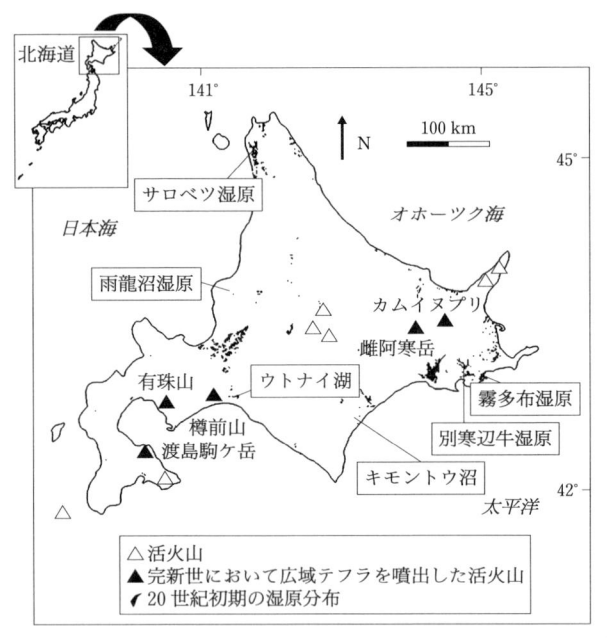

図3 北海道におけるおもな活火山・低地湿原の分布と調査地の位置．柱状試料を採取した湿原は枠中に示した．サロベツ湿原においては，野外実験も実施した．活火山の位置は三角で示した．完新世に広域テフラを噴出した活火山は黒三角で示した．低地湿原の分布は大規模開発が始まる前（1920年代）の状態で示した．

どの低地に広く分布していた(図3)。稲作が可能である北海道南西部においては，ほとんどの湿原が開発され姿を消したが，道東・道北においては低地湿原の一部が，今なお残っている。なお，図3には示さなかったが，山地には表示できない大きさの湿原が点在している。山地湿原にも，さまざまな開発行為や観光客による被害が見られるが，保存状態は相対的には良好であるように思う。低地と山地では，気候条件や地形，湿原植生などに違いがある(橘，2002)。さらに，湿原の標高差に加えて，湿原の「地域性」も考慮しなければならない(Fujita et al., 2007)。北海道の各地域は気候条件がいちじるし

表1 完新世における北海道に分布する広域テフラ(Arai et al.(1986)；町田・新井(1992)；高橋・小林(1998)；Hayakawa(1999)；Nakamura et al.(2002)にもとづく)

年　　代		火山名	コード	方　　位	距離*	面積*2
1929	西暦	渡島駒ケ岳	Ko-a	東南東	>25	?
1874*3	西暦	樽前山	—			
1856	西暦	渡島駒ケ岳	Ko-c 1	東北東	>10	?
1739	西暦	樽前山	Ta-a	東北東	>270	4
1694	西暦	渡島駒ケ岳	Ko-c 2	東北東	350	4
1667	西暦	樽前山	Ta-b	東(北)	>170	4
1663	西暦	有珠山	Us-b	東(南)	200	3〜4
1640	西暦	渡島駒ケ岳	Ko-d	北西	120	4
1000？	西暦	雌阿寒？	Me-a	?	?	?
900〜1000(1030？)*4	西暦	摩周	Ma-b	北	>80	3〜4
900〜1000(947？)	西暦	白頭山	B-Tm	東	>1500	
300	西暦	渡島駒ケ岳	Ko-e	南東-南西	>55	3
2500〜3000*5	BP	樽前山	Ta-c	東(北)	>80	4
3000〜4000	BP	渡島駒ケ岳	Ko-f	東	>30	3
5000〜6000	BP	渡島駒ケ岳	Ko-g	東	>30	3
7000*6	BP	摩周	Ma-f	東南東	100	4
8000〜9000	BP	樽前山	Ta-d	東	>200	3〜4
9000〜10000	BP	摩周	Ma-1	北東-南東	80	4

*距離の単位はkm。*2面積は10を底とする対数で表されている。単位はkm²。*3この噴火の際には広域テフラは形成されなかったが，ウトナイ湖周辺には噴出物が降下した。*4Ma-bと思われるテフラ層は別寒辺牛湿原においてB-Tmより上位で確認された。B-Tmの年代(947年)が合っているならば，報告されているMa-bの年代(1030年)は誤りである。*5別寒辺牛湿原においてTa-cと思われるテフラより下位の泥炭サンプルの年代測定はTa-cの報告されている年代よりやや若い(2300〜2960 BP)(神田ほか，2001；五十嵐，2002)。*66500年BPと7200年BPのあいだに，このほかに4つのテフラが摩周カルデラから噴出された(Ma-g〜Ma-j)。

く異なり，とくに冬季の積雪量の相違が気候条件の地域差に関連している。その結果，地域間で湿原植生や湿原の微地形に違いが見られる(矢部, 1993 ; Yabe and Uemura, 2001)。スゲやヨシの群落は全道に分布するが，木本やミズゴケの割合・種類は地域差が顕著である。たとえば，ハンノキ林は太平洋側に多く，日本海側には少ない。またアカエゾマツ林は，道東・道北地域やいくつかの山地湿原にのみ出現する。ミズゴケが優占する群落の割合は日本海側で大きく，太平洋側で小さい。日本海側の低地の多雪地帯においては平らなローンを形成するイボミズゴケ，ムラサキミズゴケが多いが，太平洋側の少雪地帯では周辺の湿原表面より 70～80 cm まで隆起するチャミズゴケ，スギバミズゴケ，ワラミズゴケなどによる微地形が発達している。

　テフラ降下が湿原植生へ及ぼす影響を調べるために柱状試料を採取したウトナイ湖，キモントウ沼，別寒辺牛湿原，霧多布湿原は太平洋側，雨竜沼湿原，サロベツ湿原は日本海側に位置している(図3)。完新世において広域テフラを噴出した火山からの距離・方位はそれぞれの湿原で異なるため，泥炭層に挟まれたテフラ層の数や厚さ，粒度などに湿原間で違いがあるだろうと考えた。なお，湿原間では，現存植生，微地形にも違いがあった。ボーリング地点を決める際には，なるべく人為的影響の少ない，貧栄養な立地条件を示す植生に覆われた場所を選んだ。微地形が発達した湿原では隆起地形のところ(「ハンモック」という)と窪んだところ(「ホロー」)の両方でボーリングした。

　ウトナイ湖，キモントウ沼，別寒辺牛湿原，サロベツ湿原の代表的な柱状試料(コア)を比較すると，まず目立つのはコアの長さの違いである(図4)。樽前山に近いウトナイ湖では1739 年に噴出された Ta-a テフラが厚く積もっていたため，ピートサンプラーをその下の層まで通すことができなかった。キモントウ沼では深さ 1 m までサンプルが採れるピートサンプラーを使用しても泥炭層の基盤まで届かなかったが，周辺の地形から判断すると泥炭層の厚さは 2 m 以下と思われる。別寒辺牛湿原とサロベツ湿原では泥炭層基盤に達する試料が採取できた。テフラによる攪乱の頻度・強度は，ウトナイ湖からサロベツ湿原へと減っていくので，火山噴出物の堆積によって泥炭層の発達が妨げられ，このような泥炭層の厚さの違いが生じたと考えられそうだが，話はそう簡単ではない。Ta-a テフラは，すべての湿原に降っている

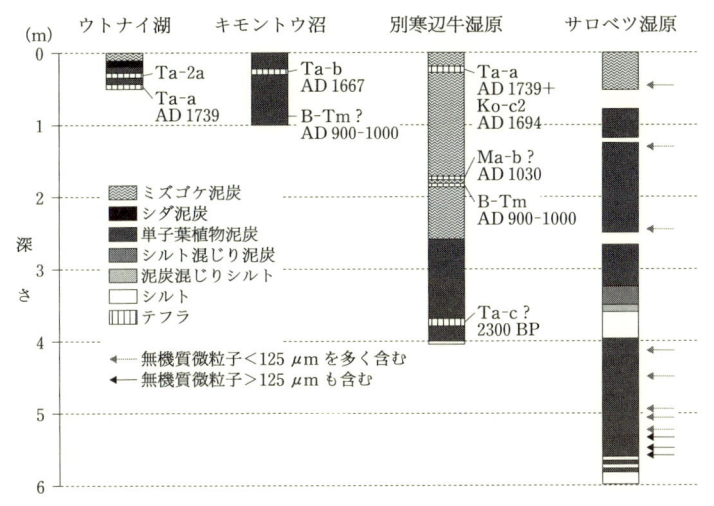

第9章　火山噴火降灰物が湿原に与える影響　157

図4 ウトナイ湖東岸湿原，キモントウ沼西岸湿原，別寒辺牛湿原(イソツツジ-チャミズゴケ群集)，サロベツ湿原(上サロベツのホロムイスゲ-イボミズゴケ群集)における泥炭断面の柱状図．ウトナイ湖ではピートサンプラーはTa-aテフラを貫くことができなかったため，その上部のみを採取した．キモントウ沼ではピートサンプラーが泥炭層の基盤に届かなかった．別寒辺牛湿原・サロベツ湿原では泥炭層の下の無機質層まで試料を採取した．サロベツ湿原においては，硬い繊維質の多い層を採取できなかった．各湿原の位置については，図3参照．

ため，この目印を利用して，その後の泥炭の堆積速度が比較できる．キモントウ沼のコアでは現場で不明瞭だったため柱状図にださなかったが，実験室においてTa-aテフラは，1694年のKo-c2と1856年のKo-c1とともに確認された．サロベツ湿原においても，近年にTa-aの火山ガラスが検出され(佐藤ほか，2004)，それは図4のなかのもっとも上位の矢印のテフラに相当する可能性が高い．すると，Ta-aの上に堆積した泥炭層はキモントウ沼でも別寒辺牛湿原でも20〜40cmで，ウトナイ湖の方がむしろ厚い．B-Tmという朝鮮半島の白頭山起源の広域テフラはキモントウ沼と別寒辺牛湿原の泥炭層から検出された．その深さを比較すると，両湿原の泥炭堆積速度はB-Tm降下とTa-a降下のあいだで大きく異なり，別寒辺牛湿原の方がはるかに早かった．

さらに，地域間では，単子葉植物からなる泥炭とミズゴケを主要植物遺体とする泥炭の割合にも違いがある．ウトナイ湖では地表面にワラミズゴケが

生え，その下に約7cmのミズゴケ泥炭が堆積している．キモントウ沼の泥炭からは，オオミズゴケ，ハリミズゴケの遺体が検出され，現存植生からはクシロミズゴケが報告されている(滝田, 1999)．しかし，植物遺体では，単子葉植物が優占する．別寒辺牛湿原は，唯一厚いミズゴケ泥炭層が発達している湿原だが，テフラ層との位置関係から判断すると，約1500年前にスギバミズゴケ節のミズゴケ(現存植生にはチャミズゴケが多い)が優占するようになった．これとは対照的に，サロベツ湿原では，ミズゴケ泥炭(イボミズゴケ，ムラサキミズゴケ)が優占するようになったのは比較的最近のことである．サロベツ湿原では，深さ50〜80cmの試料が採取できなかったため，この植生変化の起こった正確な位置は未詳だが，おそらく約500年前に起きたと思われる．これらの結果から，肉眼で見えるテフラ層と湿原植生の変遷には，明瞭な関係は認められないといえる．

　しかし，図4で示した結果はおもに現場における分析にもとづくもので，分析の解像度を上げ，植物遺体や泥炭の分解度を量的に把握できれば規模の小さな変動も検出できるようになる可能性がある．図5に，別寒辺牛湿原の表面から深さ90cmまでの堆積物の主要成分の定量的な分析結果を示した．図5に用いたコアは，図4で示したコアから約5m離れた場所で採取した．採取直後にコアの層序を記載した時点で，深さ31cmと39cmとのあいだに2枚のテフラが介在していると記録した．コアを現場から運びだし，実験室において5cm間隔で1cm³のサンプルを採り，実体顕微鏡を使って分析すると，テフラに富むサンプルが深さ25cm，30cm，35cmの位置から抽出された．このずれは，運送時のコアの縮小や，コア中のテフラ層の不均一性，テフラ堆積後の粒子の移動などを反映し，堆積物の正確な分析の難しさを物語っている．テフラを多く含んだサンプルではミズゴケの一時的な減少，単子葉植物の増加，ツツジ科の消滅，同定不可能な有機質(泥炭分解度の指標である)の増加が目立った．ツツジ科に属する遺体は全体的に少ない．しかし，現在の別寒辺牛湿原にはツツジ科植物が広範に定着しており，その一方で，テフラより上位からツツジ科植物の遺体が検出されなかったことから，全体を通してツツジ科植物が少なかったかどうかは，誤差の範囲内にはいる可能性があり，即断できない．一方，テフラ層の上下での急激なミズゴケの減少

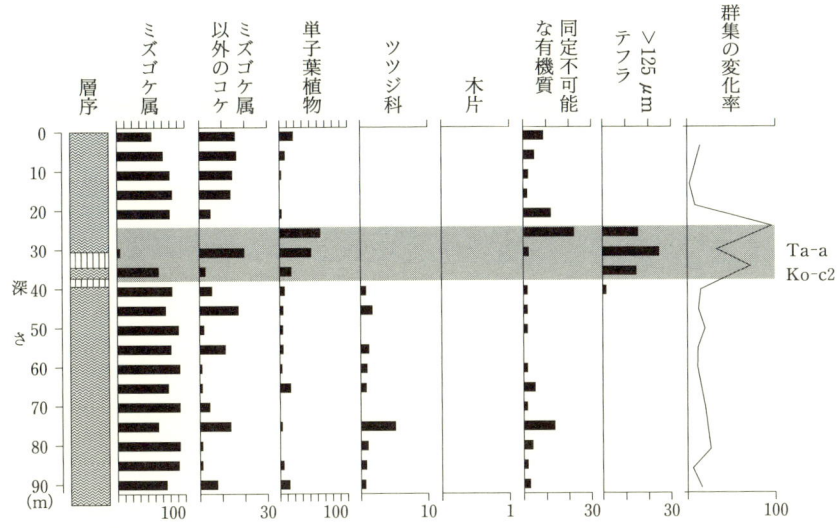

図5 別寒辺牛湿原の表層90 cmのおもな植物遺体とテフラ。「ミズゴケ」は90％がスギバミズゴケ節の種で，ミズゴケ以外のコケは99％以上がスギゴケであった。「単子葉植物」はおもにスゲ属の根から構成されている。「群集の変化率」は植物遺体組成にもとづき，隣接するサンプル間の類似度(定量的なセーレンセン指数，範囲は0～100％)で表した。指数が大きくなればなるほど組成が異なることを意味する。

や単子葉植物の増加は，一時的な植生の変動を示唆している。テフラを含む上位のサンプルにおいて植物遺体の分解度が高いのは，テフラの表層は比較的乾いており，酸素が多く供給されやすくなっている可能性と，維管束植物はミズゴケに比べて分解されやすいことが影響している可能性を示している。最終的には，古生態学的研究プロジェクトではウトナイ湖，キモントウ沼，別寒辺牛湿原，サロベツ湿原で採取した8本の柱状試料から402のサンプルを定量的に分析した。しかし，データのばらつきが大きく，テフラ降下と湿原植生の関係については，明瞭な傾向は検出できなかった(Hotes, 2004；Hotes et al., 2006)。

4. 野外実験

そこで，テフラ降下が湿原植生に及ぼす影響を直接観察するために，テフ

ラの厚さ，粒度，攪乱が起こる時期(季節)を変えた野外実験を行うことにした。実験にはまず適切な調査地の選定が必要である。ついで，テフラやテフラの代わりに使える代替物を入手し，調査地に運び，自然状態でのテフラ降下のようすを模倣してテフラを撒く必要がある。

　実験にふさわしい場所は，サロベツ湿原にある泥炭採掘跡地の近くで見つかった。泥炭採掘に利用された場所の隣に，ひじょうに均一な自然度の高い湿原植生に覆われた地域があった。本来は，泥炭採掘が行われる予定で，たまたま残された土地であったため，植生にある程度影響を与える実験を行う許可が得られた。自然のテフラは，樽前山から約15 km離れたところで業者により採掘されていたTa-aを購入し使用した。このテフラの粒度は荒い砂が大部分を占めていた。粒度の異なる素材として，砕いた古瓶からなるガラスの粒(細礫)と粉(シルト)を使用した。

　調査地内に，等間隔で6本の列を設け，それぞれの列に10個の方形区(1.4 m×1.4 m)を配置し，合計60個の方形区を設置した(図6 A)。方形区の各辺を高さ30 cm，幅1.4 mのベニヤ板で囲み，そのベニヤ板を深さ20 cmまで埋め，上部10 cmは地表面にでるように設置した。実験開始前には，詳細な植生調査を行った。植物の被度を正確に把握するために，方形区に20 cm×20 cmのメッシュを掛け，この小さな枠ごとに出現種のリストを作り，それぞれの被度をシュミット・ロンド法に従い測定した(シュミット・ロンド法では植物の被度を1%以下，1〜3%，3〜5%，5〜10%，10〜20%，20〜30%，30〜40%，40〜50%，50〜60%，60〜70%，70〜80%，80〜90%，90〜100%という13段階に分ける)。季節の早い時期に成長，開花する植物と遅い時期に出現する植物の両方を調べられるように，植生調査は6月下旬〜7月上旬に実施した。実験開始前には，全方形区からは29種の植物が確認された(表2)。調査区内は，その大部分がミズゴケに覆われていることに注意して欲しい。実験開始年の9月に，それぞれの方形区に対して，自然のテフラを1 cm，3 cm，または6 cmの厚さで撒くか，ガラス粒，粉を3 cmの厚さで撒いた。各処理は，9反復である。翌年の5月に，自然のテフラを6方形区に対して，厚さ3 cmになるように撒いた。処理区はランダム配置とした。実験開始から1年目，2年目，5年目に植生調査を実施し，同時に地表面から深さ20 cmの

表 2 サロベツ湿原のテラス実験地の 2000 年における植物種の被度の平均値と標準偏差

和名	学名	生活型	平均被度(%)	標準偏差(%)
イボミズゴケ	Sphagnum papillosum	ミズゴケ	79.693	16.397
トマリスゲ(ホロムイスゲ)	Carex middendorffii	半地中植物	22.101	9.298
タチギボウシ	Hosta sieboldii	地中植物	15.019	6.847
ムラサキミズゴケ	Sphagnum magellanicum	ミズゴケ	8.477	14.757
ゼンテイカ	Hemerocallis middendorffii	地中植物	5.751	3.596
ミヤマアキノキリンソウ	Solidago virgaurea	半地中植物	5.671	3.185
ヌマガヤ	Moliniopsis japonica	半地中植物	3.489	3.099
ガンコウラン	Empetrum nigrum	地表植物	1.953	1.359
ツルコケモモ	Vaccinium oxycoccus	地表植物	1.778	1.798
ヒメシャクナゲ	Andromeda polifolia	地表植物	1.264	0.681
モウセンゴケ	Drosera rotundifolia	半地中植物	1.200	0.488
コツマトリソウ	Trientalis europaea	地中植物	1.153	0.561
カキツバタ・ノハナショウブ	Iris laevigata/Iris ensata	地中植物	0.683	1.386
ヤチツツジ	Chamaedaphne calyculata	地表植物	0.582	0.687
ヤチヤナギ	Myrica gale	地表植物	0.553	1.037
ナガボノシロワレモコウ	Sanguisorba tenuifolia	半地中植物	0.530	0.890
マンネンスギ	Lycopodium obscurum	地表植物	0.507	1.043
ホロムイイチゴ	Rubus chamaemorus	地表植物	0.470	0.603
エゾヤマリンドウ	Gentiana thunbergii	半地中植物	0.209	0.369
ヤドリギゼンマイ	Osmundastrum cinnamomeum	地中植物	0.207	0.874
スギバミズゴケ	Sphagnum capillifolium (S. nemoreum)	ミズゴケ	0.142	0.459
チャミズゴケ	Sphagnum fuscum	ミズゴケ	0.076	0.380
エゾリンドウ(ホロムイリンドウ)	Gentiana triflora	地中植物	0.069	0.154
イソツツジ	Ledum palustre	地表植物	0.054	0.368
ミカヅキグサ	Rhynchospora alba	半地中植物	0.043	0.145
ホソバノキソチドリ	Platanthera tipuloides	地中植物	0.015	0.037
トキソウ	Pogonia japonica	地中植物	0.012	0.031
ウメバチソウ	Parnassia palustris	半地中植物	0.007	0.042
スギゴケ	Polytrichum juniperinum	ミズゴケ以外のコケ類	0.001	0.010

図6 サロベツ湿原における野外実験地。1.4 m×1.4 m の大きさの方形区を60個設け，テフラやテフラ代替物を撒く前(2000年)と撒いた後(2001年，2002年，2005年)に各方形区において植生調査を行った。(A)テフラを撒く場面(2000年9月)。(B)テフラを撒く前(2000年6月)の1方形区。(C)2000年9月にテフラを撒いた直後の(B)と同じ方形区。本方形区には，テフラを厚さ3 cm に撒いた。以降，同方形区内を(D)2001年6月，(E)2002年7月，(F)2005年7月に撮影したもの。

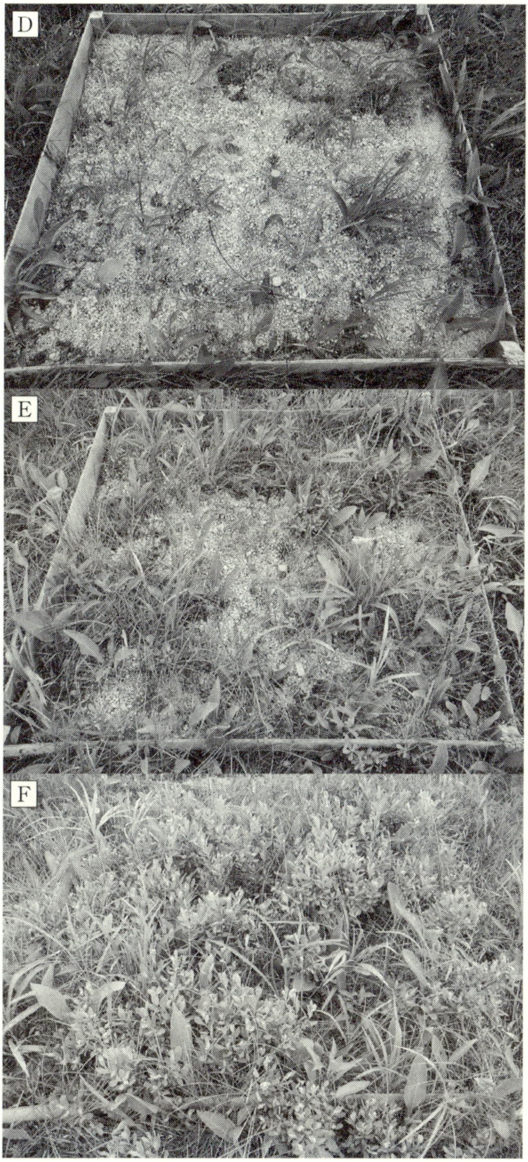
D
E
F

ところから採水し，採水された水のpH，電気伝導率，イオン濃度を測定した．

実験処理が植生に与えた影響の一例として，図6B〜Fにある方形区内での植生の経年変化を示す．実験開始前には，イボミズゴケを主体とするミズゴケのローン群落(平均水位より高いがハンモックを形成しない平らな群落)にトマリスゲ(ホロムイスゲ)，ゼンテイカ，タチギボウシ，ヤチヤナギなどが生えていた(図6B)．テフラを撒いた直後はほとんどの植物がテフラに埋もれ，ヤチヤナギ，アキノキリンソウ，トマリスゲ，ヌマガヤのみが上にでていた(図6C)．翌年の夏にはゼンテイカ，タチギボウシはテフラを貫いて成長し，テフラを撒く前とあまり変わらない被度であった(図6D)．ほかの維管束植物もモウセンゴケなど背の低いものを除けば，テフラを貫いて地上部に顔をだすことができるが，被度はテフラを撒く前より少しだけ低かった．ところどころミズゴケもテフラの上にでていたが，被度は5％以下でしかなかった．2年目は維管束植物相が実験を開始する前と差がない状態にまで戻り，ミズゴケ相の被度も約30％となった(図6E)．5年経った時点で，維管束植物のヤチヤナギが優占し，プロット当たりの被度は，実験を開始する前よりも高くなった．ミズゴケの被度は70％近くになっているのだが，その上に維管束植物が密生しているため，写真ではミズゴケはほとんど見えない(図6F)．

図7には方形区に出現している植物を生活型にまとめ，処理ごとに被度の変化の平均値を示している．実験を開始する前(0年)には，全方形区中の植生は，ほとんど同じあった．すなわち，ミズゴケの被度は90％前後，半地中植物は35％前後，地中植物は約20％，地表植物は10％以下で，ミズゴケ以外のコケ類はほとんど出現していなかった．実験処理を施していないコントロールでは，被度は若干ながら年次変動があるが，おおむね安定した値を示している．自然のテフラを1cm撒いた処理区では，1年目にミズゴケの被度が80％以下にまで下がったが，2年目には実験開始前の値に戻った．テフラやテフラ代替物を3cm撒いた方形区においては，1年目にミズゴケの被度がいちじるしく下がった．ガラス粉を撒いた場合には，ガラス粒よりもミズゴケの減少は大きく，また，春に撒いた処理では秋に撒いた処理より被害が大きくミズゴケはほとんど全滅した．しかし，自然のテフラやガラス粒

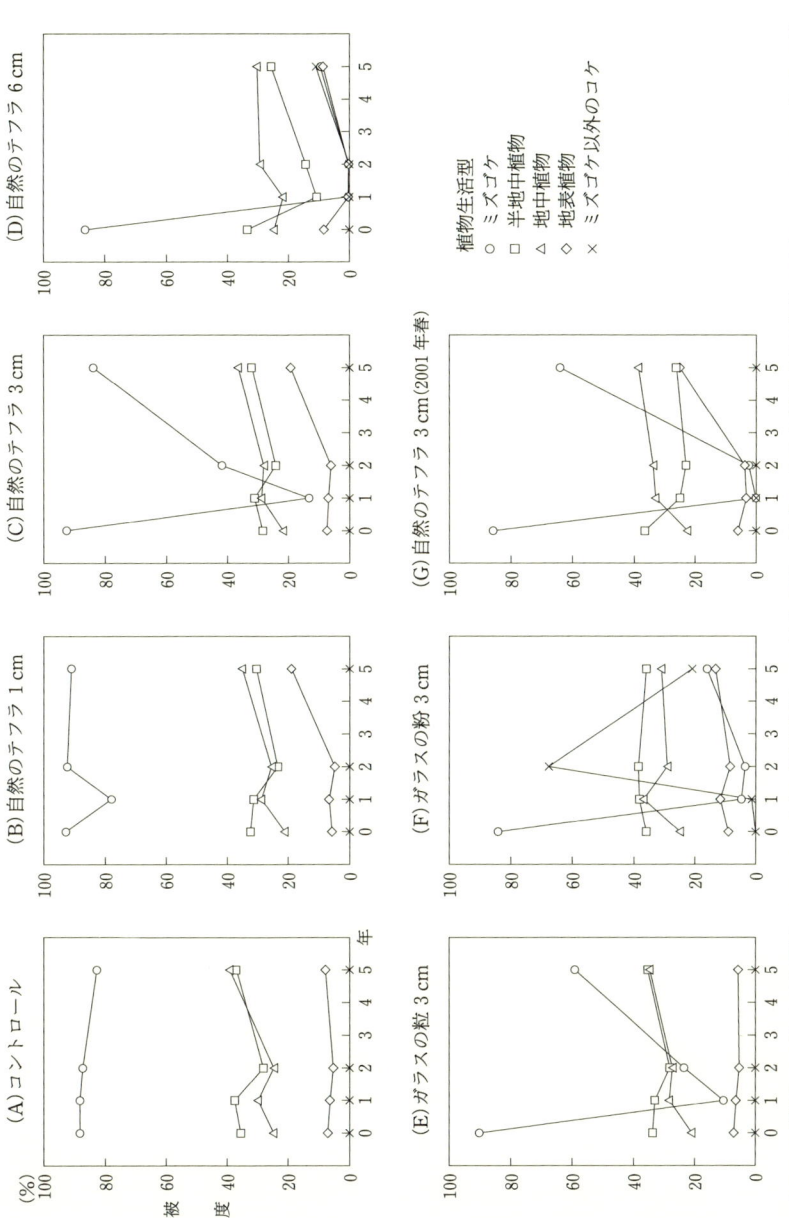

図 7 サロベツ湿原における 6 年間（2000～2005 年）の野外実験での植生変化。被度の変化を植物生活型別に示す。それぞれの処理に付した数字は，テフラあるいはテフラ代替物を撒いた厚さ。コントロールとは，何も撒いていない方形区のことである。

を撒いた処理区では，ミズゴケの回復は比較的早く，5年経った時点で被度は60%弱または85%程度になっていた．これらに比べて，ガラス粉を撒いた方形区ではミズゴケの回復はひじょうに遅く，5年目でも16%でしかなかった．また，ガラス粉処理区では，湿原植生に元々なかったコケ類であるヤノウエノアカゴケ，ヒョウタンゴケが処理後1年目に低い被度ながら出現した．さらに，2年目には，被度が70%近くまで上がったが，5年目には20%まで下がった．地表植物の被度は，自然のテフラを撒いた処理区とガラス粉を撒いた処理区において5年目に上昇が見られた．ただし，実験区には8種類の地表植物が出現したが(表2)，いちじるしく被度を増やしたのはヤチヤナギのみである．

　野外実験の結果をまとめると，爆発的噴火の際に広域的に降下する厚さ数cmのテフラによる湿原への攪乱は，植物生活型のなかではコケ類，とくにミズゴケにもっとも強く影響する．コケ類はテフラの下敷きになり，一時的に姿を消してしまう．しかし，ミズゴケは，厚さ6cmのテフラであれば，それを貫いて成長し，テフラの表面で再生できることもある．また，ミズゴケは，秋に厚さ1cmの砂質のテフラが降ると翌年の夏にまでに回復できるが，厚さ3cmならば回復には5年以上必要である．厚さ6cmになると回復速度はひじょうに遅くなり，元の状態に戻るまで何年かかるかを知るにはさらなる継続調査が必要である．テフラが春に降るとコケ類が受ける初期の被害は秋のものよりも大きくなるが，5年を経過すると秋に降ったテフラへの応答と差がなくなり，攪乱が起こる季節の影響が消えた．テフラ粒子のサイズについては，シルト質粒子はコケ類の表面に，より多く付着するため，細礫粒より大きな被害を及ぼす．維管束植物は厚さ3cm以下のテフラならば，ほとんど被害を受けなかった．しかし，厚さ6cmともなると背が低く成長の遅い種は，一時的ながら悪影響を受けたが，それでも攪乱前に出現していた種のほとんどが回復できた．タチギボウシ，ゼンテイカなどの大型草本植物は，葉が攪乱の前と後で同じ位置からでていたことから，攪乱前に定着していた個体が地下部から再生したものと判断された．より小型の植物でも，断言はできないが，地下部からの更新の可能性が高い．

　テフラが湿原の表面を覆うと，「裸地」が形成される．この裸地には種

子・胞子が散布され，そして発芽・定着に成功すれば，その種はいっきに増えることができるだろう。しかし，テフラで覆われた地表面は直射を受けるため，温度変動が大きく，さらに乾燥すると硬くなり，種子・胞子の発芽定着にはきわめて厳しい環境である。ワシントン州のセントヘレンズ山は，1980年に大噴火し，その噴火後にも似たような現象が観察された（Mack, 1987）。すなわち，セントヘレンズ山のシルト質のテフラは，砂質のテフラより硬くなる傾向が強く，植物が更新できたのはテフラの割れ目からのみであった。サロベツ湿原で実験に使ったガラス粉は，撒いた日には泥炭層から水分を吸収するが翌日には表面が乾き割れ目ができた。しかし，1週間経つと割れ目は消えていた。その後，泥炭層から毛管現象により安定した水分供給があり，しばらく雨が降らなくても表面が乾燥しないようになった。ヤノウエノアカゴケやヒョウタンゴケは，このような場所に定着し，2年目にはひじょうに増えた。しかし，5年目には，トマリスゲなどの分解しにくい葉などが溜まったため，これらのコケ類が減ったものと思われる。自然のテフラの表面にはヤノウエノアカゴケ，ヒョウタンゴケは出現しなかったが，スギゴケ，ウマスギゴケが定着し，厚さ6 cmのテフラの上では5年目に被度の増加が認められた。また，セイヨウタンポポなど湿原周辺の牧草地・道端に生えている植物で，風により種子を散布する植物は，実験地で観察されたが定着には至らなかった。

　最初の2年間の実験結果から，広域テフラが湿原植生へ及ぼす影響は数年で消え，元の植生が回復する可能性があることを予測したが（Hotes et al., 2004），5年目にはヤチヤナギの増加が確認され，元の植生とは異なる構造をもつ群集が形成されつつある可能性もある。この植生変化は，Ta-aテフラと関連があるようにも思われるが，変化のメカニズムは現在のところ不明である。

5. 今後の研究課題

　これまでの研究においてテフラ降下が生態系に及ぼす影響に関する未解決の問題が数多く残されている。湿原の堆積物を分析し，テフラ降下によって

湿原植生が変わることがあるという結論を出した研究がある一方で(Tokito, 1915；山田, 1942；Crowley, 1994)，テフラ層を介在しても植物遺体，花粉組成に変化が認められないこともある(Hannon and Bradshaw, 2000；Lotter and Birks, 1993)。ここで紹介した北海道の湿原植生と火山活動の関係に関する研究では，過去の噴火にともなって広域的に降下したテフラは，大きな植生変化を起こさなかったが，少なくとも種数やある種の被度の変化に繋がったことが示された(Hotes et al., 2006)。テフラの物理的特徴(厚さ，粒度)と植生の応答との関係について得られた結果からは，植生に対する化学的要因の影響に関する理解が不十分であることが示唆された。噴火の際に大量に噴出されることがある二酸化硫黄が酸性雨や酸性霧を引き起こし，生物に被害を与え，その結果として生態系の変化が起こるという報告がある(Grattan and Gilbertson, 1994, Payne and Blackford, 2005)。一方で，酸性化などの化学的変化が認められない噴火もみられ(Lee, 1996)，酸性雨・酸性霧による被害は一時的な現象にすぎず，植生変遷への影響は明瞭でないという論文もある(Birks, 1994)。テフラから溶けでるアルカリ性のイオンは，植物の生育環境を変えることによって，日本の降水涵養性湿原において火山噴火の影響のほとんどない欧米の湿原では見られない種が出現するという報告がある(Wolejko and Ito, 1986；Damman, 1988)。その後実施された湿原形成過程に関する研究では，日本と欧米の湿原の長期的な変遷にさまざまな違いがあり，欧米の湿原に関する用語は日本の湿原に必ずしもあてはまらないことが指摘された(ホーテス, 2007)。たとえば，日本においては厚いミズゴケ泥炭層が発達している典型的な降水涵養性湿原はひじょうに少ない。その原因は，テフラよりも気候条件の役割の方が重要である可能性が高い(Yabe and Onimaru, 1997)。しかし，サロベツ湿原における野外実験で確認されているヤチヤナギの増加は，テフラによる水質の変化と関係があるのかもしれない。今後，テフラ降下と湿原生態系の変遷のあいだにある謎を解くためには，これまでよりも詳しく物理的・化学的要因と生物学的知見を統合した実証的な研究を行う必要が生じている。

第10章 野火跡の湿原植生回復
釧路湿原における攪乱と遷移

神田房行・佐藤千尋

　釧路湿原では過去に何度も火事に見舞われ，植生が攪乱を受けている。火事はほぼ同じ地域で起こっており，近年の火事についてはその面積や地域が特定できている。釧路湿原の火事後の植生回復は低層湿原のヨシ群落についてはあまりはっきりしたことはわかっていなかったが，ハンノキの更新と関係が深いことが，我々の調査の結果わかってきた。

　釧路湿原はその大部分がヨシ・スゲ，ハンノキなどの低層湿原からなっている(釧路湿原総合調査団, 1977；神田・星, 1982；前田一歩園財団, 1993；Kanda, 1996; Tsuyuzaki et al., 2004)。調査の結果，火事後のハンノキ個体群の更新はすべて萌芽により行われていることがわかった(Sato et al., 未発表)。さらに人為的に伐採という攪乱を受けた個体群でも同じように萌芽により更新を行っていることがわかった。一方，火事や伐採を被っていない地域では萌芽も少なく，単幹木が多く，樹齢も高く，実生による天然更新が行われていることが示唆された。

1. 釧路湿原と野火

　野火の原因は釧路から鶴居にかけて敷設されていた鉄道が蒸気機関車だったため機関車からの火がヨシなどの湿原の枯れた植物体に引火し，引き起こされたものだったようである。しかし近年ではその鉄道も廃止されたため野火の原因はゴミ処理場などからの失火がおもな原因である。釧路湿原におけ

る最近の大規模な野火のひとつは，1975年5月12日に起き，湿原の3000 ha が消失した(北海道新聞，1975)。また，1985年4月30日には2200 ha に野火が起きている。そのほかの野火もいくつか起きている。たとえば，1983年4月の181 ha，1991年4月の250 ha，1992年11月の1030 ha などである(津田・冨士田，1994)。

2. 火事による低層湿原植生への影響

湿原の火事による湿原植生への影響はどのようなものがあるのであろうか。火事が植生に与える影響については多くの研究がある(Komarek, 1962；津田, 1995)。火事という攪乱は生態系に大きな影響を与える。直接的には植物が火によって消失し，植生が破壊されるという面もあるが，逆に火事によって特殊化した植物や群落も知られている。火事による被害を受けても次世代の個体や群落をつくったり，火事によって花を咲かせたり，種子を散布する植物もある。植生景観を維持するうえで火事が必要不可欠な植生もあるといわれている(Chandler et al., 1983; Naveh, 1974)。

火事後の植生の回復過程を，攪乱に対する植物種の反応により類型化する試みも行われている(Gill, 1981; Rowe, 1983)。埋土種子などの形で生き残りをはかる種，萌芽に依存する種などいくつかのパターンに類型化されている。

湿原の火事後の植生を調査した研究としては1992年11月の釧路湿原の火事の後，1993年9月に低層湿原のヨシ群落を調査した報告がある(津田・冨士田，1994)。それによると火事によって新たに出現したと思われる種はなく，火事で失われたと思われる種はコウヤワラビなど3種あったが，火事の際につねに失われるのかどうかははっきりはしていない。この調査ではイワノガリヤス，ヨシなどは火事によって焼失した方が個体数が増す傾向があった。しかし，一般的にいってヨシが火事後に増加するかどうかははっきししていない(Tsuda and Kikuchi, 1993)。逆に減少するという報告もある(Schlichtemeier, 1967)。いずれにしても低層湿原のヨシ群落では火事という攪乱によってその植生に劇的な変化は起きていないといっていいであろう。

第10章 野火跡の湿原植生回復　171

図1　釧路湿原の1985年の野火後のヤチボウズ。野火の後，スゲの新芽が頂上部から芽を出して生育し始めている。

3. 火事によるハンノキ個体群への影響

　筆者らは湿原のハンノキ個体群の更新の調査をしている際に火事にあった地域とそうでない地域とでは更新様式にいちじるしい違いがあることに気がついたので，ここではその調査結果(Sato et al., 未発表)を中心に述べてみたい。
　調査区として火事にあった個体群で3調査区を設定した(A，B，C地区)。これらの地区は1975年と1985年の2回火事にあっている。これらの個体群でのいちじるしい特徴はハンノキの株に萌芽幹がひじょうに多いことである。
　最初に萌芽について説明しておこう。樹木が切られたときに，切り株から

たくさんの新しい芽がでて伸びてくることがある。これを「萌芽」あるいは「ひこばえ」と呼んでいる。一般に森林が自然攪乱や伐採などの人為攪乱を受けたりした場合に萌芽幹が形成される(Sundriyal and Bisht, 1988; Malanson and Trabaud 1988; Peterson and Pickett, 1991; Francisco and Luis, 1993; Bellingham et al., 1994；園山ほか，1997)。あるいは林冠個体の枯死によっても萌芽更新が起きるといわれている(Peters and Ohkubo, 1990; Putz and Brokaw, 1989)。

萌芽か萌芽でないかを判断するうえで，まず萌芽幹が全幹に対してどのくらいあるかを示すために萌芽率を萌芽幹率および萌芽株率として下記のように定義した(園山ほか，1977)。萌芽幹率の定義で，母幹とは萌芽株のなかでもっとも大きい幹のことである。萌芽幹とは母幹から分幹している幹である。

$$萌芽幹率 = \frac{母幹数 + 萌芽幹数}{全幹数} \times 100$$

また，萌芽株が個体群に占める割合を示すために，萌芽株率を下記のように定義する。

$$萌芽株率 = \frac{萌芽株数}{萌芽株数 + 実生由来株数} \times 100$$

図2に各調査個体群における萌芽株率と萌芽幹率を示した。火事にあったA，B，Cの3つの個体群について萌芽株率をみると，A地区で90.7%，B地区で100%，C地区で68.8%となり，ひじょうに高い値を示した。萌芽幹率ではさらに高い値となり，A地区で97.8%，B地区で100%，C地区で92.3%となっている。これらのことからA，B，C地区のハンノキ個体群は萌芽更新しているものと考えられる。

図3にこれらの調査区のハンノキの株当たりの幹本数を表した。A地区では幹が1本から最大12本まであった。株当たりの幹の数では4，5本のものがもっとも多かった。B地区でも同じ傾向で，ここでは1本のものはなく，A地区と同じように株当たり4，5本の幹数をもつものが多数を占めた。C地区でも同様に株当たり1〜9本まで多くの幹数があった。この結果も火事後のA，B，C個体群に萌芽がきわめて多く，萌芽更新をしていることを示している。ただ，C個体群では単幹株が35%あり，A，B個体群と異なって萌芽更新でない株がいくらか混ざっているものと思われる。

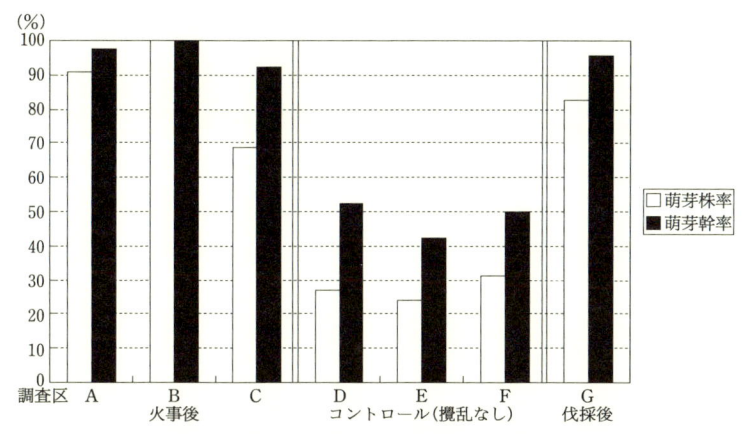

第 10 章　野火跡の湿原植生回復　173

図2　釧路湿原のハンノキ個体群の萌芽株率と萌芽幹率の比較(Sato et al., 未発表)。野火や伐採といった強い攪乱を受けているところでは萌芽株(幹)率がひじょうに高い。調査区 A，B，C は野火にあっている個体群。調査区 D，E，F は野火や伐採を受けていない個体群。調査区 G は伐採を受けている個体群。

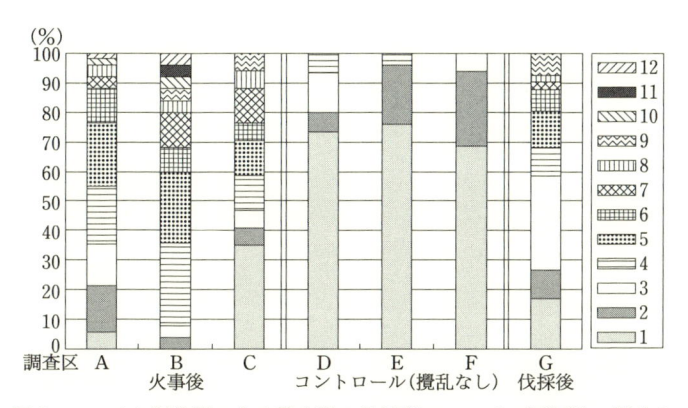

図3　ハンノキ個体群による幹本数の比較(Sato et al., 未発表)。野火や伐採を受けている個体群は株当たりの幹本数が 3〜5 のものが多く，攪乱を受けていないところでは単幹がほとんどである。調査区 A，B，C は野火にあっている個体群。調査区 D，E，F は野火や伐採を受けていない個体群。調査区 G は伐採を受けている個体群。

表1 毎木調査結果(Sato et al., 未発表)。野火や伐採を受けた個体群と、そのような攪乱を受けていない個体群の各調査区での株密度、幹密度、株当たりの平均幹数、平均樹高、胸高直径、最高樹齢と平均樹齢。調査区A、B、Cは野火にあっている個体群。調査区D、E、Fは野火や伐採を受けていない個体群。調査区Gは伐採を受けている個体群。s.e.は標準誤差

調査区	株密度 ($/m^2$)	幹密度 ($/m^2$)	平均幹数/株	平均樹高±s.e.	胸高直径±s.e.	最高樹齢(年)	平均樹齢±s.e.
A	0.36	1.53	4.20	2.69±0.07	2.52±0.12	32	23.77±0.85
B	0.12	0.83	6.68	3.27±0.07	3.23±0.11	18	15.81±0.37
C	0.07	0.29	4.60	2.77±0.12	3.71±0.31	28	24.00±1.00
D	0.07	0.10	1.53	7.72±0.34	14.85±0.89	75	50.26±3.17
E	0.11	0.15	1.32	5.00±0.41	7.73±1.09	60	33.42±5.67
F	0.14	0.20	1.38	7.14±0.09	9.70±0.29	34	28.88±0.34
G	0.18	0.69	3.78	6.21±0.12	5.36±0.16	15	13.33±0.33

　表1に各個体群のハンノキの株密度、幹密度、株当たりの平均幹数、平均樹高、胸高直径、最高樹齢と平均樹齢を示した。A地区では株当たりの平均幹数は4.2と多く、面積当たりの幹数もひじょうに多かった。平均の胸高直径は2.52と小さく、平均の樹高は低い。これらの結果もこの地区のハンノキが明らかに萌芽更新していることを示している。A地区での胸高直径のサイズ分布は図4に示したようにL字型となっており、新しい萌芽幹が多いことを表している。

　図5に幹の肥大成長を表した。A地区で調べた幹では1977年以降に出現した幹が大部分であった。樹齢の調査でも、平均23.7歳であり、調査が2001年であることからこれらの結果はA地区の個体のほとんどが1975年の火事後に形成されたものであることを示している。したがって、A地区では1975年の火事の後、1977年ごろからハンノキが萌芽更新したものと思われる。この地区では1985年にも野火が起こっているがハンノキにはその影響はほとんど現れていない。

　B個体群では株当たりの平均幹数は6.68と多く、面積当たりの幹数も多かった(表1)。平均の胸高直径は3.23と小さく、平均の樹高も低い。これらの結果もB地区のハンノキが明らかに萌芽更新していることを示している。胸高直径のサイズ分布は、図4に示したように小さい方にシフトしており新しい萌芽が多いことを表している。

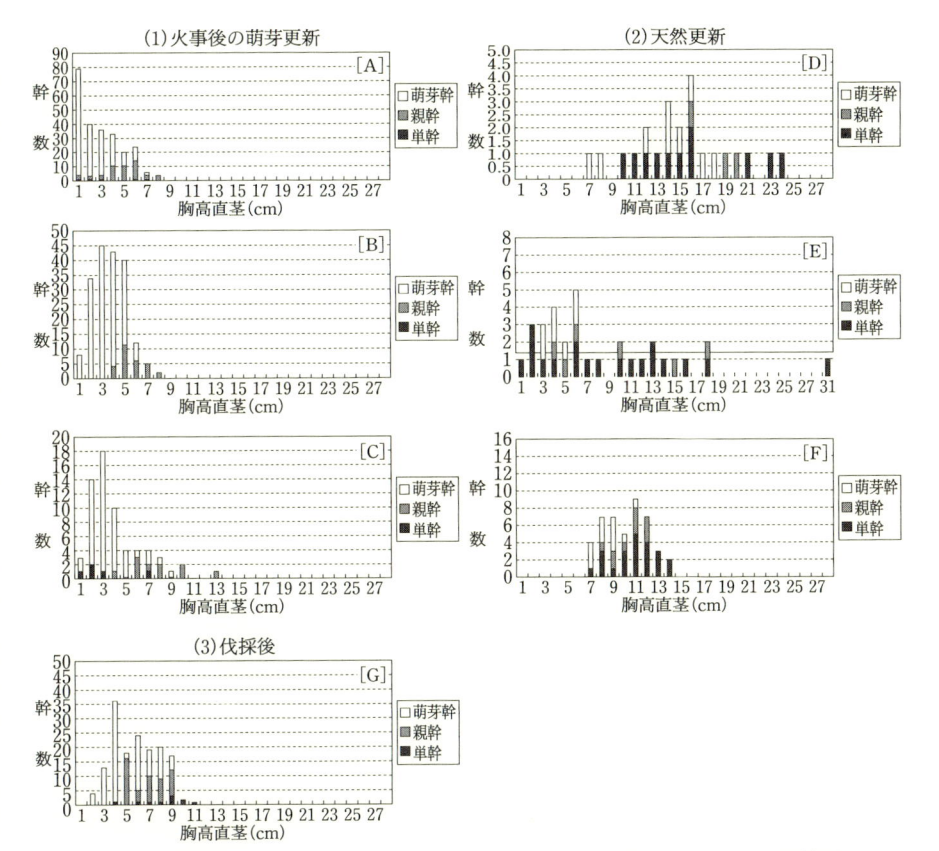

図4 ハンノキ個体群の更新のようす(Sato et al., 未発表)。野火を受けている個体群では細い萌芽幹が圧倒的に多い。野火や伐採を受けていないところでは細い幹から太い幹まで万遍なく見られるか、いっせいに更新している。伐採後の個体群もいっせいに更新しているようであるが、萌芽幹が多い。調査区A、B、Cは野火にあっている個体群(1)。調査区D、E、Fは野火や伐採を受けていない個体群(2)。調査区Gは伐採を受けている個体群(3)。

　図5のB地区の幹の肥大成長をみてみると、調べた幹では1985年以降に出現した幹が大部分であった。樹齢の調査でも、平均15.8年であり、調査時期から考えてB地区では1985年の火事の後からハンノキが萌芽更新したものと思われる。

　C地区のハンノキの毎木調査の結果では平均幹数は4.6と多かった。平均の胸高直径は3.71と小さく、平均の樹高は低い。しかし、C地区における

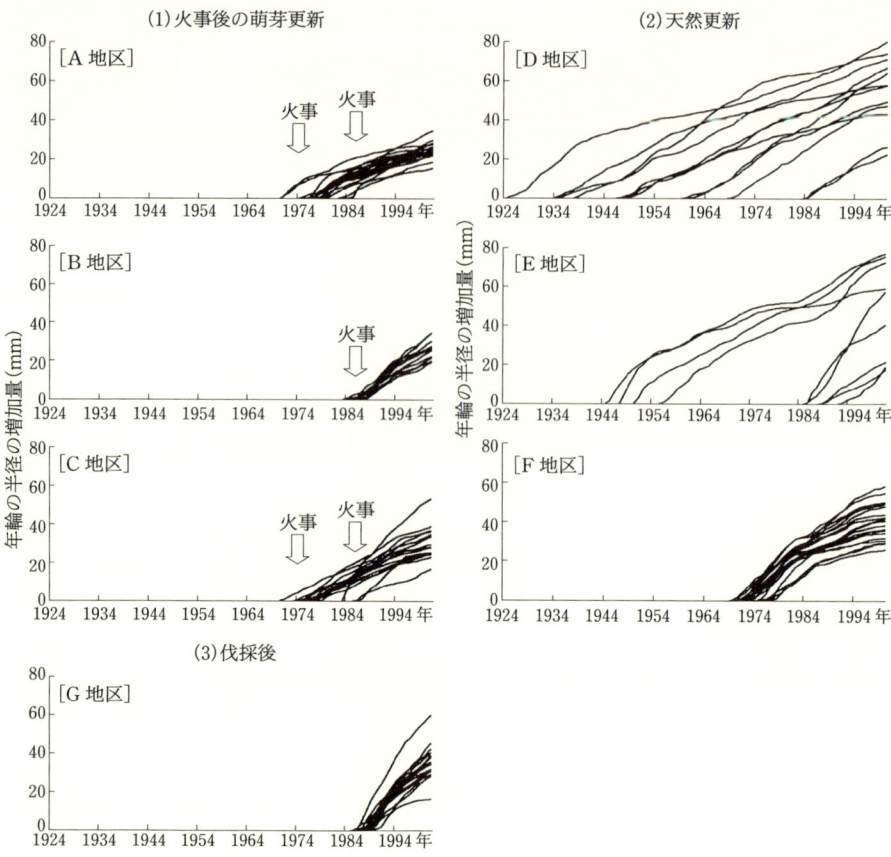

図5 ハンノキ個体群の幹の肥大成長のようす(Sato et al., 未発表)。野火を受けているところでは野火後に萌芽更新している。野火や伐採を受けておらず萌芽更新していない天然更新地区では肥大成長がよい。F地区の個体群は一斉更新をしており，肥大成長もよい。伐採後のG地区は伐採後の肥大成長がひじょうによい。調査区A，B，Cは野火にあっている個体群。調査区D，E，Fは野火や伐採を受けていない個体群。調査区Gは伐採を受けている個体群。

萌芽株率と萌芽幹率が必ずしも100％に近いわけではないことから，この地区のハンノキがすべて萌芽更新しているのではないことを示している。ただし，胸高直径のサイズ分布はL字型に近い形となっており，きわめて細い幹が多いことを示している。C地区の幹の肥大成長(図5)では，調べた幹では1975年以降に出現した幹が大部分であった。樹齢の調査でも，平均24年

であり(表1)，1975年の火事の後からハンノキが萌芽更新したものと思われる。この地区では1985年の火事でもハンノキの肥大成長は変化を受けておらず，1985年以降に生育した個体の肥大成長が大きいことが興味深い点である。

4. ハンノキ個体群の天然更新

火事後のハンノキ個体群を見るとあまりに萌芽がめだつので，釧路湿原のハンノキは火事などの攪乱を受けなくてもつねに萌芽更新をするとする考え方もあるが(新庄, 1997)，果たしてそうであろうか。このことを確かめるために，コントロールとして野火を受けていない地区のハンノキ個体群についてその更新のようすを調べてみた。

図2に示したように，D，E，F地区では萌芽株率も萌芽幹率も火事後の値よりも明らかに低い。また，図3に示したように火事にあっていないD，E，F地区では圧倒的に株当たり単幹のものが多い。これらの結果はこれらの地区のハンノキは萌芽更新していないことを示している。

表1に示した結果では，D地区では全調査区のなかではもっとも幹が太く，平均の胸高直径が高い値を示した。平均樹高も最大であった。また，株当たりの幹数は1.53と低く，幹の面積当たりの密度も低かった。胸高直径の分布(図4)をみても幹の細いものから太いものまで広く分布しており，細い幹がとくに多いということはなかった。幹の肥大成長をみても樹齢74.5年のものから最近の実生まで広く分布していることから，D地区のハンノキ個体群が火事などの攪乱を受けていない，天然更新をしている個体群であると考えられる。

D地区と同じように単幹株が多く，萌芽更新していないと思われるE地区ではどうであろうか。表1の結果では平均の胸高直径は7.73 cmと高く，平均樹高も高く，株当たりの幹数も1.32と低く，幹の面積当たりの密度も低かった。胸高直径の分布をみるとD地区と同じように幹の細いものから太いものまで広く分布している。これらの性質はD地区と同じく萌芽更新していなことを示している。ただ，全体として樹齢はD地区に比べて若い

方にシフトしている(図4)。

　D地区やE地区と同じようにF地区も単幹木が多く，萌芽更新していないと思われる地区である(図3)。平均の胸高直径も高く，平均樹高も高く，株当たりの幹数も1.38と低く，幹の面積当たりの密度も低かった。これらの結果は萌芽更新をしていないことを示している。ただ，胸高直径の分布をみるとD地区と異なり10cm当たりを中心としてまとまっていた(図4)。幹の肥大成長(図5)をみると1970年代にいっせいに出現してきている。これらのことからF地区では1970年代にいっせいに更新し，その後の実生の侵入はないことを示している。

　これらの結果はハンノキ個体群の天然更新には2型あるのではないかと思わせる。D地区やE地区のように樹齢が幅広く存在し，ギャップ更新をしていると考えられる地域と，F地区のようにパッチ状に個体群がいっせいに更新し，それ以後の実生の侵入を許さずいっせいに成長，枯死すると考えられるものである。

5. 伐採後の更新

　さてそれではハンノキを伐採した場合には，萌芽更新をするのか天然更新型の更新をするのかを知ることは興味深い問題である。釧路湿原のG地区は一度伐採され現在に至っている個体群であることがわかっている。

　G地区における萌芽株率と萌芽幹率は，それぞれ82.9%，95.5%とひじょうに高い値となっている(図2)。図3にG地区におけるハンノキの株当たりの幹本数を表した。ここでは幹が1本から9本まで分布していた。株当たりの幹の数では3本のものがもっとも多かった。表1の結果では，株当たりの平均幹数は3.78と多く，面積当たりの幹数もひじょうに多かった。これらの結果はこの地区のハンノキが明らかに萌芽更新していることを示している。しかしながら，この地区のハンノキは火事後の萌芽更新と異なり，平均の胸高直径は5.36と比較的大きく，平均の樹高は高い。胸高直径のサイズ分布は図4に示したように比較的まとまっており，平均樹齢は13.3で若い木が多い。

図5にG地区の幹の肥大成長を表した。調べた幹では1986年以降に出現した幹が大部分であった。したがって，G地区では1985年ごろの伐採の後，1986年ごろからハンノキが萌芽更新したものと思われる。また，この地区では幹の成長がひじょうによいため，若齢にもかかわらず幹の胸高直径が大きく，樹高も高くなっている。

　釧路湿原では近年ハンノキの分布拡大が大きな問題となっており，自然再生事業も始まっているが，拡大したハンノキの対策として伐採も検討されている。しかし，立地環境が変わらない限り，伐採してもハンノキが急速に萌芽更新してくることを上記の結果は示しており，ただ単に伐採するだけでは問題の根本的な解決にはならないことを示している。

　釧路湿原の野火による植生への影響ではヨシ群落においては明確な影響は今のところ報告されていない(Tsuda and Kikuchi, 1993；津田・冨士田，1994)。一方，釧路湿原に広がるハンノキ個体群については個体群の更新について明らかな違いが見られた。火事にあったところでは萌芽による更新が行われており，火事後にいっせいに幹を伸ばしている。萌芽幹の割合は90〜100%にもなる。火事と同じ萌芽による更新は伐採後のハンノキ林についても同様に見られた。これは森林において火事などの強い攪乱が起こった後の森林更新として，ほかの樹種についていわれていることが湿原のハンノキ個体群についても起こっていることを示している(Sundriyal and Bisht, 1988; Malanson and Trabaud, 1988; Peterson and Pickett, 1991; Francisco and Luis, 1993; Bellingham et al., 1994)。萌芽幹形成は外部ストレスに対する樹体の維持機構であるとの考えや，樹木の無性繁殖の一種でギャップの修復機構であり(Putz and Brokaw, 1989)，森林群集の現存量動態にも重要な役割りを果たしていると考えられている(園山ほか，1977)。他方，火事や伐採による攪乱を受けていないところではハンノキの約7割の株が単幹で，萌芽株のように多くの幹をもたず，単幹と2〜3本の株で9割以上を占め，攪乱後の個体群と明瞭な違いが見られた。ただ，更新の仕方としては小規模なギャップによる更新を繰り返しているところと，パッチ状に個体群がいっせいに更新する2通りの更新形態があるものと思われる。

第 V 部

極地と砂漠の攪乱と遷移

極地とは，広い意味では「極限の地」のことなので，環境が極限状態にある砂漠や高山も極地に含まれる。狭い意味では南極・北極の地のみを指す言葉である。ここでは，広い意味での極地を扱っている。なぜならば，極地では，特有の厳しい攪乱に曝され，独特の生態系を発達させる共通点が認められるからである。

　高山は，凍結融解作用や雪解け水による土壌侵食など，たえず地表性の攪乱に見舞われている。これらにより環境条件は局所的に大きく変化する。動くことのできない植物にとって，種子がどこでどのように発芽するかということは，その個体の一生を左右する大事な問題である。ここでは，まず，高山において，発芽した種子の運命と，発芽せず土壌中で生き続ける種子（シードバンクあるいは埋土種子という）の運命を紹介する。

　砂漠で植物は，とくに雨が長期間降らない生育不適な時期をいかにやり過ごすかが大問題である。それには，乾燥した時期に種子を発芽させない方法と，発芽しても乾燥に根性で耐え抜くという方法がある。これらの部分について，とくに一年生草本という発芽したら1年以内に種子をつくらないと未来はない植物が，なぜ砂漠で優占しているかについてを明らかにする。

　最後に，狭い意味の極地の代表として北極圏スバールバルで氷河後退後に起こっている遷移パターンを紹介する。ここでは，蘚類・地衣類を含めた主要植物の生理生態，生態系の物質循環についても述べる。極地の植物は，成長が遅く，地球温暖化防止には役に立たないと思われがちだが，一概にそうでもないということを知って頂きたい。

　運悪く，地球温暖化の影響は，極地・高山という低温を介した世界でもっとも顕著に現れる。実際，高山と極地では，氷河や永久凍土の後退と消失が顕在化している。砂漠では，温暖化にともなう降水量の変化による衰退が示されつつある。これらの極地では，厳しい攪乱に耐えるために極限までその形質を進化させた生物が生存しているはずで，環境がわずかでも変化すれば，生態系の大きな変化は必至である。生物と攪乱との関係を少しでも明らかにすることが，人間による生態系攪乱を最小限に留める一助となれば幸いである。

第11章 高山における埋土種子動態と発芽戦略

下野綾子・下野嘉子

　夏，高山を歩くと色とりどりの花に迎えられる。私たちの目を楽しませてくれる花々は次世代の種子をつくるための器官である。つくられた種子は散布され，地面に落ち，土壌中で次の発芽の機会を待つ。一部は発芽していくが，発芽しないまま土壌中で何年も生き続ける種子も多い。散布された種子が再び私たちを楽しませる姿になるまでの過程は，目にとまりにくいかもしれない。しかし，この過程にも植物が生き延びるためのさまざまなドラマがある。本章ではまず，発芽せずに土壌中で待機している種子の運命を，次に発芽し定着に至るまでの実生の運命を紹介する。

1. 種子の時間的・空間的分散

　植物の姿は，私たちがふだん目にしている地上の姿だけではない。多くの植物は，地下に生きた種子を貯えている。この種子もひとつひとつが個体であり，植物集団の大切な構成要員である。この種子の集団のことを埋土種子，あるいは土壌シードバンクと呼ぶ。なかには土壌中で数十年，数百年生きる種子もある。長寿の種子としてよく知られているのが大賀ハスである。縄文時代の遺跡とともに見つけられたハスの種子が，発芽し花を咲かせた。年代鑑定により約2000年前のものと推定され，人々を驚かせた。この種子は時間をとびこえ，過去から分散されてきたのだ。

　この時間的分散は種子だけがもつユニークな特性であり，地上個体の生存

に不適な環境を生き延びる手段とされている。たとえば，第3章で紹介されている1977～1978年の北海道有珠山の噴火で，地上個体は大きな被害を受けた。しかし，地下には多くの生存種子が残されていたのである(Tsuyuzaki and Goto, 2001)。また，予測しにくい攪乱のある場所や環境条件の厳しい場所では，土壌中に種子を貯えている種が多く生育する傾向がある(Baskin and Baskin, 1998; Funes et al., 2003)。

予測しにくい攪乱があり環境条件の厳しい場所のひとつとして，高山があげられるだろう。凍結融解作用や雪解け水による土壌侵食など，たえず攪乱に見舞われている。また，気温が低く植物が生育できる期間が短い。そのため，高山植物は種子生産や実生の定着に失敗するリスクが高い(工藤，2000)。厳しい環境条件のもとで生きる多くの高山植物にとって，土壌シードバンクは生き延びていくうえで重要な役割をはたしているに違いない。

種子のもうひとつの重要な役割が空間的な移動である。固着性の植物にとって，種子は分布範囲を広げたり新たな場所に進出したりするうえで重要なステージである。といっても，種子の多くは親個体の近くに散布される。とくに特別な散布様式をもたず重力散布される種子は，その傾向が顕著である。しかし，散布距離が短くても，土壌中で何年も生き続けるあいだに種子は移動しているに違いない。種子の時間的分散は空間的分散にも一役かっているのではないだろうか。

種子の時間的・空間的分散を調べるために選んだのは，高山植物の1種ユキワリソウ *Primula modesta*(サクラソウ科サクラソウ属)である。ユキワリソウは北海道から九州の山地から高山帯に分布する多年生草本である。雪解け直後に葉を広げ，6月に花を咲かせる。夏の終わりには稔った果実の頂上が割れて種子が重力散布される(図1)。果実の高さは15 cm程度であり，種子は親のごく近くに散布されると考えられる。ユキワリソウの種子の散布距離は測られていないが，同じ仲間で形が似ているサクラソウでは，種子の大部分が親から15 cm以内に散布されることがわかっている(西廣・鷲谷，2006)。種子は光があたる場所では春に発芽する性質をもっているが，光がないとほとんど発芽しない(Shimono and Washitani, 2004)。暗い土壌中に埋もれた種子は何らかの攪乱で地表にでるまで発芽の機会を待つことになる。

第11章　高山における埋土種子動態と発芽戦略　185

図1 ユキワリソウの花と果実。果実は晴れた日に頂上が割れて，種子が重力散布される。

調査は長野県浅間山の標高2000 m付近の平坦な湿地草原(以下，湿地)と南西向き斜面の草原(以下，草地)の2か所で行った。

土壌中の種子の量と寿命

まずは，土壌中にユキワリソウの種子がどれだけ貯えられているのか調べてみた。2002年の5月初めに湿地と草地より直径5 cm・深さ5 cmの土壌コアを40個採集した。採集地点は，地上個体の密度が高いところから低いところまで含むように選んだ。土壌をプランターに薄く広げ，暗黒下で眠っていた種子たちが光を浴び発芽してくるのを待った。でてきた実生の数から土壌中の種子密度を推定したところ，湿地では約2700個/m²，草地でも約1300個/m²もの値となった。これらは地上個体密度の約10倍(湿地)から100倍(草地)の値である。大部分の個体が種子として存在しているのだ。私たちが目にする地上個体は氷山の一角だといってもいいだろう。

これらの種子は地下でどのくらい生きながらえるのだろう。それを知るために，種子をナイロンメッシュの袋にいれて土のなかに埋め，一定期間後に回収して発芽実験を行った。埋土期間の長さと種子の生存率の関係から，寿命を推定しようという試みである。両調査地とも2002年に埋めた種子は，3年半後でも約70％という高い生存率を示した(図2)。2003年に埋めた種子も

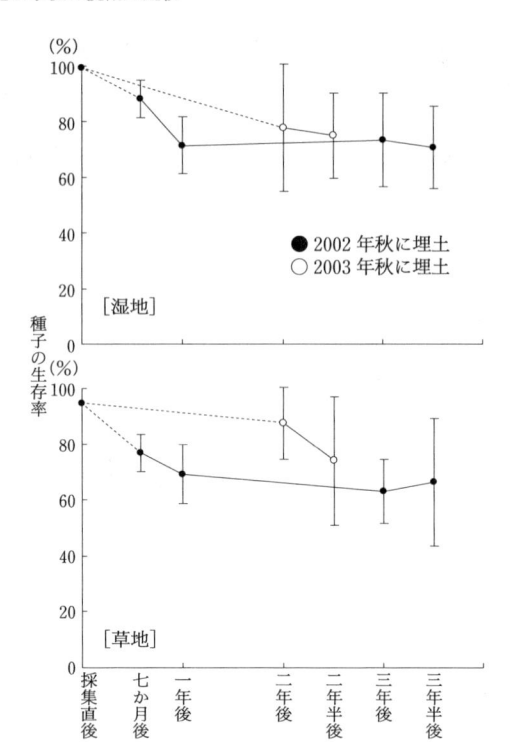

186　第V部　極地と砂漠の攪乱と遷移

図2　埋土種子の生存率の変化。現地に埋土した種子を一定期間後に回収し，実験室で発芽させ，発芽率を生存率とした。採集直後の生存率は2002年に採集した種子の発芽率を用いた。エラーバーは標準偏差を示す。

2年半後で約75%の生存率を示した(図2)。土壌中の種子の寿命を推定するには3年半という実験期間は短すぎるようだ。

　約130年も前に，やはり種子の寿命に興味をもった研究者が埋土種子実験を行っている。彼は23種の種子を土とともに瓶にいれ，土のなかに埋めた。自然状態とかなり異なる状態で埋められたので，本来の寿命とは違う可能性はあるが，120年後に掘りだされた瓶からは，いまだに発芽し花を咲かせる種子が残っていた(Telewski and Zeevaart, 2002)。この実験は弟子の手に引き継がれ現在も続いている。ユキワリソウの埋土種子実験も現在継続中であり，生存率が今後どうなるのか楽しみである。しかし，私の研究人生のあいだにどこまで明らかにできるだろう。

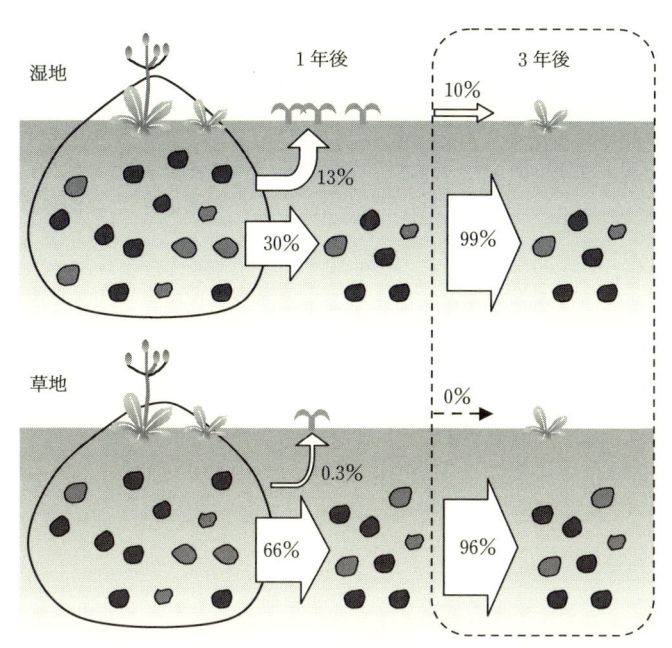

図3 土壌シードバンクの1年後および3年後の運命。矢印に添えた数字は前のステージから推移する確率を示す。

　以上の結果と毎年の種子生産量のデータ(Shimono and Washitani, 2007)を統合して，生産された種子が土壌中に取り込まれ，どのような運命をたどるのか見積もってみると図3のようになる。多くの種子が土壌中に貯えられているのだか，実生として地上へ参入していくのはごくわずかである。つまり，生産された種子は地下に留まるほうがはるかに多いのだ。さらに，地上に参入した実生は大部分が死亡する。2001〜2004年の春まで実生の生残を追跡したところ，湿地では1年後まで生き残る実生の割合は40〜50％，3年後は10％ほどであった。草地にいたっては，1年後まで生き残る割合は10〜50％，3年後はすべて死亡してしまった。ユキワリソウにとって地上は地下に比べて死亡リスクの高い世界であることがうかがえる。やはり土壌シードバンクは個体群の維持に貢献しているといえるだろう。

土壌中の種子の空間構造

　土壌中の種子の分布を調べるのは，地上個体に比べてはるかに難しい。種子の動きを直接追跡することは難しいので，DNA情報を利用することにした(Shimono et al., 2006)。遺伝的な血縁関係とその空間分布パターンを調べることで，近縁者が近くにいるといった不均一な遺伝構造(空間的遺伝構造)を明らかにすることができる。

　湿地で2003年の春に土壌を採集し，土壌の採取位置と開花個体の位置をマッピングした。土壌は上層(0～1 cm)と下層(1～5 cm)に分けてプランターに広げ，得られた実生と開花個体の葉からDNAを抽出した。解析にはDNAマーカーのひとつマイクロサテライトマーカーを用いた(Shimono et al., 2004)。マイクロサテライトとは短い塩基配列が繰り返されているDNA領域である。この繰り返し数は個体によって異なるため，親子関係や血縁関係を明らかにすることができる。

　2個体間の相対血縁度(Loiselle et al., 1995)をすべてのペアで算出し，血縁度が個体間の距離に応じてどう変化するか，開花個体，上層種子，下層種子ごとに調べてみた(図4)。値が0より大きければ遺伝的に似ており，0未満であれば似ていないことを示す。開花個体と上層種子は近くの個体間で正の値を示した。遺伝的に似た個体つまり近縁者がそばにいるといえる。このことは，種子の散布距離が短いという散布パターンを反映した結果と考えられる。一方，下層種子では明確な遺伝構造がみられない。なぜ上層種子と下層種子とのあいだに違いがでたのだろう。土壌の上層には新しい種子が，下層には古い種子が蓄積されていると考えられる。下層は複数世代の種子の空間構造が重なって不明瞭になったのだろう。また，時間がたつ過程で種子が移動したとも考えられる。

　この種子の移動についてさらに検討してみた。湿地は平坦ではあるが，ゆるやかな傾斜があり，雪解け時期や降水時に水が流れ，地表面が攪乱される。種子は水流によって移動しているに違いない。そこで親個体と種子間の血縁度を，水流の向きを考慮して4方向に分けて算出した。4方向とは，開花個体から見て種子が上流にある場合，下流にある場合，左にある場合，右にある場合である。種子が開花個体から見て下流にある場合に空間的遺伝構造が

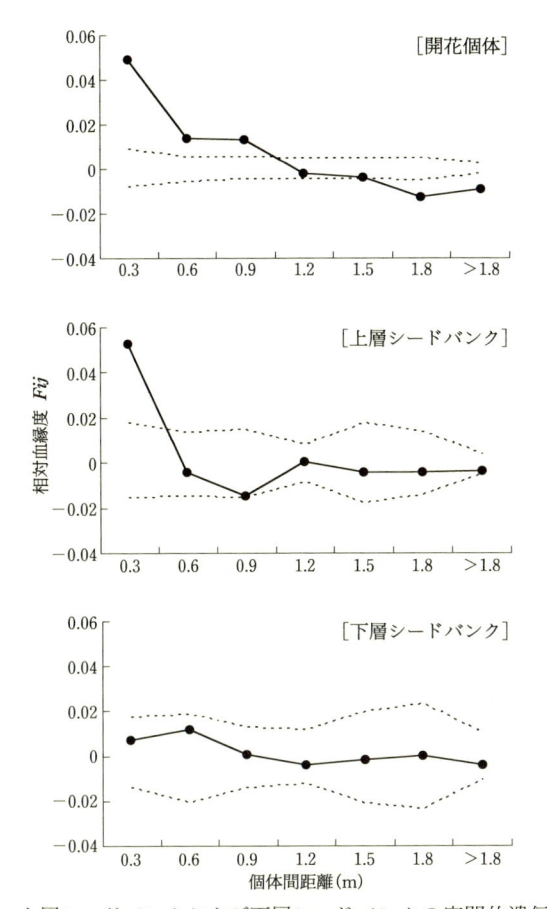

図4 開花個体，上層シードバンクおよび下層シードバンクの空間的遺伝構造（Shimono et al., 2006 より）。実線は実測値，点線は95%信頼区間を示す。

不明瞭になっていた（図5）。なぜ方向によって空間構造に違いがでたのだろう。湿地には小さなたくさんの凹凸が発達している。窪地には水が貯まりやすく陸生植物は定着しにくい。そのためユキワリソウは凸地にのみ分布する。不均一な地形のため，下流側の種子がより流されやすく，方向によって空間構造に違いがでたと考えられる。つまり水流によって種子の散布距離が延び，遺伝構造が緩和されたことを示している。

高山植物は概して植物体サイズが小さいものが多く，種子散布距離は短い

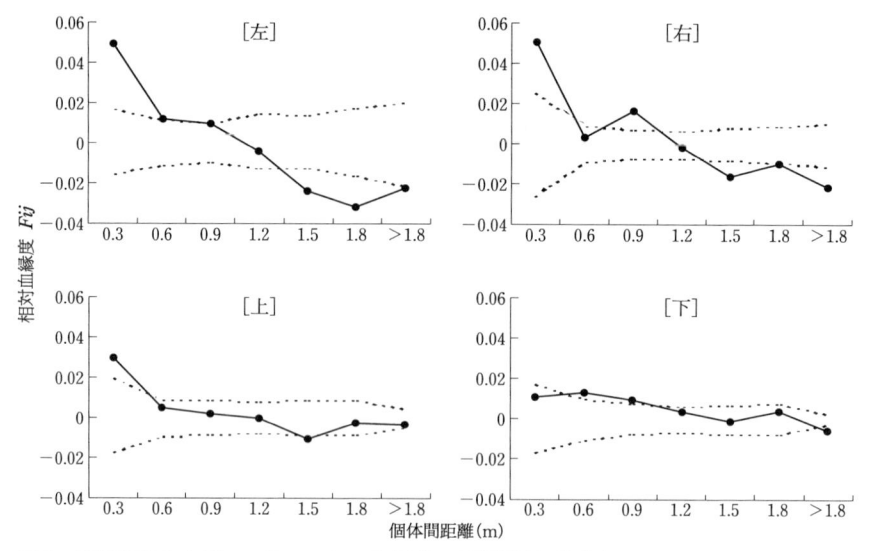

図 5 開花個体と土壌シードバンクの方向別の空間的遺伝構造(Shimono et al., 2006 より)。実線は実測値，点線は95%信頼区間を示す。

と考えられる(Eriksen et al., 1993; Marchand and Roach, 1980; Molau, 1995; Spence, 1990)。しかし，実際の種子の分布は種子散布パターンと大きく異なることも多いに違いない。寿命の長い種子は，土壌とともにダイナミックに動いていることだろう。土壌シードバンクとして生き続けることは空間的分散にも貢献しているといえるだろう。

これまでみてきたように，地上は地下に比べて死亡リスクの高い世界である。それでも次の世代を残すためには，地上へ参入し生き延びていかなければならない。次は地下から地上に目を移し，死亡リスクが高いがゆえにみられる生育環境への適応現象を明らかにしていこう。次の舞台は，なだらかな山容と広大な雪渓が特徴的な北海道大雪山である。

2. 生育地固有の発芽戦略

種子の発芽から実生の定着段階は，植物の生活史のなかでもっとも死亡率が高い時期である(Silvertown and Dickie, 1981)。よって，変動する環境におい

て，いつ発芽するかは植物の生存にとって大きな影響力をもつ(Marks and Prince, 1981; Kachi and Hirose, 1990)。子孫をより多く残すためには，実生の生存に適したタイミングで発芽しなければならない。たとえば，日本のように季節変化がある場所では，さまざまな種の発芽時期は明確な季節性を示す(Baskin and Baskin, 1985; 1988; Masuda and Washitani, 1990)。成長に適さない季節に発芽するような性質をもった個体は淘汰されてきたためである。最適な発芽時期は生育環境ごとに異なり，その結果，各生育地ごとに固有の発芽特性が進化してきたと考えられる(Meyer and Monsen, 1991; Meyer et al., 1997)。

では，高山環境での最適な発芽時期とはいつだろうか。一口に高山帯といっても環境条件は場所によって大きく変化する。よって，最適な発芽時期も場所によって異なるだろう。

高山帯の対照的な環境

高山帯では，雪の積もり方によって，生育期間，温度条件，水分条件，栄養条件などさまざまな環境条件が狭い範囲内で変化する(Billings and Bliss, 1959; Miller, 1982; Körner, 1999; 工藤，2000)。初夏，高山に登れば，雪渓の白さと露出した地面の黒さがあざやかなコントラストを形づくっているのを見ることができる。これは，場所によって冬のあいだに降った雪の積もり方が大きく変わるためである。ある場所にはまったく雪が積もらず，ある場所には大量の雪が積もり夏になっても解けきらずに残っている。雪が積もらないのは，山頂や尾根筋など風の影響を強く受け雪が吹き飛ばされる場所で，「風衝地」と呼ばれる。また，風下側となり吹き溜まった雪によって雪渓が形成される場所を「雪田」という。

雪の積もり方が違うということは，植物にとってどのような環境の違いを生みだすのだろうか。雪田では，雪が解けるまで植物は成長を始められない。雪解け水に浸されながら，ようやく芽をだすことができたときにはすでに初夏。高山帯の夏は短い。9月半ばには初雪が降る。つまり，雪田植物が生育可能な期間というのは，1年のうちわずか2〜3か月に限られてしまう。ところが，積雪が多いということは悪いことばかりではない。雪は断熱材となり，冬のあいだ地表面を寒気から守ってくれる。気温が−20℃を下回っても，

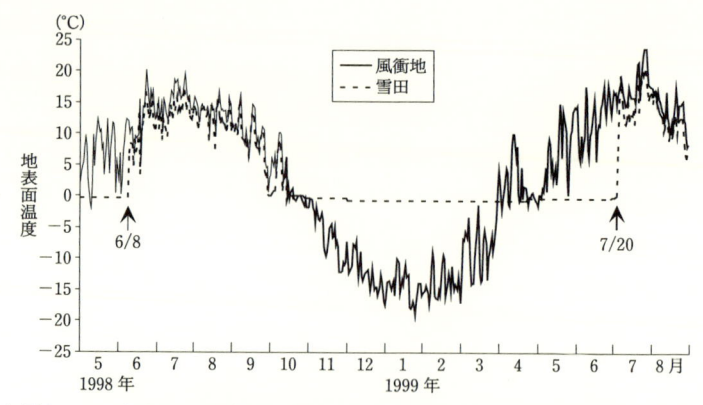

図6 大雪山ヒサゴ沼周辺の風衝地と雪田における地表面温度の季節変化。日平均地温を示す。↑と日付は雪田の雪解け時期を示す。

　厚い雪の下の地温はほぼ0°Cに保たれている(図6；増沢, 1997；Körner, 1999)。また，雪解け水のおかげで土壌には水分が供給され，夏のあいだは密な草原が発達する。

　風衝地には雪がほとんど積もらないため，雪田に比べると生育期間は長くなる。しかし，雪という断熱材がないため，真冬には寒気の影響をまともに受け土壌は深くまで凍結する。植物は−15～−20°Cの低温にさらされても(図6)生存できるように耐寒性を備えねばならない(増沢, 1997；Körner, 1999)。春を迎えても地表面は激しい温度の日変化にさらされる。5～6月は，ひとたび晴れれば地表面温度は30°Cを超えるが，夜になると氷点下まで下がる。地表面の土壌は凍結融解作用によってたえず動き回り，不安定な状態となる(Johnson and Billings, 1962)。また，北海道には梅雨がなく，7月前半まで降水量が少ない。風衝地には有機質土壌がとぼしく裸地が多いため，晴天が続くと地表面は乾燥してしまう。

　高山帯では，このような対照的な環境がほんのわずか歩くだけで次々と入れ替わって現れる。環境が異なるそれぞれの生育地において，どのような要因が高山植物の実生定着を制限しているのだろうか。またそうした制限要因の違いに対し，植物はどのような発芽特性を進化させてきたのだろうか。越冬時の生存率を高めるためには，ある程度のサイズまで成長しなければなら

ないことが知られている(Maruta, 1983)。生育期間の短い雪田に分布する植物は，雪解け直後にすみやかに発芽し，生育期間を長くすることが実生の越冬率を高めるために有利なのではないだろうか。一方風衝地では，厳しい冬を耐えるためには早く発芽して成長量を稼いだほうがよいのだが，生育期前半は不定期に起こる霜や乾燥で死亡しやすい時期と一致する。このため，ある特定の時期にいっせいに発芽するのではなく，ばらついた発芽パターンをもって死亡リスクを分散させるほうが有利なのではないだろうか。この疑問を明らかにするために，風衝地と雪田というふたつの対照的な生育環境において，両生育地に分布するバラ科キジムシロ属のミヤマキンバイ *Potentilla matsumurae* (図7) を用いて発芽パターンの比較を行った。ミヤマキンバイは本州中部山岳地帯以北の高山帯にごく一般的に見られる多年生草本である。風衝地から雪田まで幅広く分布し，風衝地では6月前半，雪田では雪が解けた後10日ほどすると黄色の花を咲かせる。おもにハエやアブが訪花し，開花から1か月ほどすると種子が実る。種子は1 mmほどの楕円形で，散布のための特別な器官はついていない。

図7　花をつけたミヤマキンバイ

相互播種実験

　各生育地でどのような環境要因が植物の生活を規定しているのかを確かめるためによく用いられるのが，同一環境条件下での育成や相互移植実験である(山岳域で行われた実験の例：Clausen et al., 1940, 1945, 1948; Clausen and Hiesey 1958; McGraw and Antonovics, 1983; 柴田，1985；McGraw, 1987; Stanton and Galen, 1997; Stinson, 2004)。本来の生育地とは異なった環境に移された植物の反応と，本来の生育地の植物の反応を比較することで，その植物の環境に対する適応の仕方について知ることができる。また，生育環境の違いが，植物個体間に遺伝的な違いをもたらしているのかどうかも評価することができる。異なる生育地に分布していた個体を同じ条件下で育てた場合，生育地で見られた生理的および形態的な違いがなくなるようなら，これは環境の違いによってもたらされたものと判断できる。一方，同一条件下にもかかわらずその違いが維持されているのなら，これは遺伝的な違いによってもたらされたものと判断できる。

　今回は，相互播種実験を行った(Shimono and Kudo, 2003)。風衝地に，もともと分布する風衝地由来個体(Fタイプ)の種子と，本来ならば分布しない雪田由来個体(Sタイプ)の種子を播き，発芽パターンを比較するのである。雪田でも同じことをする。これにより，実生の出現時期と生存率に生育地固有のパターンが存在するのか，それぞれの生育地においてどのような要因が植物の実生の定着を制限しているのかを明らかにすることができる。この相互播種実験は，北海道の中心部に位置する大雪山国立公園のヒサゴ沼周辺の風衝地と雪田(標高1700～1900 m)で行った。1997年の夏に各生育地で実った種子を採集し，100粒ずつポットに播き，各生育地に5ポットずつ設置した。この際，ほかの植物の種子がはいらないように，かつ，ポットにまいた種子がこぼれ落ちないように，ポットには薄いネットでふたをした。そして1999年の秋までの2年間，約10日ごとに実生の出現時期，死亡時期をチェックした。なお，本来生育していない環境への人為的な侵入が起こらないようにするため，実験終了後にすべてのポットは現地から持ち帰った。

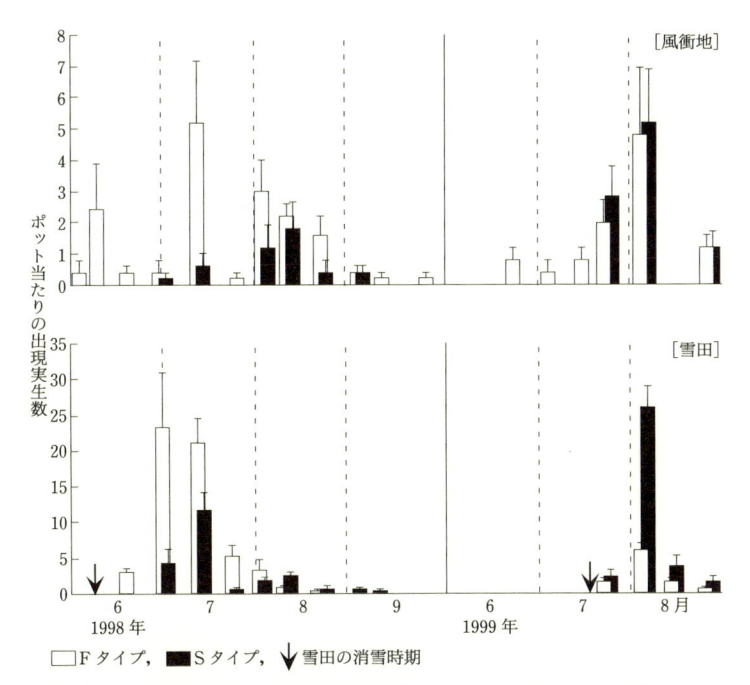

図8 風衝地(上)と雪田(下)における実生の出現パターン(Shimono and Kudo, 2003 を一部改変).Fタイプは風衝地由来個体の種子から出現した実生,Sタイプは雪田由来個体の種子から出現した実生を示す.5つのポットの平均値と標準誤差を示す.

実生の出現パターン

それでは実生の出現パターンをみていこう(図8).まず,風衝地での出現パターンである.Fタイプ実生は,6月から出現し始め8月まで出現し続けた.一方,Sタイプ実生は,1998年および1999年の両年ともFタイプ実生より1か月ほど遅く出現し始めた.雪田でも,雪解け時期が早かった1998年にはSタイプ実生はFタイプより遅く出現した.1999年は雪田の雪は7月半ばに消雪し,このときはFタイプ,Sタイプともに消雪後すぐに出現した.このように,同じ環境条件に播かれたにもかかわらず,実生の出現パターンはタイプ間で異なっていた.

実生の生存パターン

では,出現した実生はどのくらい生き残ったのだろう(図9).風衝地での

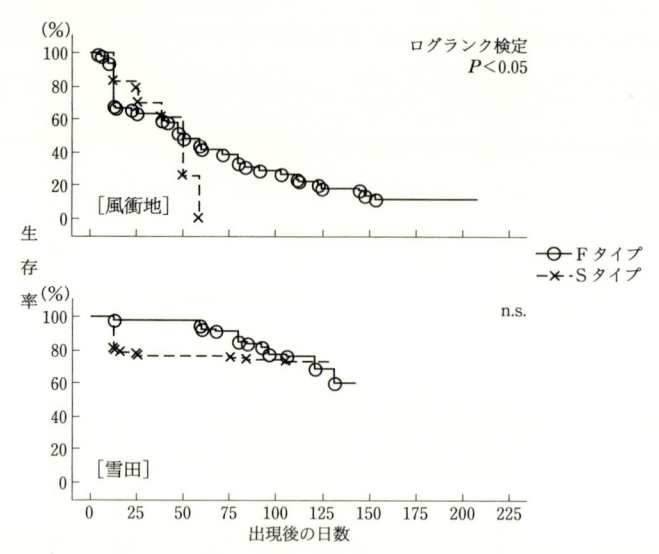

196　第Ⅴ部　極地と砂漠の攪乱と遷移

図9　風衝地(上)と雪田(下)における実生の2年間の生存曲線(Shimono and Kudo, 2003より)。1998年に出現した実生について，1999年の生育期終了時まで観察した結果を示す。風衝地では10〜5月までの越冬期を，雪田では雪が積もっていた期間を0として出現後の日数を計算している。

　生存率は低く，2年間生き延びたFタイプはわずか10％，Sタイプは越冬できずに1年目ですべて死にたえた。一方雪田では両者ともに60〜70％という高い生存率を示した。やはり，実生にとって風衝地は，雪田に比べるとかなり過酷な環境条件であることがみてとれる。
　次に，実生の出現時期別に生存率をみていこう(図10)。風衝地において6〜7月に出現した実生は，1年目の死亡率が高い一方，越冬後の死亡率は低い。6〜7月前半は不定期に起こる霜や乾燥によって実生が死亡しやすい時期である。このため，年内の死亡率が高くなると考えられる。8月に出現した実生は，年内の生存率は高い一方，越冬後は次々に死んでいく。後半に発芽した実生は冬を迎えるまでに貯えられる成長量が少ないため，十分な耐寒性を備えることができない，あるいは越冬期および春の凍結にともなう土壌の攪乱に耐える根系を発達させることができないなどの理由によって，次々に死んでいくのではないだろうか。一方雪田では，7，8月に出現した実生はいずれも60％という高い生存率を示した。

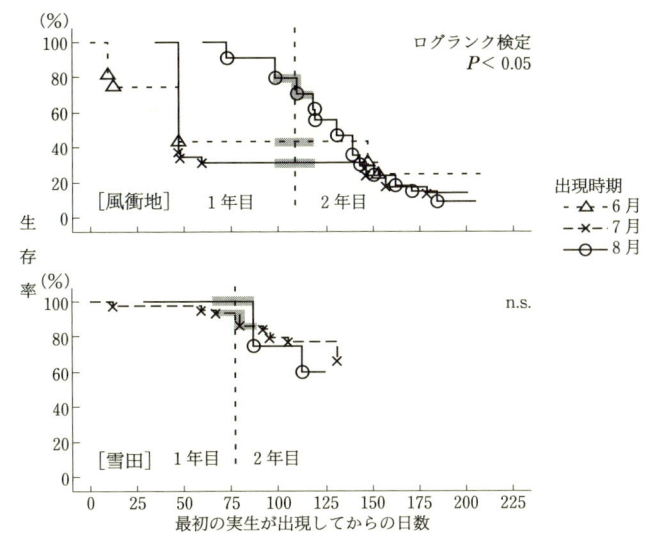

図10 風衝地（上）と雪田（下）におけるFタイプ実生の出現時期ごとの生存曲線（Shimono and Kudo, 2003を一部改変）．1998年に出現した実生について，1999年の生育期終了時まで観察した結果を示す．風衝地では10〜5月までの越冬期を，雪田では雪が積もっていた期間を0として出現後の日数を計算している．アミかけになっている部分は，1年目の生育期終了時を示す．つまり，アミかけ部分より前の部分は1年目の生存曲線，後の部分は越冬後の生存曲線を示す．雪田において6月に出現した実生はサンプル数が少ないため示していない．

実生の成長量

このような環境を生き残った実生は，2年間でどのくらい成長できたのだろうか（図11）．1999年の生育期終了時に，実生の乾燥重量を齢ごとに測定した．風衝地で出現したSタイプ実生は，2年目まで生存したものがいないためデータはない．1年生実生の成長量には有意な違いはなかったが，2年生実生では大きな違いが存在した．Fタイプ実生についてみてみると，風衝地で育った実生の成長量は10.3 mgなのに対し，雪田で育った実生の成長量は1.8 mgと6倍近くの差があった．1.8 mgという値は，本来の生育環境である雪田で育ったSタイプの成長量（2.9 mg）よりも少なく，いちじるしく成長量が少なかったことがわかる．風衝地のFタイプ実生の成長量が顕著に大きいのは，サイズの小さな実生が越冬期に死にやすく，サイズの大きなもののみが生き残りやすいためだと考えられる．越冬前に測定した実生の葉

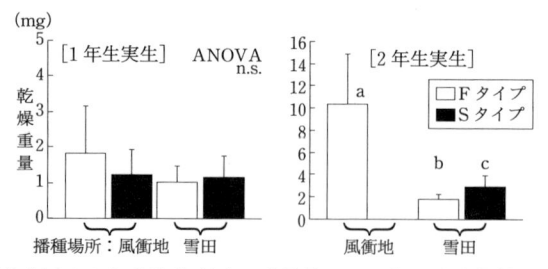

図11 1年生実生(左)と2年生実生(右)の成長量。1999年の生育期終了時にポットを回収し，生存していた実生の乾燥重量を測定した。平均値と標準偏差を示す。アルファベットの違いは，多重比較によって有意な違いがあったことを示す($P<0.05$)。

サイズから成長量を推定し，その実生の翌年の生死をたどってみると，実際に，風衝地では1年目の成長量が大きかった実生のほうが翌年の生存率が高いという関係が見出されている。一方雪田では，翌年まで生存した実生と死んだ実生とのあいだに1年目の成長量の違いはなく，生存率にサイズ依存性はみられない。風衝地の冬季の厳しい気候環境が，風衝地での生存を難しくしていることがうかがえる。雪田で育てたFタイプ実生の成長量が小さい理由として，光環境の違いが考えられる。裸地の多い風衝地に比べて密な草原が発達する雪田では，実生が獲得できる光の量は制限される。強光環境に適応したFタイプ実生は，被陰された環境では不利であることが考えられる(McGraw, 1985)。また，生育地が変わると，個体が生育期間中に光合成によって獲得できる炭素量と，葉などの器官をつくるために投資する炭素量とのバランスがくずれ，成長が悪くなることも考えられる。落葉性の高山植物は，雪解けが遅く生育期間の短い場所では，製造コストの少ない薄い葉を生産することによりシーズン内の炭素バランスを維持していると考えられている(Kudo, 1992)。Fタイプ実生は，どちらの環境で育てても厚い葉を生産する傾向があり，Sタイプの実生は薄い葉を生産する傾向がみられる(表1)。すなわち，葉の性質はそれぞれのタイプで遺伝的に決められた性質であることがわかる。雪田は風衝地よりも生育期間が短いため，シーズン内に光合成によって獲得できる炭素量は少ないだろう。落葉性のミヤマキンバイの場合，Fタイプ実生が多くの炭素を投資して頑丈な葉をつくっても，雪田ではその製造コストに見合うだけの光合成が行えず，炭素の浪費となってしまうと考

表1 相互播種実験により出現した実生の単位葉面積当たりの乾物重量(LMA)。薄い葉ほどLMAは小さくなる。平均値±標準偏差を示す。アルファベットの違いは、多重比較によって有意な違いがあったことを示す($P<0.05$)。

本来の生育地	播種場所	LMA (mg/cm^2)
風衝地	風衝地	8.19 ± 0.45 a
風衝地	雪田	8.49 ± 0.48 a
雪田	風衝地	6.44 ± 0.23 b
雪田	雪田	6.15 ± 0.60 b

えられる。さらに長期間にわたり成長を観察したら，Fタイプは雪田から排除されていくのではないだろうか。

温室での育成

以上述べてきた実験は高山帯で行ったものだが，ミヤマキンバイを低地の温室で育てた場合どうなるのだろう。乾燥や霜など実生の生存を脅かす環境要因は存在せず，暖かい温度条件下で育つと，ミヤマキンバイはすくすくと成長し，1年目で花までつける。高山帯では1シーズンでわずか3～4枚の小さな葉を展葉するだけなのと比べるとずいぶんな変わりようである。プランターに植えて温室で育てたミヤマキンバイを見てみると，形態的な違いが歴然としている(図12)。Fタイプは地面にはいつくばったような形態を示し，Sタイプは直立型の形態を示す。これはそれぞれの生育地で見られるのとまったく同じ形態である。すなわち，風衝地と雪田のミヤマキンバイの集団間には，明らかな遺伝的分化が生じているのである。

風衝地と雪田は，お互いに隣接しているにもかかわらず，実生の定着を制限する環境要因は大きく異なることが示された。風衝地では，厳しい冬を耐えるためには早く発芽して成長量を稼いだほうがよいのだが，生育期前半は不定期に起こる霜や乾燥で死亡しやすい時期と一致する。このため，生存率が高い特定の発芽時期は存在しないと思われる。その結果，早い時期から発芽し始め，ばらついた発芽パターンが維持されているのではないだろうか。

図12 大雪山の風衝地と雪田で採集してきた種子を実験室で発芽させ、温室で育成して8か月目のミヤマキンバイのようす。向かって左が風衝地由来の個体。右が雪田由来の個体。

　実生の生存を脅かす環境要因がたくさんある風衝地に比べると、雪田はおだやかな環境だといえる。雪田では生育期間は短いが越冬期の環境条件がおだやかなため、耐寒性を獲得するために必要な成長量は風衝地に比べて少なく、8月に出現した実生でも翌年の生存率は高かった。消雪後ただちに発芽して成長量を稼がねばならないという強い選択圧は働いておらず、発芽開始時期はFタイプに比べて遅かった。

　このように、同じ種に分類されているミヤマキンバイだが、Sタイプの実生は風衝地では生き延びられず、Fタイプの実生は雪田で生育すると成長量がいちじるしく悪くなる。両者はお互いの生育地を交換することはできそうもない。同じ環境で育てられても堅持されている両者の違いは、風衝地と雪田がいかに異なる環境条件かを物語っている。高山生態系では、風衝地と雪田のように、雪解け傾度がつくりだす微小スケールでの生育環境の違いが異なる淘汰圧を生みだし、同一種内に遺伝的に分化した集団を進化させてきたことが明らかとなった。

高山に登ると目にする広大なお花畑。同じような景色が広がっているように見えても，細かく見ていくとさまざまに異なる環境の集合なのである。そして，一見同じ種が広く分布しているようだけれども，環境条件に応じて遺伝的に異なったタイプに進化している場合もある。このような現象は高山に限ったものではない。さまざまな生育地を同じものとして一括りにするのではなく，固有のものとして認識し，生物のふるまいを観察していく姿勢がだいじなのではないだろうか。そして，目に見える地上個体だけでなく，地下に蓄えられている種子たちにも思いを巡らせてほしい。

第12章 砂漠における一年生植物の生存戦略

成田憲二

1. 砂漠とは

　砂漠とはどんなところだろうか。強い日差し，乾燥した空気，植物も動物もほとんど見当たらない果てしなく続く砂丘。そういったものが日本人のもつ砂漠についてのイメージだろう。確かにこういった砂漠も存在するが実際の砂漠はひじょうに多様な気象・地形・土壌環境を含み，さまざまな生物が高温と乾燥にうまく適応し生活している。砂漠は確かに雨の少ない地域に広がっているのだが，実際の砂漠の年平均降水量の範囲はほぼゼロ(アタカマ砂漠やリビア砂漠など)から 600 mm (マダガスカル)ほどであり，かなり広い範囲にまたがっている(Evenari, 1985)。400〜600 mm ほどの雨が降る多くの地域が砂漠ではないことからわかるとおり，単純に降水量だけでは砂漠とそれ以外の地域の区別をつけるのは難しい。砂漠は気象学や地質学，植物学などさまざまな見地からいろいろと定義されているが，そのなかでも「年間蒸発散量が年間降水量より大きい地域」という定義が明快に砂漠を表現していると思われる。量的に表すと乾燥指数(年間降水量/蒸発散位*)が 0.05 未満の地域を極

---

*水がその表面で水蒸気に変わる現象を蒸発，植物体を通してのそれを蒸散という。水，土，植物などが混在する地表からの蒸発を厳密に区別して扱うことは難しいので，すべてを合わせたものを蒸発散と定義し，一括して扱う方法が採られる。植物に覆われた地表面に水が十分に供給された場合の蒸発散量のことを蒸発散位(可能蒸発散量 potential evapotranspiration)という。

乾燥地 hyperarid，0.05〜0.2 の範囲の地域が乾燥地 arid，0.2〜0.5 の範囲の地域が半乾燥地 semiarid とされている(UNEP, 1997)。このように降雨が量的に少ないことに加え，砂漠の重要な特徴は「降雨が量的，時空間的に著しい不規則性，不確実性，変動性を示し，故に完全に予測不可能」ということである(Evenari, 1985)。つまり砂漠ではいつどのくらいの雨が降るかということに大きな変動がみられるのである。たとえば，もっとも雨の少ない年と多い年の年間降水量を比べると 6〜10 倍，極端な場合では 100 倍にも達することがある。また，一度に降る量にもばらつきが大きく，インドのタール砂漠では 1 日に 500 mm の雨が降ったり，オーストラリアの砂漠では 100〜300 mm の降雨が 1 日に降った記録もある。季節性にも大きな変動がみられ，たとえば日本の冬にあたる時期に雨期があるイスラエルのネゲブ砂漠では 17 年のあいだに観測された雨期の訪れが，10 月 5 日から翌年の 1 月 17 日までの幅で変化した(Evenari, 1985)。

　砂漠は生成要因や気象の違いから大きく 4 つのタイプに分類されている。
①熱帯砂漠は低緯度高圧帯(北緯，南緯 25°付近)に分布し，気温が高く降水量が少ない。分布はインド‐中近東‐サハラ周辺と南半球ではオーストラリア内陸部がこの区分にあたる。
②内陸砂漠は大洋から離れた大陸の内部に分布し，海からの水分が届かないために砂漠が存在する。ユーラシア大陸の内部タクラマカン砂漠やゴビ砂漠などがこの区分にあたる。
③地形性(雨陰)砂漠は卓越風の風下側に高い山地があるためその遮蔽作用で降水が少ない地域である。パタゴニア地方はアンデス山脈の風下にあるために乾燥している。
④低温(海岸)砂漠はおもに高緯度から寒流が流れ込む大陸西岸に分布している。そのため大気中の水分含有量が低く降水がつくられにくいことがこの区分の砂漠の生成理由である。このような砂漠に区分されるのはアフリカのナミブ砂漠やチリのアタカマ砂漠である。このタイプの砂漠の特徴は気温がそれほど高くないが降水量がひじょうに少ないないことであり，また，霧が生物の水分供給源となっていることもある。

　生物にとってもっとも重要な砂漠の特徴は，上記の通り少ない降雨が量的，

時空間的にいちじるしく不規則にやってくるということであり，このことが生物が適応しなければならない最大の問題点である．一度定着してしまったら移動できない植物にとって，砂漠は乾燥による生育不適な期間と予測不可能な生育可能な期間がある環境となる．このような変動環境では植物は大きく分けて，生育に不適な時期に対する耐性をもつタイプ(tolerance)と不適な時期を種子などで回避するタイプ(avoidance)のどちらかの生活型をとっていると考えられている．耐性型の形態的特徴として，①被透水性の物質で表面を覆うことや葉の表面積を減らし蒸散を防ぐ，②季節的に葉や枝を落として蒸散を防ぐ，③体内に水分を貯めておくなどがあげられ，生理的には，①CAM植物[*2]にみられる乾燥下での高い光合成能力(Kluge and Ting 1978)や，②低い土壌水分でも根から水を吸収できる能力などがある．一方回避するタイプの植物は種子や土壌中の根茎などの休眠体により不適な環境をなんとかしのぎ，好適な環境下の訪れに反応してすばやく成長を開始し，種子生産を終えるためのさまざまな特徴をもっている．本章では特に「回避」型の代表例である一年生草本を中心にその生活史戦略について紹介する．ここで生活史戦略という言葉を用いたが，これは生活史のさまざまな性質(寿命・繁殖開始齢・個体サイズ・種子のサイズや生産数など)が，ある環境でいくつかの共通した組み合わせとして進化する場合，この組み合わせを戦略と考えるものである(Stearns, 1976)．生物はさまざまな制約のなかで進化してきたので，いろいろな選択肢のなかからなるべく無駄を省いて効率よく生きているはずである．そのため，ある環境にうまく適応するためのさまざまな形質のあいだには負の関係があると考えられる(Venable and Brown, 1988; Rees, 1997)．たとえば，ある植物が風散布などによってさまざまな空間に種子をばらまくことができ，それによってすべての種子が同時に不適な環境に遭遇する可能性を下げることができるなら，部分的休眠(時間的分散)をしない種子をつくると考えられる．また，多年生植物は複数の年に繁殖をすることで時間的分散能力をすでに身につけているので，多年生植物の種子は一年生草本の種子より休眠率は低いと考えられる．砂漠に生息する一年生草本に限っても，種子サイ

[*2]Crassulacean Acid Metabolism 植物．夜間に気孔から CO_2 を取り込み有機酸として液胞に貯え，昼間は気孔を閉じてこれを用いて光合成を行う植物．

ズや成長速度，形態などにさまざまなものがあり，多くの生活史戦略がありそうだが，そこには何らかの規則性がみられるはずである。

回避型の生活型をもつ植物にとって，いつ種子休眠を解除し成長を開始するかということは重要な問題である。資源が時間的に局在する場合，植物は成長や発芽を開始するために何かしらの環境のキーを利用している。温帯ではそのキーは温度であったり(Baskin and Baskin, 1972)，光の量(Ratcliffe, 1961)や質の変化(Silvertown, 1980)であったりする。こういったキーを利用できるのはそれらのキーが引き続く環境の状態と比較的高い相関関係があるためで，そういう意味で温帯は予測性が高い地域であるといえる。砂漠環境では，降雨が好適な環境の訪れを示すキーになっているのは間違いない。しかし，砂漠環境では降雨は量的また時間的に変動性が高いうえに，強い日射や高温，土壌の水分保持性が低いため土壌中の水分は急速に蒸発していく。そのため一度の降雨でもたらされる好適な時期は短い。このような生育時期の長さや質が予測不可能な場合，どのようにこのキーを使うことが適応的であろうか。ひとつの解決法として考えられるのは部分種子休眠で，好適な時期の訪れを示すキーによって一部の種子を発芽させ休眠したままにしておくことである。これはある種の危険分散 bed-hedging として考えられている。危険分散の基本的な考え方は人間の行動にも多く見られる。たとえば，競馬をするときにすべてのお金を1回のレースに賭けずに，何度かのレースに分けて賭けることがこれにあたるであろう。Cohen(1966)は砂漠環境に生息する一年生草本の休眠について簡単な数式を用いて，年ごとに変動する環境下でどれだけの種子を休眠させることが適応的かを検討している。長い期間でみたときに好適な環境が p，不適な環境が $1-p$ の確率で訪れるとしよう。生産された種子のうち x の割合で翌年発芽したとき，好適な年には種子生産数は S，不適な年の場合種子生産は 0 になるような極端な場合を考える。休眠した種子の死亡率を d とし $(1-d)$ の割合の種子が翌々年に x の割合で発芽するとする。ある年の総生産種子数は発芽した種子が生産した数と休眠中に生存した数の和なので，好適な年には $xS+(1-x)(1-d)$，不適な年は $(1-x)(1-d)$ である。このような休眠特性をもった個体の長期にわたる種子生産数の期待値は各年の種子生産の幾何平均 $V(x)$ なので

$$V(x) = [xS + (1-x)(1-d)]^p [(1-x)(1-d)]^{1-p}$$

となる。$\dfrac{dV(x)}{dx} = 0$ について解くと最適解は

$$x = \frac{pS + d - 1}{S + d - 1}$$

となり，これは生産種子数が十分多い場合，最適な発芽率は不適な年の確率に近づいてくことが知られている(Cohen, 1966；巖佐, 1990；伊藤ほか, 1992；酒井ほか, 2001)。種子を一部休眠させることは不利なように思われるが，休眠しない場合(つまり上記の式に $x = 1$ を代入する) $V(x)$ が 0 になることからわかるように，不適な環境にすべての種子を発芽させることによる絶滅の危険を避けることが変動環境下では重要な性質である。また，不確実に変動する環境下での種子休眠には，適応度のばらつき(分散)を減少させることで，長期間の平均でみたとき，高い適応度を得ることができるという意味もある(詳しくは伊藤ほか, 1992)。Venable (2007) は，合州国のアリゾナ砂漠に生育するさまざまな一年生草本を対象に，繁殖成功度と種子休眠の割合についての22年間にわたる調査を行った。その結果，調査したすべての種の繁殖成功度は成長期の降水量によって年毎に変動しているがその変動は種によって異なり，年毎の繁殖成功度の分散が大きい種ほど休眠種子の割合が高い傾向があることを明らかにした。つまり，どんな環境でも結構うまくやっていける種は種子をあまり休眠させず，年毎の環境に影響を受けやすい種は種子休眠をさせやすいということである。砂漠の一年生草本の場合，種子休眠はこの分散の効果を減少させるために進化したのではないかと考えられる。逆に，何らかの方法で繁殖成功度の年次変動を下げることができる植物は種子を休眠させない方向に進化したと考えられる。

　種子の休眠には生活史戦略上いくつかの不利な面がある。ひとつは種子を休眠させると繁殖するまでの時間がより多くかかってしまうということ，もうひとつは繁殖を遅延する個体は繁殖開始前に死ぬ可能性が高くなるということである(Bulmer, 1985)。休眠期間中の死亡という問題は一年生草本の場合，種子だけが遺伝子を存続させる唯一のものであるためひじょうに重要となりそうである。また，砂漠環境は生態系の基礎となる一次生産量が低いうえ，

その植物生物量も年間・年内の変動が大きいため動物にとっても過酷な環境であり，餌資源となる植物は強い被食圧を受けている。とくに種子は脂質やタンパク質など植物のほかの部分に比べて栄養価が高いため，動物にとってはきわめて利用価値が高い餌資源となっている。実際，砂漠環境は種子食者が多いことでも知られていて，げっ歯類やアリなどの昆虫による食害が多く，70％以上の種子がこれら種子食者によって食べられてしまうこともある(Inouye et al., 1980)。そのため長く休眠することは，動物による被食可能性が増加し死亡可能性を高めることになるため，休眠期を短くするか被食圧を下げるような形質も重要となりそうである。

2. 多年生植物 *Welwitschia mirabilis* の生存戦略

多くの多年生植物は乾燥への何かしらの耐性を獲得し厳しい乾燥の時期を生き続けている。もっとも有名なのはアメリカ大陸に生育するサボテンの仲間で，水分を体内に貯えることや葉の面積をできる限り小さくすることで乾燥への耐性を獲得している。砂漠に適応した多年性植物のなかでももっとも風変わりなものは *Welwitschia* であろう。*Welwitschia mirabilis*(図1)はグネツム目 Gnetales に属する1科1属1種の植物で，ナミブ砂漠の海岸にそって，長さ1000 km，幅100〜150 kmまでの狭いベルト地帯にのみ生育し，葉を一生のうち2枚しかつけずに生きている(Van Jaarsveld, 2000)。こう書くとみなさんは小さい植物であろうと思うだろうが，この2枚の葉を基茎からずっと成長させることで1000年近く生き続ける大きな植物なのである。個体を構成するのは2枚の長く厚い葉，木化した短い茎部，それと深さ数mまでまっすぐに伸びた根である。地上部の高さは大きいもので大人の背の高さほどに達し周囲数m以上の緑の小山のようになっている。遠くから見ると小さい個体はしおれたチューリップのように，大きい個体は打ち上げられたコンブ(昆布)の山のようにも見える。皮質の葉は厚さ数mmほどでひじょうに硬く，幅は1m近くになる。長いもので5,6mにも達するが，成長にともない裂けた葉が何枚にも分かれる。茎は上方向への伸長成長を途中でやめるため横方向への成長だけが続くが，中心部は成長とともに消失し堅く木化し

第 12 章 砂漠における一年生植物の生存戦略　209

図1　ナミブ砂漠にのみ生育する *Welwitschia mirabilis*（1995 年 4 月，著者撮影）。(A) 高さ約 1 m の巨大な個体。大きな 2 枚の葉が裂け多数の葉に見える。上部の枝のような部分は雄花である。(B) 個体が点在するようす。ほかの植物はほとんど見られない。(C) 小さい個体。茎（内側の茶色い部分）は垂直方向にはあまり伸びず，横方向に広がっていき内側は腐朽し空洞になる。葉の基部付近に雄花が多数咲いている（帽子は比較のため）。

た辺縁部だけとなる。茎部の炭素年代測定により個体の年齢を推定すると平均が 500〜600 歳，ひじょうに大きな個体でおよそ 2000 歳であった。種子は比較的大きく直径 5〜6 mm ほどで薄い翼があるため風散布型の種子散布をすると思われる。1995 年にインドでの調査の帰りに寄り道して訪れたナミビアの生息地では，実生や小型の個体はほとんど見られなかった。個体群の齢構造を調査した研究によると比較的近い年齢の個体から構成されていることから，まれに訪れる雨の多い好適な年にのみ発芽・定着に成功するらしい。

この地域の年間降水量は 10〜100 mm しかないが，この付近の沿岸には南からのベンゲラ寒流が流れており，これがナミブ砂漠の暖かい空気と触れて濃霧が発生しやすい。この濃霧による露は 50 mm ほどの降水量に匹敵するそうで，この水分を効率的に取り込こむ機能が厳しい乾燥のなかでも緑の葉を維持する秘密があるのかもしれない。また，この植物は被子植物と裸子植物の両方に似た形質をもっているため分類学的な興味を引いているが，系統上の位置関係についてはまだ決着がついていないようである(Mundry and Stützel, 2004)。

3. 一年生植物 *Brepharis sindica* の生存戦略

キツネノマゴ科の *Blepharis* 属はアフリカから中東，インドの乾燥地に生息する植物で砂漠や草原などの多様な生息地に広く分布しており，環境の違いにより一年生草本や多年生草本など異なる生活型を示す(Gutterman, 1972)。*Blepharis sindica*(図2)はインドとパキスタンにまたがるタール砂漠にのみ生育する一年生草本である。今回紹介する調査はインド北西部のチャンダンという町にあるインド国立砂漠研究所の実験フィールド(26°59′N, 71°19′E)で行われた。この地域には夏・モンスーン・冬という3つの季節があり，7〜9月のモンスーン期に集中する年平均降水量は 150 mm 程度(Shanker, 1983)，夏の最高気温の平均は 40°C ほどでしばしば熱波の影響で 50°C を超えることもある。冬には気温が下がり，まれに 0°C 付近まで下がることがある。植物の生育が可能なのはモンスーン期の数か月であるが，雨が降っても強い日射と保水性の低い砂質土壌のせいで利用可能な水分はすぐに蒸発してしまい，植物生存に適した期間は降雨パターンによって強く制限されている(図3)。

　この植物の第一の特徴として，繁殖期の途中から種子の生産が終わるころ，茎や果実を包む苞葉がしだいに木化し堅くなり，枯死した後も立ち続けることである。木化して死んだ個体には種子を内包した堅い果実と苞葉の集まり(コーン)がいくつもついている。樹木などと異なり一年生植物の場合，生育期最後にはなるべく多くの資源を繁殖，つまり種子に投資することが適応的と考えられ，種子以外の部分に資源を投資することは一見無駄である。死ぬ

第 12 章　砂漠における一年生植物の生存戦略　211

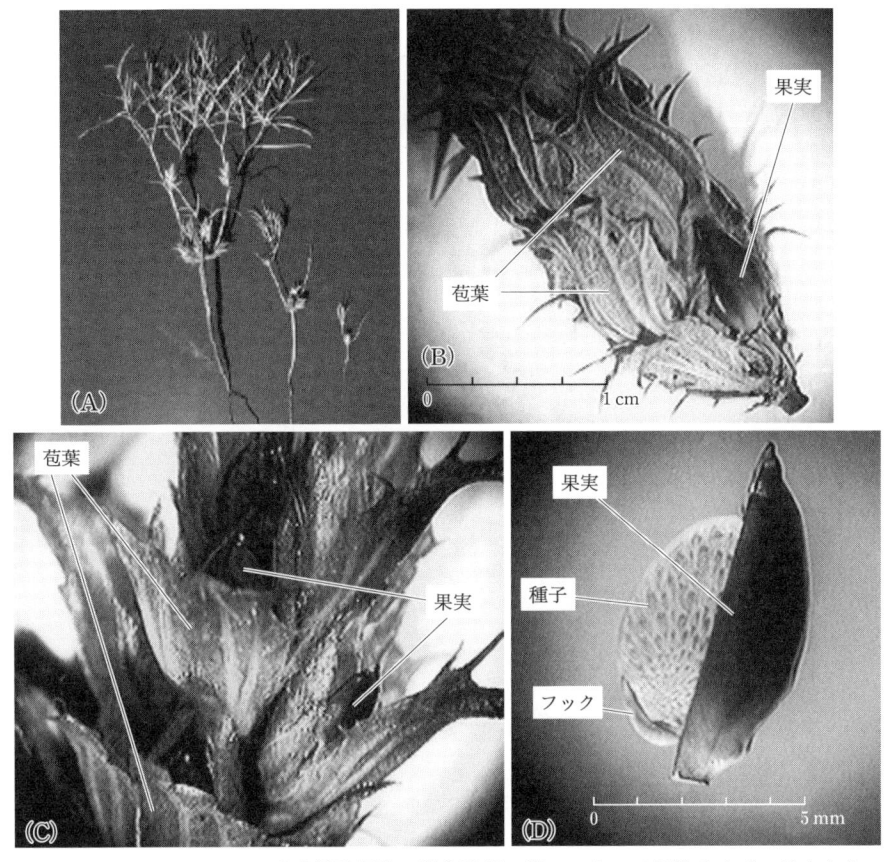

図 2　*Blepharis sindica*。(A)繁殖個体。散布時期の違いによって個体サイズには大きな違いがある。(B)枯死体についているコーン。ひじょうに堅く鋭い刺のある苞葉に包まれて果実がついている。(C)水を含むと苞葉が外側に広がり果実が露出する。(D)果実内部。中心からふたつに割れた果実にはふたつの扁平な種子が並んで内包されている。果実の基部付近についているフック状の部分がそれぞれの種子にかかっているのがわかる。種子表面には粘着性の物質とフィラメント状の多数の毛が並んでいる。果実は瞬間的に割れそのときこのフックで種子を引っ掛けてはじきだす。じつに巧妙な仕組みだ。

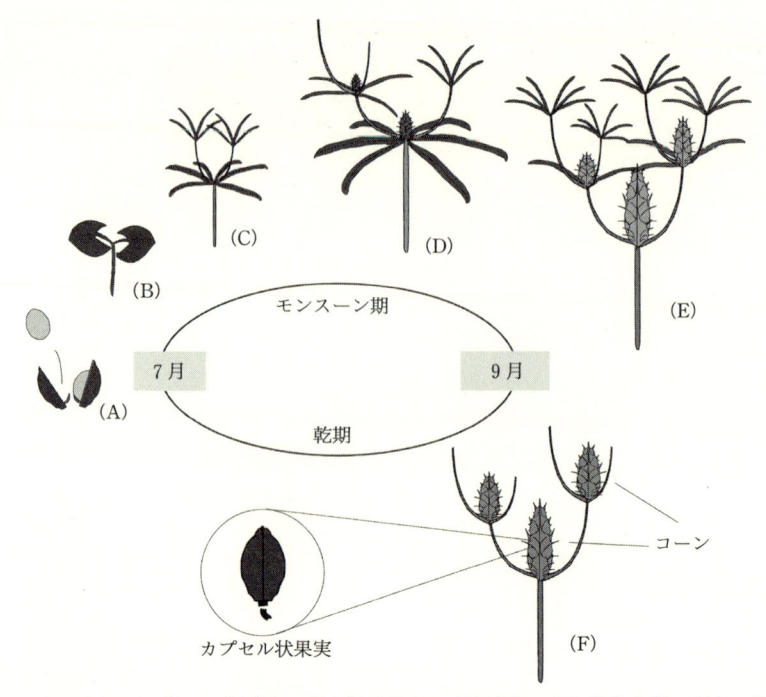

212　第Ⅴ部　極地と砂漠の攪乱と遷移

図3　*Blepharis sindica* の生活史。(A)種子散布，(B)実生，(C)栄養成長，(D)・(E)繁殖，(F)枯死体。苞葉は初め緑色をしているが繁殖期後期からしだいにうす茶色に変化していく。

とわかっている個体の茎や枝への投資は無駄以外の何者でもないはずである。

　さらに，種子のサイズは平均7.8 mg と一年生草本のなかでは比較的大きい方に属する。砂漠環境に生育する植物はより湿った環境の植物より大型の種子を生産することが知られていて，これは乾燥した環境下では大型種子の方がすばやく根を伸ばすことができ，少ない土壌中の水分を獲得できるためだと考えられている(Leishman and Westoby, 1994)。種子のサイズは発芽・定着に重要な特性であり，遷移初期や頻繁に攪乱が起こる環境では小型種子をたくさんつくる戦略が有利で，遷移後期の安定した競争的な環境では大型種子をつくる戦略が有利とされている。では，木化した枯死体上に大型の種子を保持することはどういう意味があるのかを実際の観察から明らかにしていこう。

モンスーン期が訪れる前の調査地には高さ10〜20 cmの多数の *Blepharis* の枯死体が立っている．ほかにはイネ科多年生草本の株立ち(タソック tussock)が点在しているだけである．前年死んだ枯死体はうす茶色をしているが，それ以前に死んだ個体は降雨に打たれたうえ強い日射のせいで黒から灰色をしているため区別がつく．個体群内の土壌を調べてみると土壌中にはほとんど種子がなく，種子は枯死したまま立っている個体のコーン中にだけ存在することがわかった(Narita and Wada, 1998)．また，前年以前に死んだ枯死体にも種子が保持されていた．枯死体のコーンから取りだした果実やコーンを地面に直接置いて運び去られるようすを観察した．果実は1週間，コーンは4日ですべてげっ歯類などにもち去られていたが，すぐそばの枯死体上のコーンはもち去られなかった．さらにこの枯死体上の種子のモンスーン期の運命をみてみると，約70%が当年に散布され，約5%程度が食害と菌類によって死亡していた．残りの約25%はそのまま保持されているが，発芽試験によって1年以上保持されても種子の活性は維持されていることが確かめられた．つまりこの種は種子プール(種子バンクともいう)を土壌ではなく比較的安全な枯死体上に形成し(「空中種子プール」と名づけよう)，一部の種子は数年間この「空中」種子プールに残っているのである．

　この植物の種子散布手段もまた興味を引く．この地域では比較的はっきりしたモンスーン期があるのだが，このモンスーン期に降る雨はいわゆる「バケツをひっくり返した」ような雨である．頭の上のどこかで水を溜めていた袋が破けたのかと思うくらいの雨だ．コーンを覆っている苞葉がその激しい雨を浴び十分水分を含むと数分間で開き始め，なかの果実があらわになる．その果実が引き続き雨にさらされると今度は果実が中央からふたつにすばやく割れ，なかの円盤型の大型の種子(約7.8 g乾重)をフリスビーのように回転させながらはじきだす．はじきだされた種子は最大で7 mも飛ばされることが確認されている．雨がやむと苞葉はゆっくり閉じ散布されなかった果実を再び堅く覆い次の降雨を待つのである．果実から散布された種子の表面には粘着性物質と細い繊毛があり，それらが水分を保持して発芽に利用する．種子発芽はひじょうに速く，十分な水分がある状態では5時間でおよそ9割の種子が発芽し，定着・成長を開始する．雨は1日1度しか降らない．その

ためこの植物の個体群は散布・発芽タイミングが異なるグループにはっきり分けられるので，雨の後に地表に散布された種子にマークをしておけば散布タイミングがその後の成長などに与える影響を観察することができる。1年間に雨が何度降るかは誰にもわからない。調査を行った1994年には12回の降水があり，そのうち6回の降雨で散布された100個の種子について（合計600個体），発芽とその後の成長・死亡・フェノロジー・種子生産を観察することができた。

　雨ごとの種子散布パターンをみると，降水量に関係なくモンスーン期の早いタイミングにより多く散布される傾向があり，この年散布された種子の多くが初めの3回の降雨によって散布されていた。また，モンスーン期が終わった段階で26%の種子が枯死した親個体に残っていた。マークをつけた枯死体のコーン内部の果実数を降雨毎に数えると，少しずつ種子を散布していることも確認できた。つまり異なるタイミングでもっている種子をすべて散布するさまざまな個体により個体群が構成されているのではなく，ひとつの個体が何度かの降雨のタイミングで種子散布を分散させているのである。どうやらこの植物は堅く刺のある苞葉や木化した茎・枝などは散布タイミングの制御と食害からの回避のために重要な役割を果たしていそうである。以上のことは砂漠環境で生き抜くために回避型植物が示す種子プール戦略のひとつの例を説明する。生育に不適な時期と変動の大きい降雨によってもたらされる生育に好適な時期の繰り返しが砂漠環境の特徴であり，不適な時期を休眠種子によって回避し，好適な時期の訪れを降雨で感知して発芽・成長をすばやく開始する。しかし，げっ歯類などの種子食者が多いため休眠種子でいる期間も決して安全ではなく，この時期が長いほどまた餌として利用価値が高いほど死亡率が増加するだろう。そのため，種子そのものへ投資する以外にも多くの資源を使って種子を保護するための器官をつくることが適応的だと考えられる。じつはこうした「空中種子プール」を形成する一年生草本はさまざまな砂漠で数種発見されている（Gutterman, 2002）。では，種子散布がモンスーン期の初めの雨に集中してはいるが，何度かの雨に分けて散布されるのはなぜなのだろうか。次に散布タイミングの効果についてみていこう。

　発芽後，個体サイズや死亡率，フェノロジーは散布タイミングと散布後の

降雨量と降雨の時間的パターンによって大きく影響を受け，最終的な種子生産量も散布されたタイミングによって異なっていた(Narita, 1998)。ここで各降雨で散布され発芽した個体の集合をコホートと呼ぶことにする。図4を見ると，モンスーン期の初期の3つの降雨で散布されたコホートと残りの3コホート間で成長パターンが大きく異なることがわかる。初期3つのコホートでは，散布から30日間に個体サイズが2倍ほどになりその後しだいに減少していくが，残りの3つのコホートでは個体サイズの増加は大きくはない。つまり早く発芽した方がより大きな個体となることができる。各コホートの発芽タイミング(最初のコホートの散布日を0日として数えた各コホートの散布日)と散布時に降った降雨量，散布から1週間の降雨量，1か月間に降った降雨量の4つの環境変数が個体サイズ(実生と1か月後の基部直径)に与える影響を重回帰を用いて分析した結果，すべての変数は有意に影響を与えていたが，とくに発芽タイミングが実生サイズに与える影響($r=-0.595$, $P<0.001$)と散布から1か月間の降水量が個体サイズに与える影響($r=0.532$, $P<0.001$)が大きかった。個体の成長には散布が起こったときの降水量より，散布・発芽以降に引き続いて降雨が続くことが重要なのである。つまり，なるべく早いタイミングで種子を散布させることはモンスーン期を長く利用できるし，多くの降雨を得ることができる可能性があるため適応的であるが，その後の降雨の

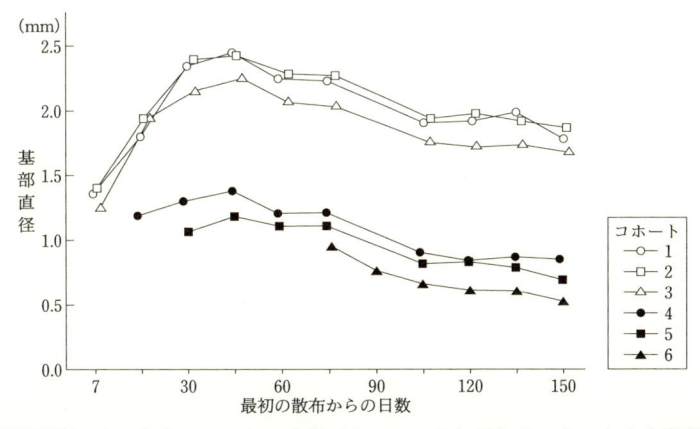

図4 基部直径からみた各コホートの成長パターン。それぞれのコホートの生存個体の平均値を示している。発芽タイミングが早いほうが大きな個体になっていることがわかる。

パターンによってはうまく成長できない危険もある。

　一方，死亡率をみると成長にみられるような発芽タイミングの効果が同様にみられたが，いくつかの成長ステージで発芽タイミングとは関係しない死亡もみられた。図5は発芽から繁殖までの成長過程を6つのステージに分けて積算生残率を示してある。地表に散布された種子が発芽するまでの定着期の死亡率は比較的低く10％以下であるが，コホート1と4でおよそ40％であり，ほかのコホートと比べるとかなり高くなっている。また，コホート5はステージ1～2のあいだに高い死亡率が見られ，コホート6は成長過程のすべてのステージで連続して死亡していき種子生産に至った個体はなかった。種子生産に達するまでの死亡率は発芽タイミングと関係しており，この関係は個体サイズの違いが間接的に影響していたと思われる。

　最終的な生産果実数を結実生産まで生きた個体当たりと散布された種子当たりについてコホート毎にみてみると，個体サイズを反映して個体当たりの生産果実数はコホート1がもっとも多く，散布された順序で減少していた（図6A）。個体の死亡を考慮した散布された種子当たりでは（図6B），コホート1の高い初期死亡率を反映した結果，コホート1，2，3間には違いが見られなかった。また，コホート5，6は種子生産に至った個体数と種子生産数がともにきわめて低く，遅い時期での種子散布は大型個体との競争や，雨を

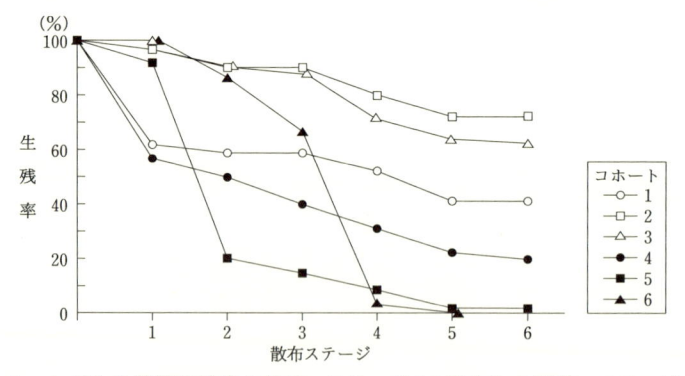

図5　コホートごとの積算生残率の比較。ステージ1：散布から発芽，ステージ2：発芽から実生；ステージ3：実生から栄養成長期；ステージ4：栄養成長から繁殖前期；ステージ5：繁殖前期から開花；ステージ6：開花から結実。発芽タイミングに依存しない死亡も起こっていることがわかる。

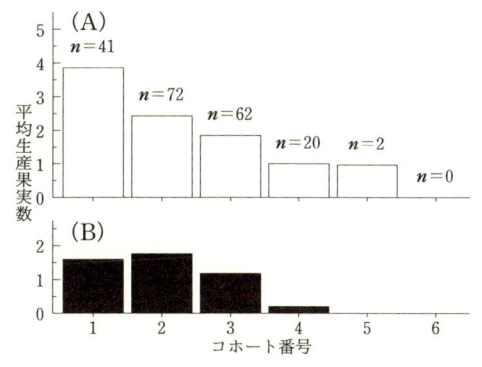

図6 各コホートごとの果実生産に成功した個体当たり（A）と散布された種子当たり（B）の平均結実数。この値を2倍すると生産種子数とほぼ同じになる。n値は果実生産をした個体数を示す。遅い時期に発芽すると果実生産がほぼできない。

得られる可能性が低いため成長が悪く無駄に終わってしまう危険性が高いことがわかる。

　これらの結果は，砂漠に生息する一年生草本がどのような環境のキーを引き金に発芽を開始するかという問題へのひとつの答えを示している。砂漠では降雨があっても土壌水分はすぐに蒸発してしまうため，一度の降雨がもたらす好適な環境の持続時間は長くはないし，引き続き降雨があるかどうかもわからない。その場合，たとえより早く散布した方が高い繁殖成功が期待できたとしても，その時期にすべての種子を一度に散布させずに何度かに分けて散布する方がよいのである。この章の最初の方で紹介した式では年を超えての種子散布を分散させることについての適応的な意義を述べたが，変動が激しい環境下ではひとつの生育期間内でも種子散布を分散させることが適応的だということがいえそうだ。

　これらの結果をまとめると以下のような一年生草本の戦略がみえてくる。この植物は砂漠という時間的に変動する環境に対し種子散布を年間，年内の何度かの降雨タイミングに分散させることによって危険分散をしている。枯死した個体上の堅い苞葉に包んで種子を保持する形質はこの種子散布をうまくコントロールすることと種子食者からの攻撃を避けることで，休眠期間の

種子の死亡率を下げることにも役立っている。樹木が樹冠に成熟種子を保持する「樹冠種子貯蔵」はオーストラリアの森林や低木林，南アフリカのフィンボスと呼ばれる乾燥低木林など自然火災が多い植生に生育する低木などでよく見られる戦略である。これらの環境では実生の定着のためには火事により優占被陰植物が除去されることが必要であるため，火災を機に散布・発芽をし，それまでは種子を種子食害者がこない安全な樹冠に置いておくよう進化したと考えられてる(Cowling and Lamont, 1987; Enright et al., 1996; Lamont et al., 1991; Bond, 1984, 1985)。樹木の場合，木化した丈夫な枝をつくることは樹冠を形成し光合成能力を高める機能として重要なため無駄な投資でなさそうだが，一年生草本の場合は枝などを木化することの投資に対する見返りはあるのだろうか。なぜ，砂漠の一年生草本でこのような戦略が見られ，ほかの環境の一年生草本で見られないのだろうか。それは種子休眠と大種子サイズの重要度，種子食害圧がほかの環境より高いからではないだろうか。砂漠環境では種子が大きい方が有利なことは述べたが，じつは大型種子はより高い種子食害を受けやすいのである(Reader, 1993; Günster, 1994)。砂漠環境におけるこれらの相反する強い選択圧に対して「種子休眠 - 大型種子 - 種子保護」という特性の組み合わせの戦略の有利さが枯死体を木化させるコストを上回り，一年生草本における枯死体上の「空中種子プール」が進化したのではないかと考えるのである。

第13章 高緯度北極氷河後退域における遷移

中坪孝之

　今からおよそ1万年前，最後の氷河期が終わったころ，氷河の後退にともなってそれまで氷に閉ざされていた地面が現れた。低緯度にいた植物のいくつかは，長い時間をかけてその「空き地」にたどり着き，厳しい環境に耐えてそこに根を下ろした。その後の気候変動により，氷河は成長する時期もあったであろうが，長期的にみれば，氷河の後退跡への侵入・定着が進んできたと考えられ，それは今もなお進行中である。

　氷河後退跡地は，遷移現象を研究する格好の場として，古くから生態学者に注目されてきた。なかでも，アラスカのGlacier Bay(北緯約59°)におけるCooper(1923)の植生遷移に関する研究，Crocker and Major(1955)による土壌発達に関する研究は，乾性一次遷移の古典として今なおしばしば引用されている。Glacier Bayでは，氷河の後退後比較的短期間(200年程度)で，コケ類や草本などからなるパイオニア群落からトウヒを中心とした森林に遷移していくことが知られている。これに対し，北極のツンドラ地帯では，時間をへても森林は成立しない。北極のなかでもとくに環境が厳しいhigh arctic polar semi-desertと呼ばれている地域では，遷移の後期になっても，バイオマスは小さく，矮性の木本や，草本，コケ類や地衣類が，平面的に広がっているにすぎない。これらの高緯度北極の遷移はどのように進行し，低緯度の遷移とどのように異なっているのだろうか。

　比較的最近まで高緯度北極域の遷移に関する情報はごく限られたものであったが，これらの地域が地球温暖化の影響をとくに強く受けるという点か

ら，活発に研究が行われるようになってきた．本章では，北緯79°に位置しているスバールバル諸島ニーオルスンを中心に，氷河後退後の遷移と植物の生理生態，さらに生態系の炭素循環について紹介する．

1. 高緯度北極氷河後退後の遷移パターン

スバールバル諸島は，スカンジナビア半島の北端と北極点のほぼ中間に位置している．ノルウェーの主権を認めた「スバールバル条約」により，締結国はスバールバル諸島での諸活動について同位に取り扱われることになっている．ニーオルスン(Ny-Ålesund)は，スバールバル諸島中最大の島であるスピッツベルゲン島の西岸北部に位置しており，かつては石炭採掘のための集落であったが，現在は国際北極観測村として，ノルウェーはもちろん，EU，日本，韓国，中国など各国の研究者によって活用されている．ニーオルスンの1995～1998年の平均気温は$-5.5℃$，年間降水量は362 mmで，北極のなかでもとくに環境が厳しい high arctic polar semi-desert にはいっている．付近にはいくつかの氷河があり，その一帯では，氷河後退にともなう遷移を見ることができる(図1)．

高緯度北極の厳しい環境下では，遷移はごくゆっくりとしか進まないが，しだいに有機物が蓄積し，土壌が発達することは，低緯度地域の遷移と同様である．ニーオルスンの近くにある東ブレッガー氷河の場合，氷河後退後間もない場所では，土壌炭素量は1 m^2 当たり100 g程度であるが，遷移の後期(数千年のオーダー)では，3 kg程度に増加する．有機物の増加にともなって土壌中の窒素量も増加する．植被についても，氷河後退直後の立地は地表面のほとんどが礫に覆われているが，遷移の後期になると，後述する土壌クラストまでいれれば，植被率は80％以上に達する．植被率が必ずしも100％に達しないのは，土壌の凍結融解作用による撹乱のためである．なお，最近の研究で，遷移後期の植生の一部は氷河後退にともなって隆起した海岸堆積物上に成立していることが明らかになっている(Nakatsubo et al., 2008)．

種組成については，低緯度地域の遷移のように遷移の後期のみに見られる種もあるが，初期から後期まで一貫して見られる種もある(図2)．氷河後退

図1 高緯度北極スバールバル，東ブレッガー氷河後退域のようす。手前が氷河末端，白っぽく見える部分は遷移初期の裸地。遠方の黒っぽく見える部分が遷移後期の植生。

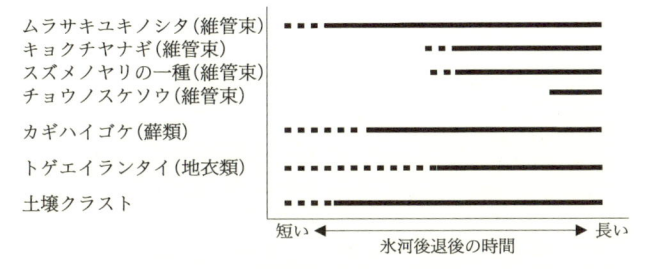

図2 東ブレッガー氷河後退跡地の遷移系列にそった優占種の分布(Nakatsubo et al., 2005 より)。

直後の地表にはキョクチセンボンゴケ Pottia heimii やヒョウタンゴケの1種 Funaria arctica, カギハイゴケ Sanionia uncinata などのコケ類が見られる (南・神田, 1995)。このうちカギハイゴケは遷移の後期における優占種になっている。低緯度地域の溶岩原の遷移で観察されるような優占種が蘚類から維管束植物に置き換わっていくという構図(中坪, 1997)はここでは見られない。

維管束植物ではムラサキユキノシタ Saxifraga oppositifolia がパイオニアで, 氷河後退後数十年の裸地に根を下ろす。この種類もカギハイゴケと同様, 遷移の初期から後期まで見ることができる。これに対し, キョクチヤナギ Salix polaris やチョウノスケソウ Dryas octopetala は遷移の後期になって見られる(図3)。遷移後期の植生タイプには, これ以外にもいくつかあり, 水分条件や基質の状態によって分布が異なっている(Ohtsuka et al., 2006)。

北極では上に述べたようなマクロな植物に加えて, 顕微鏡でなければ認識できないような微細な植物も重要である。土壌の表面にはシアノバクテリア(ラン藻), 微細な藻類, 菌類, 地衣類, コケ類の原糸体などが絡みあった, 皮状の群集が発達する。これらは black soil crusts, biological soil crusts などと呼ばれるが, ここでは土壌クラストと呼ぶことにする。このような土壌クラスト自体は, 世界中に分布しているが(Belnap et al., 2001), 植物バイオマスが小さい極地においてはとくに重要である。土壌クラストは, ニーオルスンの氷河後退跡地では遷移のごく初期から見られ, 遷移の後期では地表面

図3 氷河後退跡地の遷移後期の優占種。(A)キョクチヤナギ, (B)チョウノスケソウ

の30〜55％を覆っている(Nakatsubo et al., 1998)。ただ，ニーオルスンの近くの別の氷河後退跡地では，土壌クラストは氷河後退後60年にもっとも優占し，その後は減少するという報告もある(Hodkinson et al., 2003)。土壌クラストは地表面を安定させる働きがあるうえに，窒素固定を行うシアノバクテリアが含まれている場合には窒素の蓄積に重要な働きをしていると考えられている(Liengen and Olsen, 1997；Hodkinson et al., 2003)。

2. 維管束植物の生理生態

氷河後退後の最初に侵入してくる花の咲く植物の代表がムラサキユキノシタである。日本でユキノシタといえば，人家の裏の日陰などに生える地味な植物を連想するが，ムラサキユキノシタは，匍匐もしくは直立した茎に鱗片状の小さな葉をつけ，その先端に赤紫色の花を咲かせる可憐な植物である。本種は，ヨーロッパ，アジア，北米の北極をとりまく地域(周北極地域)に広く分布している多年草であるが，同じ種類でありながらクッション型と匍匐型というふたつのタイプの生育型があることが知られており，それらはしばしば同所的に分布している。近年の研究で，これらのふたつのタイプには，形態だけでなく生態的にも大きな違いがあることが明らかになってきた(Kume et al., 1999, 2003)。この現象についてはすでに久米(2000)の詳しい解説があるが，ここでもう一度簡単に紹介しておきたい。

ムラサキユキノシタの生育型の違いには，当年シュートの節間の長さが大きく関係している。匍匐型の個体は節間の長い(6mm以上)シュートをもっているのに対し，クッション型の個体はそのような長い節間をもたないシュートのみからなる。このため，匍匐型は葉を疎につけた茎を平面的に広げるのに対し，クッション型では葉を密につけた葉が立体的にコンパクトにまとまっている。クッション型でも河川敷など湿潤な場所に生えるものと乾燥地に生えるものでは形態に差が見られ，前者では節間の長さが中間的(1〜6mm)なシュートが大半を占めている。同所的に生育しているクッション型と匍匐型の個体について，個体の重量と個体当たりの着花数との関係を調べると，クッション型の個体の方が，はるかにサイズが小さいうちから花をつけ

はじめ，同じ個体重でも匍匐型の5倍以上の花をつける。一方，匍匐型はシュートの断片から発根する能力が高いが，これは栄養繁殖に適した性質と考えられる。実際に，現地で新たに定着した個体の分布を調べると，種子由来の定着個体はクッション型の親個体の近く，シュート断片由来の定着個体は匍匐型の親個体の近くに多く見られる傾向があった。

このような違いがあるにもかかわらず，どちらの生育型も遷移の初期から定着している。地形による融雪期間の違いなどにより対照的な生育微環境がモザイク状に存在している場所では，ひとつの個体群での生育型の多型保持が適応的なのかもしれない(久米，2000)。氷河後退後数十年では，個体密度ではクッション型の方が大きく，被覆面積では匍匐型の方が大きい。その後，どちらの生育型の個体密度も増加するが，さらに時間がたつと，ほかの植物が侵入し，ムラサキユキノシタの占有面積は減少していく(Kume et al., 1999)。

ムラサキユキノシタが遷移初期の植物の代表とすれば，遷移の後期を代表する植物はキョクチヤナギである。ヤナギといっても高さ2〜3 cmにしかならず，地上にでているのは丸みのある2〜3枚の葉と短い地上茎程度であるが，それでもちゃんと花を咲かせる(図3)。キョクチヤナギは落葉性で，春(といっても7月であるが)雪解けとともに葉を展開し，活発に光合成を始める。最大光合成速度($PPFD > 1000\ \mu mol\ m^{-2}\ s^{-1}$)と暗呼吸速度は，展葉後1週間以内にピークに達する。その後活性は徐々に低下し，20日程度で黄葉，まもなく落葉する(Muraoka et al., 2002)。8月の初旬には緑色の葉をつけた個体に混じって，葉が黄色くなった個体を多数見ることができる。

このような生き方を可能にしている要因はいくつか考えられるが，そのひとつは発達した地下器官の存在である。キョクチヤナギの幹や根の大半は混生しているコケ群落やリター層，土壌のなかに存在する。地上部と地下部の比率(T/R比)は0.1以下である(Muraoka et al., 2002)。日本の河畔に生えるネコヤナギ *Salix gracilistyla* は幹の下部が砂に埋没するためT/R比は小さい方であるが，それでも0.8程度なので(Sasaki and Nakatsubo, 2003)，いかにキョクチヤナギが特殊な形態をしているかがわかる。後述するように，キョクチヤナギは光合成産物の大半を地下器官に転流している。その一部は，次の年の雪解け時に急速に葉を展開する際に用いられるものと思われる。

もうひとつの要因は光合成特性にある。キョクチヤナギの光合成速度は比較的弱い光強度（PPFD＜500 μmol m^{-2} s^{-1}）で飽和する。被陰されることのない植物が低い飽和光強度を示すのは奇異に思われるが，実際には高緯度地域では太陽高度が低いことに加えて天候が不安定なため光強度は概して弱い。このため，光飽和点が低いことは効果的な光合成生産を可能にする。また，温度に関しても広範囲の温度条件下で，高い光合成活性が維持される。この性質は天候により極端に気温が変動する立地で効率よく光合成生産を行うために重要と考えられる(Muraoka et al., 2002)。キョクチヤナギの最大光合成速度は，この地域の植物のなかでも高く，葉重当たりの光合成速度はチョウノスケソウの倍，ムラサキユキノシタの4倍以上に達する（図4）。このため，短い期間に比較高い光合成生産を行うことが可能である。葉の光合成活性は葉の窒素濃度と密接な関係があり，キョクチヤナギの葉の窒素濃度は，ムラサキユキノシタよりはるかに高い（図5）。遷移の進行とともに土壌中の窒素濃度は増加するので，キョクチヤナギは遷移後期の富栄養な土壌から十分な窒素を獲得しているのかもしれない。逆に，ムラサキユキノシタはバイオマス当たりの栄養塩要求性が低いともいえる。この栄養要求性の違いが，遷移にともなう植生変化に関係していることも考えられる。この地域において行われた施肥実験では，NPK を施肥した結果，チョウノスケソウ，ムラサキユ

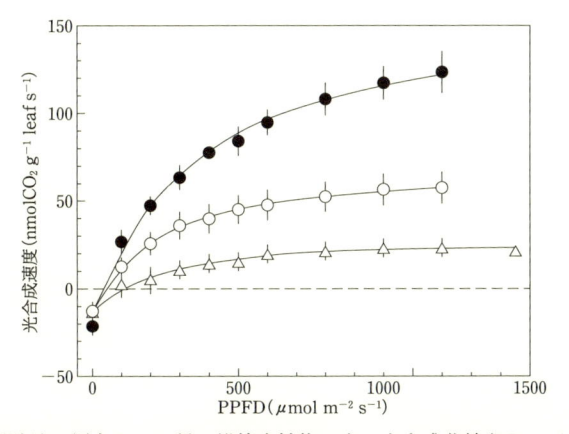

図4　氷河後退跡地に優占する3種の維管束植物の光-光合成曲線(Muraoka et al., 2008より)。●：キョクチヤナギ，○：チョウノスケソウ，△：ムラサキユキノシタ

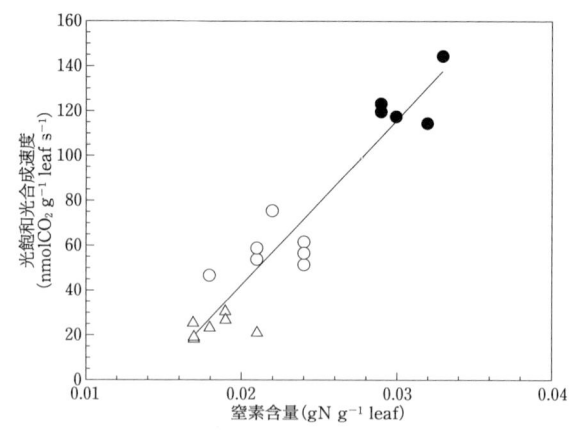

図5 葉内窒素濃度と飽和光合成速度との関係(Muraoka et al., 2008 より)。●：キョクチヤナギ，○：チョウノスケソウ，△：ムラサキユキノシタ

キノシタの植被が減少し，キョクチヤナギの被度が増加したことが報告されている(Robinson et al., 1998)。

このように書くと，遷移の進行とともに土壌が富栄養化し，成長の早いキョクチヤナギがムラサキユキノシタを被陰して駆逐するように想像されるかもしれない。しかし実際には，遷移の後期になっても群落の丈は低く，ムラサキユキノシタがキョクチヤナギに被陰されているような状況はほとんど観察されない。高緯度北極では低緯度地域とは異なる種の交代メカニズムがあるのかもしれないが，今のところ情報は少なく，今後の研究が待たれるところである。

3. コケ類・地衣類の生理生態

北極のもうひとつの主役はコケ類(蘚苔類)である。氷河後退後に真っ先に定着するだけでなく，遷移の後期においても，少なくとも地上部のバイオマスでは維管束植物を凌駕している。しかし，だからといって，コケ類が維管束植物より早く成長しているわけではない。これは，コケ類が根や維管束をもたず，周囲の水分条件によって細胞内の水分が変化することが関係している。この性質は poikilohydric と呼ばれ，コケ類のほか，地衣類，陸生の藻

類などで知られており，ごく一部の維管束植物も同様の性質をもつものがある。これに対し，つねに細胞内の水分がある範囲内に保たれている植物を homoiohydric な植物と呼んでいる。なお，poikilohydric と homoiohydric はそれぞれ，変水性，恒水性と訳されることがあるが，意味がわかりにくいので，変含水性，恒含水性と呼ぶことにしたい。

東ブレッガー氷河後退域の優占種であるカギハイゴケの光合成生産については詳しい調査が行われている(Uchida et al., 2002)。カギハイゴケは湿地のようにつねに水分が供給される場所にも生育するが，氷河後退後のモレーン(堆石)では，雨が唯一の水分供給源で，コケの水分量は降雨量および降雨後の時間によってつねに変動している。降水の直後には含水率は高いが，晴れると急速に水分を失い，数日以内に乾いてしまう。含水率が40％以下になってしまうと光合成も呼吸も停止した休眠状態になる。したがって，無雪期間で光が十分にあたっていても，まったく光合成を行っていないことになる。Uchida et al.(2002)は，カギハイゴケの光合成・呼吸速度と光，温度，水分との関係をモデル化し，過去の6年間の気象データを用いて，無雪期間の純生産量を推定した。その結果，群落面積当たりの無雪期間の生産量は平均17g乾重 m^{-2} であったが，最大30 g m^{-2}，最小1 g m^{-2} と気象条件によってひじょうに大きな年変動があると推定された。

地衣類は菌類と藻類の共生体で，コケ類(蘚苔類)とはまったく異なる生物であるが(7章参照)，変含水性であるため，光合成生産のやり方はコケ類とひじょうに似たところがある。トゲエイランタイ *Cetrariella delisei* は遷移の比較的後期に多い樹枝状の地衣類であるが，この種についても，カギハイゴケと同様の推定が行われ，生産量に大きな年変動があることが明らかにされた(Uchida et al., 2006)。ただし，無雪期間の生産量の平均は5.1 g m^{-2} で，カギハイゴケに比べると生産者としての役割は小さいと考えられる(Uchida et al., 2006)。

4. 氷河後退域の炭素循環

植物が光合成によって生産した有機物は，維管束植物なら落葉や枯死根な

どの形で，コケ類や地衣類では群落の下部の古い部分からしだいに枯死して土壌に加わっていく。そして，土壌中の微生物によって利用・分解され，多くは CO_2 の形で大気にもどる。しかし，遷移の初期では，分解されるより多くの有機物が供給されることにより，土壌中に有機物が蓄積していき，土壌が発達する。このような物質循環過程に関する情報は，生態系機能を理解するうえで重要であるばかりでなく，その生態系が今後どのように変化していくかを予測するためにも不可欠である。

図6はキョクチヤナギとカギハイゴケ，トゲエイランタイを主体とする東ブレッガー氷河の遷移後期の生態系炭素循環を示したものである。四角で示した各コンパートメントは炭素のプール(貯蔵庫)を表し，矢印は炭素のフロー(流れ)を示している。実際の植被率やバイオマスには大きなばらつきがあるが，平均的な値を示している。この図では，生態系の生産者を大きく維管束植物(キョクチヤナギ)と非維管束植物(コケ類と地衣類)に分けている。

維管束植物のキョクチヤナギの地上部生産量は大きいが，地上部の成長に

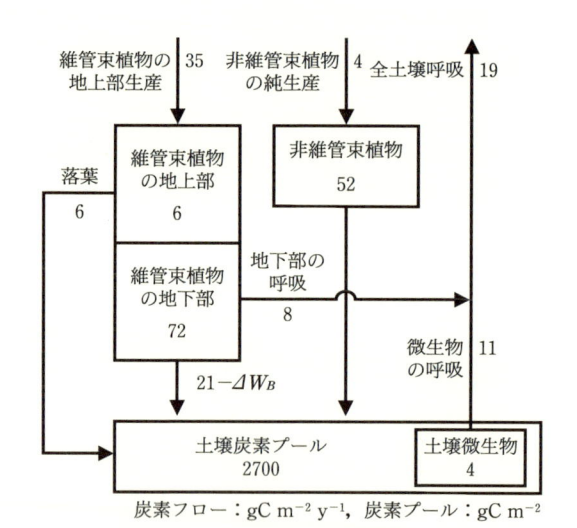

図6 遷移後期の主要な炭素プールと炭素フローを示すコンパートメントモデル(Nakatsubo et al., 2005 より)。炭素フローは，キョクチヤナギ，カギハイゴケ，トゲエイランタイの混生群落(被度53%)の夏季期間の平均値。地下部の成長(ΔW_B)は測定できていない。

はほとんど使われていない。このことは，光合成産物の大半が地下部へ転流されていることを示している。地下部に転流された光合成産物の一部は根や地下茎など地下器官の呼吸によって消費される。キョクチヤナギの根の呼吸速度は，ムラサキユキノシタなどと比べ大きいが(Nakatsubo et al., 1998)，地下部の呼吸量を推定しても，地下へ転流された炭素量の一部にしかならない。したがって，地下部が成長しているか，地下部のターンオーバーがひじょうに早いことが予想される。

　地上部のバイオマスでは，非維管束植物のバイオマスがヤナギのバイオマスを凌駕しているが，生産量ではヤナギの方が圧倒的に大きいことがわかる。これは，前述したように，コケ類や地衣類では，光が十分にあたっても水分がなくなると光合成が停止してしまうためである。

　維管束植物の落葉落枝，枯死根，根からの溶出物，コケ類や地衣類の下部の枯死した部分は，土壌炭素プールにはいり，従属栄養性の微生物によって分解される。その結果できる CO_2 は，根の呼吸で放出される CO_2 とともに，地表から放出されて大気にもどる。これ以外に，嫌気的な条件では分解の最終産物としてメタンが発生するが，この地域ではメタンとして地表から放出される炭素量は CO_2 に比べ無視できる程度であることが明らかになっている(Adachi et al., 2006)。図を見るとキョクチヤナギの地上部生産量とコケ類・地衣類の生産量(炭素量)の合計に比べ，地表から放出される炭素量は少なくなっている。これが事実だとすると，この遷移後期の生態系においても，炭素の吸収源となっている可能性がある。近年の調査により，夏季期間については，正味の吸収源になっていることが明らかになってきた(Uchida et al., 未発表)。ただ，コケ類や地衣類の生産量の年変化からもわかるように，生育期間の気象条件により炭素循環のパターンが大きく変動する可能性がある。また，以下に述べるように，現在進行中の環境変動により，炭素循環のパターン自体が大きく変化する可能性がある。

5. 地球温暖化と高緯度北極生態系

　人間活動による温室効果ガスの増大により，地球環境は大きく変化しつつ

ある。IPCC（気候変動に関する政府間パネル）の最新の推定では，1980〜1999年までに比べ，21世紀末(2090〜2099年)の平均気温上昇は，環境の保全と経済の発展が地球規模で両立する社会においては，約1.8℃(1.1〜2.9℃)である一方，化石エネルギー源を重視しつつ高い経済成長を実現する社会では約4.0℃(2.4〜6.4℃)と予測されている。温暖化の程度は地域によって大きく異なり，北極域は温暖化の程度が最も大きくなる(IPCC, 2007)。現実に，地球の平均をはるかに上回るスピードで温暖化が進行しており，それにともなうさまざまな変化が報告されている。氷河が成長するか後退するかは，涵養域での降水量にも依存するので，温暖化がそのまま氷河の後退につながるわけではないが，スバールバルでも気温の上昇傾向が認められており，東ブレッガー氷河も近年急速に後退している。このような環境変動は，氷河後退域の生態系にどのような影響をもたらすのであろうか。

環境変動に対する生態系レベルの反応を調べるためには，長期のモニタリング，操作実験，モデル予測などの手法が用いられている。スバールバルでは，イギリスを中心とする研究グループにより，大がかりな操作実験が行われた(Robinson et al., 1998)。これらの実験では，温度，降水，栄養塩という3つのファクターを考慮し，それらの単独および交互作用を調べている。温度はポリエチレンの上部が開いたテントを用いることで，降水は灌水により，栄養塩はNPKを施肥することで変化させている。その結果，施肥の効果がもっとも大きく，チョウノスケソウ，ムラサキユキノシタの植被が減少し，コケ類，キョクチヤナギ，ムカゴトラノオおよび植物の枯死体が増加した(Robinson et al., 1998)。

このような操作実験では，各環境要因の影響を独立に検討できるメリットがあるが，継続できる期間が限られているため，観察された結果が長期的な反応と異なる可能性が否定できない。また，土壌炭素量のわずかな変化などは，実測は事実上不可能である。この場合は，どうしてもモデルに頼らざるをえない。

キョクチヤナギについては，光合成・呼吸特性にもとづいたモデルにより，温暖化の影響が試算されている(Muraoka et al., 2002)。この計算では，温度条件は，観測された温度条件に対して，単純に3℃あるいは6℃上昇させて生

産量を計算した．その結果，地上部の生産量は温度上昇の影響をあまり受けないが，根の呼吸速度が急激に増加するため，結果的に純一次生産量は温度上昇にともなって低下すると予想された．地衣類のトゲエイランタイについても，同様なモデル計算により，温暖化の影響が調べられている(Uchida et al., 2006)．この場合も，+3℃の温度上昇で12～29％，+6℃の24～67％生産量が減少するという結果になった．ただし，これらの計算では，生育温度の上昇にともなう生理特性の温度順化，生育期間の変化，有機物分解の促進による栄養塩条件の変化は含まれていない．

地衣類を含む非維管束植物では，前述のように水分供給が光合成活性の有無を一次的に規定している．このため，将来生産量が増えるか減るかは，水分環境がどう変化するかにかかっている．実験条件下では，灌水により断片化した地衣類の成長の増大が認められている(Cooper et al., 2001)．一般には，温暖化によって北極域の降水量は増えると予想されているが，水分条件は蒸発量にも依存するため，植物に対する水分供給がどのように変化するかを予測することはひじょうに難しい．実際に，北極域でも乾燥化が進んでいる地域もあり(Smol and Douglas, 2007)，そのような変化が進めば，非維管束植物の生産量は大幅に減少し，生態系の構造や機能にも大きく影響すると予想される．

温暖化により有機物生産量が増加する場合でも，それがそのまま土壌有機物の増加につながるわけではなく，生産量が増加する以上に有機物分解が促進されれば，土壌有機物は徐々に減少することになる．土壌中の分解性微生物活性の指標として土壌からのCO_2放出速度がしばしば用いられ，その温度依存性についても多くの研究がある．一般に温度の上昇につれてCO_2放出速度は指数関数的に増加するが，高緯度北極の土壌の温度依存性は，低緯度地域の土壌より大きいことが報告されている(Bekku et al., 2003)．今後は，これらの生理生態的レベルでの情報を組込みながら，生態系全体の炭素循環を再現したモデルを用いて，温暖化が生態系レベルの炭素の動きにどのように影響するかを予測することが必要である．

北半球の高緯度地域のうち，亜寒帯林(タイガ)や低緯度側の北極域では，土壌中に大量の炭素が蓄積されている．このため温暖化により分解が促進さ

れると CO_2 やメタンなどの温室効果ガスの放出がさかんになり，それがさらに温暖化を加速するという正のフィードバック効果が懸念されている(Oechel and Vourlitis, 1994)。これらの地域と比べると，高緯度北極域では，遷移の後期になっても土壌有機物量は少ないため，地球規模の炭素循環に与える影響は小さいと予想される。しかし，そのわずかな有機物の蓄積が，氷河後退後の遷移の動因となり，地球上でもっとも北にある陸上生態系の多様性をうみだす基盤となっていることは忘れてはならない。1万年もの時間をかけて形づくられてきた極北の生態系は，いま急激に変わろうとしている。

引用・参考文献

[攪乱と植物群集]

Baskin, C. C. and Baskin, J. M. 1998. Seeds: Ecology, biogeography, and evolution of dormancy and germination. 665pp. Academic Press. San Diego.

Connell, J. H. 1979. Tropical rain forests and coral reefs as open non-equilibrium systems. *In* "Population Dynamics" (eds. Anderson, R. H., Turner, B. D. and Taylor, L. R.), pp. 141-163. Blackwell. Oxford.

Diamond, J. M. 1975. The island dilemma: Lessons of modern biogeographic studies for the design of natural reserves. *Biol. Conserv.*, 7: 129-145.

Drury, W. H. and Nisbet, I. C. T. 1973. Succession. *J. Arnold Arbor.*, 54: 331-368.

Fenner, M. and. Thompson, K. 2005. The Ecology of Seeds. 260pp. Cambridge University Press. Cambridge.

Gause, G. F. 1934. The Struggle for Existence. 176pp. Williams & Wilkins. Baltimore.

Gross, K. L. 1990. A comparison of methods for estimating seed numbers in the soil. *J. Ecol.*, 78: 1079-1093.

Herman, J. R., Bhartia, P. K., Kiemke, J., Ahmad, Z. and Larko, D. 1996. UV-B increases (1979-1992) from decreases in total ozone. *Geophys. Res. Lett.*, 23: 2117-2120.

Higashi, S., Tsuyuzaki, S., Ohara, M. and Ito, F. 1989. Adaptive advantages of ant-dispersed seeds in the myrmecochorous plant *Trillium tschonoskii* (Liliaceae). *Oikos*, 54: 389-394.

東正剛・露崎史朗・鈴木光次. 2007. 紫外線と生物. オゾン層破壊の科学 (北海道大学大学院地球環境科学院編), pp. 315-368. 北海道大学出版会.

Ishikawa-Goto, M. and Tsuyuzaki, S. 2004. Methods of estimating seed banks with reference to long-term seed burial. *J. Plant Res.*, 117: 245-248.

MacArthur, R. H. 1972. Geographical Ecology: Patterns in the distribution of species. 288pp. Harper & Row. New York. (巌俊一・大崎直太監訳. 1982. 地理生態学 — 種の分布にみられるパターン. 300pp. 蒼樹書房)

Matlack, G. R. 1989. Secondary dispersal of seed across snow in *Betula lenta*, a gap-colonizing tree species. *J. Ecol.*, 77: 853-869.

Partomihardjo, T., Mirmanto, E., Riswan, S. and Suzuki, E. 1993. Drift fruits and seeds on Anak Krakatau beaches, Indonesia. *Tropics*, 2: 143-156.

Pickett, S. T. A. and White, P. S. (eds.). 1985. The Ecology of Natural Disturbance and Patch Dynamics. 472pp. Academic Press. New York.

田川日出夫・沖野外輝夫. 1979. 生態遷移研究法. 177pp. 共立出版.

Ter Heerdt, G. N. J., Verweij, G. L., Bekker, R. M. and Bakker, J. P. 1996. An improved method for seed-bank analysis: seedling emergence after removing the soil by sieving. *Func. Ecol.* 10: 144-151.

Traba, J., Levassor, C. and Peco, B. 1998. Concentrating samples can lead to seed losses in soil bank estimations. *Func. Ecol.*, 12: 975-976.

Tsuyuzaki, S. 1987. Origin of plants recovering on the volcano Usu, northern Japan, since the eruptions of 1977 and 1978. *Vegetatio*, 73: 53-58.

Tsuyuzaki, S. 1989 Contribution of buried seeds to revegetation after eruptions of the volcano Usu, northern Japan. *Bot. Mag., Tokyo*, 102: 511-520.
露崎史朗．1990．埋土種子の研究法 ― 種子の教材利用．生物教材，25：9-20．
Tsuyuzaki, S. 1993. Seed viability after immersion in K_2CO_3 solution. *Seed Sci. Technol.*, 21: 479-481.
Tsuyuzaki, S. 1994. Rapid seed extraction from soils by a flotation method. *Weed Res.*, 34: 433-436.
露崎史朗．2001．火山遷移初期動態に関する研究．日本生態学会誌，51：13-22．
露崎史朗．2004．群集・景観パターンと動態．植物生態学(甲山隆司編)，pp. 296-322. 朝倉書店．
露崎史朗．2007．地球温暖化にともなう陸上生態系の変化．地球温暖化の科学(北海道大学大学院地球環境科学院編)，pp. 115-139．北海道大学出版会．
Tsuyuzaki, S., Ishizaki, T. and Sato, T. 1999. Vegetation structure in gullies developed by the melting of ice wedges along Kolyma River, northeastern Siberia. *Ecol. Res.*, 14: 385-391.
White, P. S. 1979. Pattern, process, and natural disturbance in vegetation. *Bot. Rev.*, 45: 229-299.
矢原徹明・鷲谷いづみ．1996．保全生態学入門 ― 遺伝子から景観まで．270pp. 文一総合出版．

[数理を通してみた攪乱と生物多様性]

Chesson, P. L. and Warner, R. R. 1981. Environmental variability promotes coexistence on lottery competitive systems. *Am. Nat.*, 117: 923-943.
Connell, J. H. 1978. Diversity in tropical rain forests and coral reefs. *Science*, 199: 1302-1310.
Durrett, R. and Levin, S. A. 1994. The importance of being discrete (and spatial). *Theor. Popul. Biol.*, 46: 363-394.
Fagan, W., Lewis, M. A., Neubert, M., Aumann, C., Apple, J. and Bishop, J. 2005. When can herbivores slow or reverse the spread of an invading plant?: a test case from Mount Saint Helens. *Am. Nat.*, 166: 669-685.
Gilpin, M. E. and Case, T. J. 1976. Multiple domains of attraction in competition communities. *Nature*, 261: 40-42.
Hanski, I. 1983. Coexistence of competitors in patchy environment. *Ecology*, 64: 493-500.
Harada, Y. and Iwasa, Y. 1994. Lattice population dynamics for plants with dispersing seeds and vegetative propagation. *Res. Popul. Ecol.*, 36: 237-249.
Horn, H. S. and MacArthur, R. H. 1972. Competition among fugitive species in a harlequin environment. *Ecology*, 53: 749-752.
Kinezaki, N., Kawasaki, K., Takasu, F. and Shigesada, N. 2003. Modeling biological invasions into periodically fragmented environments. *Theor. Popul. Biol.*, 64: 291-302.
Kondoh, M. 2001. Unifying the relationships of species richness to productivity and disturbance. *Proc. R. Soc. Lond.* B., 268: 269-271.
Levin, S. A. and Paine, R. T. 1974. Disturbance, patch formation, and community structure. *Proc. Nat. Acad. Sci. USA*, 71: 2744-2747.
MacArthur, R. and Levins, R. 1967. The limiting similarity, convergence, and diver-

gence of coexisting species. *Am. Nat.*, 101: 377-385.
Miller, R. S. 1967. Pattern and process in competition. *Adv. Ecol. Res.*, 4: 1-74.
Muko, S. and Iwasa, Y. 2000. Species coexistence by permanent spatial heterogeneity in a lottery model. *Theor. Popul. Biol.*, 57: 273-284.
Nee, S. and May, R. M. 1992. Dynamics of metapopulations: habitat destruction and competitive coexistence. *J. Anim. Ecol.*, 61: 37-40.
Ohsawa, K., Kawasaki, K., Takasu, F. and Shigesada, N. 2002. Recurrent habitat disturbance and species diversity in a multiple-competitive species system. *J. Theor. Biol.*, 216: 123-138.
Ohsawa, K., Kawasaki, K., Takasu, F. and Shigesada, N. 2003. How does spatio-temporal disturbance influence species diversity in a hierarchical competitive system? Prospective order of species coexistence and extinctions. *Popul. Ecol.*, 45: 239-247.
Sato, K., Matsuda, H. and Sasaki, A. 1994. Pathogen invasion and host extinction in lattice structured populations. *J. Math. Biol.*, 32: 251-268.
重定南奈子．1992．侵入と伝播の数理生態学．155pp．東京大学出版会．
Shigesada, N. and Kawasaki, K. 1997. Biological Invasions: Theory and practice. 224pp. Oxford University Press. Oxford.
Shigesada, N., Kawasaki, K. and Teramoto, E. 1984. The effects of interference competition on stability, structure and invasion of a multi-species system. *J. Math. Biol.*, 21: 97-113.
Shmida, A and Ellner, S. 1984. Coexistence of plant species with similar niches. *Plant Ecology*, 58: 29-55.
Teramoto, E. 1993. Random disturbance and diversity of competitive systems. *J. Math. Biol.*, 31: 761-769.
Tilman, D. 1994. Competition and biodiversity in spatially structured habitats. *Ecology*, 75: 2-16.
Tilman, D. and Kareiva, P. 1997. Spatial Ecology. 368pp. Princeton University Press. Princeton.

[冷温帯における火山噴火後の遷移]
Akasaka, M. and Tsuyuzaki, S. 2005. Tree seedling performance on microhabitats along an elevational gradient on Mount Koma, Japan. *J. Veg. Sci.*, 16: 647-654.
Dale, V. H., Delgado-Acevede, J. and MacMahon, J. 2005. Effects of modern volcanic eruptions on vegetation. *In* "Volcanoes and the Environment", pp. 227-249. Cambridge University Press. Cambridge.
Foster, B. L. and Tilman, D. 2000. Dynamic and static views of succession: testing the descriptive power of the chronosequence approach. *Plant Ecol.*, 146: 1-10.
気象庁．2005．日本活火山総覧(第3版)．635pp．大蔵省印刷局．
Kondo, T. and Tsuyuzaki, S. 1999. Natural regeneration patterns of the introduced larch, *Larix kaempferi* (Pinaceae), on the volcano Mount Koma, northern Japan. *Div. Distr.*, 5: 223-233.
曽屋龍典・勝井義雄・新井田清信・堺幾久子．1981．有珠火山地質図．10 p．地質調査所．
Smits, NAC., Schaminee, J. H. J. and van Duuren, L. 2002. 70 years of permanent plot research in the Netherlands. *Appl. Veg. Sci.*, 5: 121-126.
Tagawa, H. 1964. A study of the volcanic vegetation in Sakurajima, South-west

Japan. I. Dynamics of vegetation. *Mem. Fac. Sci. Kyushu Univ., Ser. E. (Biol.)*, 3: 165-228.
露崎史朗. 1993. 火山遷移は一次遷移か. 生物科学, 45：177-181.
Tsuyuzaki, S. 1997. Wetland development in the early stages of volcanic succession. *J. Veg. Sci.*, 8: 353-360.
露崎史朗. 2001. 火山遷移初期動態に関する研究. 日本生態学会誌, 51：13-22.
露崎史朗. 2004. 群集・景観パターンと動態. 植物生態学 (甲山隆司編), pp. 296-322. 朝倉書店.
露崎史朗・長谷昭. 2000. 植生動態実習マニュアル. 環境教育研究, 3：153-159.
Tsuyuzaki, S. and Goto, M. 2001. Persistence of seedbank under thick volcanic deposits twenty years after eruptions of Mount Usu, Hokkaido Island, Japan. *Amer. J. Bot.*, 88: 1813-1817.
Tsuyuzaki, S. and Hase, A. 2005. Plant community dynamics on the volcano Mount Koma, northern Japan, after the 1996 eruption. *Folia Geobot.*, 40: 319-330.
Tsuyuzaki, S., Titus, J. H. and del Moral, R. 1997. Seedling establishment patterns in the Pumice Plains, Mount St. Helens, Washington. *J. Veg. Sci.*, 8: 727-734.
Tu, M., Titus J. H., Tsuyuzaki, S. and del Moral, R. 1998. Composition and dynamics of wetland seed banks on Mount St. Helens, Washington, USA. *Folia Geobot.*, 33: 3-16.
Uesaka, S. and Tsuyuzaki, S. 2004. Differential establishment and survival of species in deciduous and evergreen shrub patches and on bare ground, Mt. Koma, Hokkaido, Japan. *Plant Ecol.*, 175: 165-177.
Yoshii, Y. 1932. Revegetation of volcano Komagatake after the great eruption in 1929 (a preliminary note). *Bot. Mag., Tokyo*, 46: 208-215.

[熱帯火山の遷移]
Abe, T. 1984. Colonization of the Krakatau Islands by termites (Insecta: Isoptera). *Physiol. Ecol. Japan*, 21: 63-88.
Ashton, P. S. 1982. Dipterocarpaceae. *Flora Malesiana Ser. I*, 9: 237-552.
Bush, M. B. and Whittaker, R. J. 1991. Krakatau: colonization patterns and hierarchies. *J. Biogeogr.*, 18: 341-356.
Docters van Leeuwen, W. M. 1936. Krakatau 1883-1933. *Annales Du Jardin Botanique de Buitenzorg*, 46-47, 1-506.
Hommel, W. F. M. 1987. Landscape-Ecology of Ujung Kulon (West Java, Indonesia). 206pp. Ph. D. Thesis, Wageningen.
Iwamoto, T. 1986. Mammals, reptiles and crabs on the Krakatau Islands: their role in the ecosystem. *Ecol. Res.*, 1: 249-258.
Partomihardjo, T. 1995. Studies on the ecological succession of plants and their associated insects on the Krakatau Islands, Indonesia. 236pp. 鹿児島大学連合農学研究科学位論文.
Partomihardjo, T., Mirmanto, E., Riswan, S. and Suzuki, E. 1993. Drift fruits and seeds on Anak Krakatau beaches, Indonesia. *Tropics*, 2: 143-156.
Partomihardjo, T., Suzuki, E. and Yukawa, J. 2004. Development and Distribution of Vascular Epiphytes Communities on the Krakatau Islands, Indonesia. *South Pacific Studies* (Kagoshima University), 25: 7-26.
Richards, P.W. 1952. The Tropical Rain Forest: An ecological study. 599pp. Cambridge

University Press. Cambridge(植松真一・吉良竜夫訳．1978．熱帯多雨林 — 生態学的研究．506pp．共立出版).
Simkin, T. and Fiske, R. S. 1983. Krakatau, 1883: The volcanic eruption and its effects. 414pp. Smithonian Institution Press. Washington, D.C.
Suzuki, E. 1984. Ecesic pattern of *Saccharum spontaneum* L. on Anak Krakatau Island, Indonesia. *Jpn. J. Ecol.*, 34: 383-387.
Suzuki, E., Partomihardjo, T. and Turmudi, E. 1995. A ten-year succession of *Saccharum spontaneum* and *Casurarina equisetifolia* vegetations on Anak Krakatau, Indonesia. *Tropics*, 4: 127-131.
田川日出夫．1989．クラカタウ諸島における植生の回復過程．日本生態学会誌，39：203-217.
Tagawa, H., Suzuki, E. Partomihardjo, T. and Suriadarma, A. 1985. Vegetation and succession on the Krakatau Islands, Indonesia. *Vegetatio*, 60: 131-145.
Thornton, I. W. B., Cook, S., Edwards, J. S., Harrison, R. D., Schipper, C., Shanahan, M., Singadan, R. and Yamuna, R. 2001. Colonization of an island volcano, Long Island, Papua New Guinea, and an emergent island, Motmot, in its caldera lake. VII. Overview and discussion. *J. Biogeogr.*, 28: 1389-1408.
Thornton, I. W. B., Runciman, D., Cook, S., Lumsden, L. F., Partomihardjo, T., Schedvin, N. K., Yukawa J. and Ward, S. A. 2002. How important were stepping stones in the colonization of Krakatau? *Biol. J. Linn. Soc.*, 77: 275-317.
宇都誠一郎・鈴木英治．2002．桜島の昭和溶岩と大正溶岩における 86 年間の植生遷移 — 基質と種子供給源からの距離の影響．日本生態学会誌，52：11-24.
Whittaker, R. J. and Jones, S. H. 1994. The role of frugivorous bats and birds in the rebuilding of a tropical forest ecosystem, Krakatau, Indonesia. *J. Biogeogr.*, 21: 245-258.
Whittaker, R. J., Bush, M. B. and Richards, K. 1989. Plant recolonization and vegetation succession on the Krakatau Islands, Indonesia. *Ecol. Monogr.*, 59: 59-123.
Whittaker, R. J., Walden, J. and Hill, J. 1992. Post-1883 ash fall on Panjang and Sertung and its ecological impact. *GeoJournal*, 28: 153-171.
Whittaker, R. J., Schmitt S. F., Jones S. H., Partomihardjo, T. and Bush, M. B. 1998. Stand biomass and tree mortality from permanent forest plots on Krakatau, Indonesia, 1989-1995. *Biotropica*, 30: 519-529.
横山泉．1983．クラカタウ大噴火 100 年 — 近代火山学の出発点．自然，(8)：26-37.
Yulianto, E. and Hirakawa, K. 2006. Vegetation and environmental change in the early middle holocene at a tropical peat swamp forest, Central Kalimantan, Indonesia. *Tropics*, 15: 65-73.

[火山島の一次遷移]
阿部和時・大倉陽一．2000．三宅島火山災害緊急調査報告．治山，45：4-8.
Aplet, H. A. and Vitousek, P. M. 1994. An age-altitude matrix analysis of Hawaiian rain-forest succession. *J. Ecol.*, 82: 137-147.
Bormann, B. T. and Sidle, R. C. 1990. Changes in productivity and distribution of nutrients in a chronosequence at Glacier Bay National Park, Alaska. *J. Ecol.*, 78: 561-578.
Crews, T. E., Kitayama, K., Fownes, J. H., Riley, R. H., Herbert, D. A., Mueller-Dombois, D. and Vitousek, P. M. 1995. Changes in soil phosphorus fractions and

ecosystem dynamics across a long chronosequence in Hawaii. *Ecology*, 76: 1407-1424.
浜田隆士．1984．噴火から1年をふりかえって．採集と飼育，46：422-425．
本間暁．1986．三宅島噴火後の植生回復．遺伝，40：27-32．
Hiroki, S. and Ichino, K. 1993. Difference of invasion behavior between two climax species, *Castanopsis cuspidata* var. *sieboldii* and *Machilus thunbergii*, on lava flows on Miyakejima, Japan. *Ecol. Res.*, 8: 167-172.
一色直也．1960．5万分の1地質図幅「三宅島」及び同説明書．地質調査所，東京．
上條隆志．1997．伊豆諸島三宅島におけるスダジイ・タブノキ林の更新過程．日本生態学会誌，47：1-10．
上條隆志・奥富清．1993．八丈島におけるスダジイ林とタブノキ林の分布とその成因．日本生態学会誌，43：169-179．
上條隆志・奥富清．1995．伊豆諸島南部におけるスダジイ林とタブノキ林の分布とその成因．植物地理・分類研究，43：67-73．
Kamijo, T. and Okutomi, K. 1995. Seedling establishment of *Castanopsis cuspidata* var. *sieboldii* and *Persea thunbergii* on lava and scoria of the 1962 eruption on Miyake-jima Island, the Izu Islands. *Ecol. Res.*, 10: 235-242.
Kamijo, T. and Hashiba, K. 2003. Island ecosystem and vegetation dynamics before and after the 2000-year Eruption on Miyake-jima Island, Japan with implications for conservation of island's ecosystem. *Glob. Env. Res.*, 7: 69-78.
上條隆志・樋口広芳・加藤拓・島田和則．2002．2000-2002年噴火活動が三宅島の植生に与えている影響．平成13年度三宅島動植物現況調査報告（日本動物学会），pp. 1-40．
Kamijo, T., Kitayama, K., Sugawara, A., Urushimichi, S. and Sasai, K. 2002. Primary succession of the warm-temperate broad-leaved forest on a volcanic island, Miyake-jima Island, Japan. *Folia Geobot.*, 37: 71-91.
上條隆志・清原諭高・松田深雪・加藤拓・星野義延・樋口広芳．2005．三宅島2000年噴火後のユノミネシダの分布拡大．植物地理・分類研究，53：83-89．
加藤和弘・樋口広芳．2006．三宅島2000年噴火・鳥類への影響と回復．森林科学，46：16-19．
加藤拓・東照雄・上條隆志・田村憲司．2002．三宅島2000年噴火火山灰試料の化学的および鉱物学的諸性質について．ペドロジスト，46：14-21．
Kato, T., Kamijo, T., Hatta, T., Tamura, K. and Higashi, T. 2005. Initial soil formation processes of Volcanogenous Regosols (Scoriacious) from Miyake-jima Island, Japan. *Soil Sci. Plant Nutri.*, 51: 291-301.
風早康平・平林順一・森博一・尾台正信・中堀康弘・野上健治・中田節也・篠原宏志・宇都浩三．2001．三宅島火山2000年噴火における火山ガス — 火山灰の付着ガス成分およびSO_2放出量から推測される脱ガス環境．地学雑誌，110：271-279．
気象庁．2007．三宅島火山ガス（二酸化硫黄）放出量．気象庁ホームページ．http://www.seisvol.kishou.go.jp/tokyo/320_Miyakejima/so2emission.
Kitayama, K., Mueller-Dombois, D. and Vitousek, P. M. 1995. Primary succession of Hawaiian montane rain forest on a chronosequence of eight lava flow. *J. Veg. Sci.*, 6: 211-222.
国土庁土地局．1987．土地保全図三宅島地区．国土庁土地局．
倉内一二．1953．沖積平野におけるタブ林の発達．植物生態学会報，33：121-126．
Larcher, W. 2003. Physiological Plant Ecology (4th ed.). 513pp. Springer Verlag. New York.

槇原寛・岡部宏秋．2006．三宅島噴火後4，5年後のカミキリムシ相．森林科学，46：20-23．
松田こずえ・本間暁．1987．回復する緑．採集と飼育，49：344-348．
三宅島災害対策技術会議緑化関係調整部会．2004．三宅島緑化ガイドライン．三宅島災害対策技術会議緑化関係調整部会．
三宅村．2007．データバンク，火山ガス濃度の推移．三宅村役場ホームページ．
http://www.miyakemura.org/databank.html
宮崎務　1984．歴史時代における三宅島噴火の特徴．火山第2集，29：1-15．
村　榮　2005．三宅島噴火避難のいばら道―あれから4年の記録．357pp．文芸社．
中田節也・長井雅史・安田敦・島野岳人・下司信夫・大野希一・秋政貴子・金子隆之・藤井敏嗣．2001．三宅島2000年噴火の経緯―山頂陥没口と噴出物の特徴．地学雑誌，110：168-180．
Ohsawa, M. 1984. Differentiation of vegetation zones in the subalpine region of Mt. Fuji. *Vegetatio*, 57: 15-52.
Sakio, H. and Masuzawa, T. 1992. Ecological studies on timberline of Mt. Fuji: III. Seasonal changes in nitrogen content in leaves of woody plants. *Bot. Mag. Tokyo*, 105: 47-52.
曽谷龍典・宇戸浩三．1984．三宅島火山1983年10月3日の噴火割れ目と噴出物．火山噴火予知連絡会会報，(29)：6-9．
Tagawa, H. 1964. A study of the volcanic vegetation in Sakurajima, south-west Japan: I. dynamics of vegetation. *Mem. Fac. Sci.*, *Kyushu Univ.*, *Ser. E.* (*Biol.*), 3: 165-228.
Tezuka, Y. 1961. Development of vegetation in relation to soil formation in the volcanic island of Ohshima, Izu, Japan. *Jap. J. Bot.*, 17: 371-402.
Tilman, D. 1982. Resource competition and community structure. 296pp. Princeton University Press. Princeton.
津久井雅志・新堀賢志・川辺禎久・鈴木裕一．2001．三宅島火山の形成史．地学雑誌，110：156-167．
Tsuyuzaki, S. 1989. Analysis of revegetation dynamics of the volcano Usu, northern Japan, deforested by 1977-1978 eruptions. *Amer. J. Bot.*, 76: 1468-1477.
露崎史朗．2001．火山遷移初期動態に関する研究．日本生態学会誌，51，13-22．
Turner, M. G., Gardner, R. H. and O'Neil, R. V. 2001. Landscape Ecology and Practice: Pattern and Process. 404pp. Spriger-Verlag. New York.
宇都誠一郎・鈴木英治．2002．桜島の昭和溶岩と大正溶岩における86年間の植生遷移―基質と種子供給源からの距離の影響．日本生態学会誌，52：11-24．
Vitousek, P. M. and Walker, K. 1987. Colonization, succession and resource availability: ecosystem-level interactions. *In* "Colonization, Succession and Stability" (eds. Gray, A. J., Crawley, M. J. and Edwards, P. J.), pp. 207-224. Blackwell Scientific. Oxford.
Vitousek, P. M., Aplet, G., Turner, D. and Lockwood, J. J. 1992. The Mauna Loa environmental matrix: foliar and soil nutrients. *Oecol.*, 89: 372-382.
山西亜希・上條隆志・恒川篤志・樋口広芳．2003．衛星リモートセンシングによる伊豆諸島三宅島2000年噴火の植生被害の把握．ランドスケープ研究，66：473-476．
Yamanishi, A., Tsunekawa, A., Kiyohara, Y., Kamijo, T. and Higuchi, H. 2005. Monitoring of vegetation damage caused by the 2000 Miyake Island volcanic eruption using satellite remote sensing and field surveys. *J. Agri. Meteol.*, 60: 1183-1188.

[菌根菌による植生遷移促進機構]
Högberg, P., A. Nordgren, N. Buchmann, A. F. S. Taylor, A. Ekblad, M. N. Högberg, G. Nyberg, M. Ottosson-Lofvenius and Read, D. J. 2001. Large-scale forest girdling shows that current photosynthesis drives soil respiration. *Nature*, 411: 789-792.

Horton, T. R. and Bruns, T. D. 2001. The molecular revolution in ectomycorrhizal ecology: peeking into the black-box. *Mol. Ecol.*, 10: 1855-1871.

Ishida, T. A., Nara, K. and Hogetsu, T. 2007. Host effects on ectomycorrhizal fungal communities: insight from eight host species in mixed conifer-broadleaf forests. *New Phytol.*, 174: 430-440.

Lian, C. L., Oishi, R., Miyashita, N., Nara, K., Nakaya, H., Wu, B. Y., Zhou, Z. H. and Hogetsu, T. 2003. Genetic structure and reproduction dynamics of *Salix reinii* during primary succession on Mount Fuji, as revealed by nuclear and chloroplast microsatellite analysis. *Mol. Ecol.*, 12: 609-618.

Molina, R., Massicotte, H. and Trappe, J. M. 1992. Specificity phenomena in mycorrhizal symbioses: community-ecological consequences and practical implications. *In* "Mycorrhizal Functioning" (ed. Allen, M. J.), pp. 357-423. Chapman and Hall. New York.

Nara, K. 2006a. Ectomycorrhizal networks and seedling establishment during early primary succession. *New Phytol.*, 169: 169-178.

Nara, K. 2006b. Pioneer dwarf willow may facilitate tree succession by providing late colonizers with compatible ectomycorrhizal fungi in a primary successional volcanic desert. *New Phytol.*, 171: 187-198.

Nara, K. and Hogetsu, T. 2004. Ectomycorrhizal fungi on established shrubs facilitate subsequent seedling establishment of successional plant species. *Ecology*, 85: 1700-1707.

Nara, K., Wu, B. Y. and Hogetsu, T. 2000. Uptake, translocation and transfer of nutrients in ectomycorrhizal symbioses. *In* "Proceedings of 7th International Symposium of the Mycological Society of Japan" pp. 11-14. The Mycological Society of Japan., Tukuba.

Nara, K., Nakaya, H. and Hogetsu, T. 2003a. Ectomycorrhizal sporocarp succession and production during early primary succession on Mount Fuji. *New Phytol.*, 158: 193-206.

Nara, K., Nakaya, H., Wu, B. Y., Zhou, Z. H. and Hogetsu, T. 2003b. Underground primary succession of ectomycorrhizal fungi in a volcanic desert on Mount Fuji. *New Phytol.*, 159: 743-756.

Redecker, D. and Raab, P. 2006. Phylogeny of the Glomeromycota (arbuscular mycorrhizal fungi): recent developments and new gene markers. *Mycologia*, 98: 885-895.

Simard, S. W., Perry, D. A., Jones, M. D., Myrold, D. D., Durall, D. M. and Molina, R. 1997. Net transfer of carbon between ectomycorrhizal tree species in the field. *Nature*, 388: 579-582.

Simard, S. W., Durall, D. and Jones, M. 2002. Carbon and nutrient fluxes within and between mycorrhizal plants. *In* "Mycorrhizal Ecology" (eds. van der Heijden, M. G. A. and Sanders, I. R.), pp. 33-74. Springer. Berlin.

Simon, L., Bousquet, J., Levesque, R. C. and Lalonde, M. 1993. Origin and diversification of endomycorrhizal fungi and coincidence with vascular land plants. *Nature*,

363: 67-69.
Smith, S. E. and Read, D. J. 1997. Mycorrhizal Symbiosis (2nd ed.). 605pp. Academic Press. London, UK.
高木勇夫・丸田恵美子．1996．自然環境とエコロジー．228pp．日科技連出版社．

[火山環境と地衣類群集の形成]
Armstrong, R. A. 1973. Seasonal growth and growth rate-colony size relationships in six species of saxicolous lichens. *New Phytol.*, 72: 1023-1030.
Armstrong, R. A. 1981. Field experiments on the dispersal, establishment and colonization of lichens on a slate rock surface. *Environ. Exp. Bot.*, 21: 115-120.
Armstrong, R. A. 1983. Growth curve of the lichen Rhizocarpon geographicum. *New Phytol.*, 94: 619-622.
Fahselt, D. 1995. Growth form and reproductive character of lichens near active fumaroles in Japan. *Symbiosis*, 18: 211-231.
Grime, J. P. 1977. Evidence for the existence of three primary strategies in plants and its relevance to ecological and evolutionary theory. *Am. Nat.*, 111: 1169-1194.
Hale, M. E. 1973. Growth. *In* "The Lichens" (eds. Ahmadjian, V. and Hale, M. E.), pp. 473-492. Academic Press. New York.
Hawksworth, D. L. and Chater, A. O. 1979. Dynamism and equilibrium in a saxicolous lichen mosaic. *Lichenologist*, 11: 75-80.
Hill, D. J. 1971. Experimental study of the effect of sulphite on lichens with reference to atmospheric pollution. *New Phytol.*, 70: 831-836.
Hill, D. J. 1994. The succession of lichens on gravestones: A preliminary investigation. *Crypt. Bot.*, 4: 179-186
井上正鉄．1996．酸性環境と地衣類．生物科学，14：25-34．
Inoue, M. 2001. Taxonomic notes on Rhizocarpon growing in solfatara fields in Japan. *Bull. Natn. Sci. Mus., Tokyo*, Ser. B, 27: 11-21.
John, E. 1990. Fine scale patterning of species distributions in a saxicolous lichen community at Jonas Rockslide, Canadian Rocky Mountains. *Holarct. Ecol.*, 13: 187-194.
John, E. 1991. Distribution patterns and interthalline interactions of epiphytic foliose lichens. *Can. J. Bot.*, 70: 818-823.
John, E. and Dale, M. R. T. 1989. Niche relationships amongst Rhizocarpon species at Jonas Rockslide, Alberta, Canada. *Lichenologist*, 21: 313-330.
柏谷博之・黒川逍・吉村庸ほか．1996．地衣類．週刊朝日百科 植物の世界，138，pp. 162-192．朝日新聞社．
川島誠一郎・塩川光一郎・中村徹ほか．2003．生物群集の遷移．高等学校生物 II, pp. 136-137．数研出版．
Kershaw, K. A. 1985. Physiological Ecology of Lichens. 286pp. Cambridge University Press. Cambridge.
黒川逍．2003．ガードレールにも地衣が生える．ライケン，13：2-3．
Kurokawa, S. (ed.). 2003. Checklist of Japanese Lichens. 128pp. National Science Museum, Tokyo.
Pentecost, A. 1980. Aspects of competition in saxicolous lichen communities. *Lichenologist*, 12: 135-144.
志水顕．2000．十勝岳周辺における地衣類の分布特性．ライケン，12：20-22．

Shimizu, A. 2004a. Community structure of lichens in the volcanic highlands of Mt. Tokachi, Hokkaido, Japan. *Bryologist*, 107 (2): 141-151.
Shimizu, A. 2004b. Lichen flora of Mt. Tokachi, Hokkaido, Japan. *Bull. Natn. Sci. Mus.*, *Tokyo*, Ser. B, 30: 89-102.
Ter Braak, C. J. F. 1986. Canonical correspondence analysis: a new eigenvector technique for multivariate direct gradient analysis. *Ecology*, 67: 1167-1179.
Topham, P. B. 1977. Colonization, growth, succession and competition. *In* "Lichen Ecology" (ed. Seaward, M. R. D.), pp. 31-68. Academic Press. New York.
Woolhouse, M. E. J., Harmsen, R and Fahrig, L. 1985. On succession in a saxicolous lichen community. *Lichenologist*, 17: 167-172.
Yarranton, G. A. and Beasleigh, W. J. 1969. Towards a mathematical model of limestone pavement vegetation II. Microclimate, surface pH, and microtopography. *Can. J. Bot.*, 47: 959-974.

[湿地生態系の化学的攪乱と植物遷移]

Clymo, R. S. and Hayward, P. M. 1982. The ecology of *Sphagnum*. *In* "Bryophyte Ecology" (ed. Smith, A. J. E.), pp. 229-289. Chapman and Hall. London.
Cylinder, P. D., Bogdan, K. M., Davis, E. M. and Herson, A. I. 1995. Wetlands Regulation. 363pp. Solano Press Books. Point Arena, USA.
Daniels, R. E. and Eddy, A. 1985. Handbook of European Sphagna. 262pp. Institute of Terrestrial Ecology, Natural Environment Research Council. Huntingdon, UK.
Gorham, E. 1956. The ionic composition of some bog and fen waters in the English Lake District. *J. Ecol.*, 44: 142-152.
Haraguchi, A. 1992. Seasonal change in the redox property of peat and its relation to vegetation in a system of floating mat and pond. *Ecol. Res.*, 7: 205-212.
Haraguchi, A. and Matsui, K. 1990. Nutrient dynamics in a floating mat and pond system with special reference to its vegetation. *Ecol. Res.*, 5: 63-79.
Haraguchi, A., Shimada, S. and Takahashi, H. 2000. Distribution of peat and its chemical properties around Lahei in the catchment of the Mangkutup River, Central Kalimantan. *Tropics*, 10: 265-272.
Haraguchi, A., Iyobe, T., Nishijima, H. and Tomizawa, H. 2003. Acid and sea-salt accumulation in coastal peat mires of a *Picea glehnii* forest in Ochiishi, eastern Hokkaido, Japan. *Wetlands*, 23: 229-235.
Iyobe, T., Haraguchi, A., Nishijima, H., Tomizawa, H. and Nishio, F. 2003. Effect of fog on sea salt deposition on peat soil in boreal *Picea glehnii* forests in Ochiishi, eastern Hokkaido, Japan. *Ecol. Res.*, 18: 587-597.
Jackson, M. B. and Drew, M. C. 1984. Effects of flooding on growth and metabolism of herbaceous plants. *In* "Flooding and Plant Growth" (ed. Kozlowski, T. T.), pp. 47-128. Academic Press. Sandiego.
Joosten, H. and Clarke, D. 2002. Wise Use of Mires and Peatlands. 304pp. International Mire Conservation Group and International Peat Society. NHBS, Devon, UK.
Maltby, E. and Immirzi, C. P. 1993. Carbon dynamics in peatlands and other wetland soils regional and global perspectives. *Chemosphere*, 27: 999-1023.
松井健．1988．土壌地理学序説．316pp．築地書館．
中堀謙二．1981．深泥池の花粉分析．深泥池の自然と人(深泥池学術調査団編)，pp. 163-180．京都市文化観光局．

阪口豊．1974．泥炭地の地学．329pp．東京大学出版会．
Shimada, S., Takahashi, H., Haraguchi, A. and Kaneko, M. 2001. The carbon content characteristics of tropical peats in Central Kalimantan, Indonesia: estimating their spatial variability in density. *Biogeochemistry*, 53: 249-267.
Tallis, J. H. 1983. Changes in wetland communities. *In* "Ecosystems of the World 4A, Mires: Swamp, bog, fen and moor, general studies" (ed. Gore, A. J. P.), pp. 311-347. Elsevier. Amsterdam.
辻誠一郎．1993．火山噴火が生態系に及ぼす影響．火山灰考古学(新井房夫編)，pp. 225-246．古今書院．
Wilschke, J., Hoppe, E. and Rudolph, H-J. 1990. Biosynthesis of sphagnum acid. *In* "Bryophytes: Their chemistry and chemical taxonomy" (eds. Zinsmeister, H. D. and Mues, R.), pp. 253-263. Clarendon Press. Oxford.

［火山噴火降灰物が湿原に与える影響］

Arai, F., Machida, H., Okumura, K., Miyauchi, T., Soda, T. and Yamagata, K. 1986. Catalog for late-quaternary marker tephras in Japan II: Tephras occurring in northeast Honshu and Hokkaido. *Geograph. Rep. Tokyo Metropolitan Univ.*, 21: 223-250.
Birks, H. J. B. 1994. Did Icelandic volcanic eruptions influence the post-glacial vegetational history of the British Isles. *TREE*, 9: 312-314.
Crowley, S. S., Dufek, D. A., Stanton, R. W. and Ryer, T. A. 1994. The effects of volcanic ash disturbances on a peat-forming environment: environmental disruption and taphonomic conseqences. *Palaios*, 9: 158-174.
Damman, A. W. H. 1988. Japanese raised bogs: their special position within the Holarctic with respect to vegetation, nutrient status and development. *Veröff. Geobot. Inst. ETH*, 98: 330-353.
Fujita, H., Igarashi, Y., Hotes, S., Takada, M., Inoue, T. and Kaneko, M. 2007. An inventory of the mires of Hokkaido: their development, classification, decline and conservation. *Plant Ecol.* Doi 10.1007/s11258-007-9267-z.
Grattan, J. P. and Gilbertson, D. D. 1994. Acid-loading from Icelandic tephra falling on acidified ecosystems as a key to understanding archaeological and environmental stress in northern and western Britain. *J. Archaeol Sci.*, 21: 851-859.
Hannon, G. F. and Bradshaw, R. H. W. 2000. Impacts and timing of the first human settlement on vegetation of the Faroe Islands. *Quat. Res. (N.Y.)*, 54: 404-413.
Hayakawa, Y. 1999. Catalog of volcanic eruptions during the past 2000 years in Japan. *J. Geogr. (Tokyo)*, 108: 472-488.
Hotes, S. 2004. Influence of tephra deposition on mire vegetation in Hokkaido, Japan. Dissertationes Botanicae vol.383, J. Cramer, Berlin.
ホーテス・シュテファン．2007．湿原生態系の多様性—その分類と保全再生．地球環境，12：21-36．
Hotes, S., Poschlod, P., Takahashi, H., Grootjans, A. P. and Adema, E. 2004. Effects of tephra deposition on mire vegetation: a field experiment in Hokkaido, Japan. *J. Ecol.*, 92: 624-634.
Hotes, S., Poschlod, P. and Takahashi, H. 2006. The effect of volcanic activity on mire development: case studies from Hokkaido, northern Japan. *The Holocene*, 16: 561-573.

五十嵐八枝子．2002．別寒辺牛湿原の植生変遷史．北海道の湿原(辻井達一・橘ヒサ子編)，pp. 43-50．北海道大学図書刊行会．

神田房行・浅田太郎・ヴォーナー・バリー．2001．別寒辺牛湿原の泥炭層と年代測定．別寒辺牛湿原調査報告書，pp. 16-27．厚岸教育委員会．

Lee, D. B. 1996. Effects of the eruptions of mount St. Helens on physical, chemical and biological characteristics of surface water, ground water and precipitation in the western United States. U. S. Geological Survey Water Supply Paper, 2438. United States Geological Survey, Denver.

Lotter, A. F. and Birks, H. J. B. 1993. The impact of the Laacher See Tephra on terrestrial and aquatic ecosystems in the Black Forest, southern Germany. *J. Quatern. Sci.*, 8: 263-276.

町田洋・新井房夫．1992．火山灰アトラス―日本列島とその周辺．276pp．東京大学出版会．

Mack, R. N. 1987. Effects of Mount St. Helens ashfall in steppe communities of Eastern Washington: one year later. In "Mount St Helens 1980: Botanical consequences of the explosive eruptions" (ed. Bilderback, D. E.), pp. 262-281. University of California Press. Berkeley.

Nakamura, Y., Katayama, Y. and Hirakawa, K. 2002. Hydration and refractive indices of Holocene tephra glass in Hokkaido, northern Japan. *J. Volcanol. Geotherm. Res.*, 114: 499-510.

Payne, R. and Blackford, J. J. 2005. Simulating the impacts of distal volcanic products upon peatlands in northern Britain: an experimental study on the Moss of Achnacree, Scotland. *J. Archaeol. Sci.*, 32: 989-1001.

佐藤夕紀・和田恵治・橘ヒサ子．2004．サロベツ湿原で見いだされた樽前山1739年噴火火山灰(Ta-a)．北海道教育大学大雪山自然教育研究施設研究報告，38：5-11．

橘ヒサ子．2002．北海道の湿原植生とその保全．北海道の湿原(辻井達一・橘ヒサ子編)，pp. 285-301．北海道大学図書刊行会．

高橋正樹・小林哲夫．1998．北海道の火山．152pp．築地書館．

滝田健二．1999．北海道におけるミズゴケの分布及びその変異について．*Miyabea*, 4: 1-84.

Tokito, K. 1915. Über den Aufbau des Tsuishikari-Moores in Hokkaido. *Transact. Sapporo Natur. Hist. Soc.*, 5: 7-22.

Wolejko, L. and Ito, K. 1986. Mires in Japan in relation to mire zones, volcanic activity and water chemistry. *Jap. J. Ecol.*, 35: 575-586.

矢部和夫．1993．北海道の湿原．生態学からみた北海道(東正剛・阿部永・辻井達一編)，pp. 40-52．北海道大学図書刊行会．

Yabe, K. and Onimaru, K. 1997. Key variables controlling the vegetation of a cool-temperate mire in northern Japan. *J. Veg. Sci.*, 8: 29-36.

Yabe, K. and Uemura, S. 2001. Variation in size and shape of *Sphagnum* hummocks in relation to climatic conditions in Hokkaido Island, northern Japan. *Can. J. Bot.*, 79: 1318-1326.

山田忍．1942．火山灰の介在が泥炭層の形成に及ぼす影響について．日本土壌肥料学雑誌，16：439-444．

[野火跡の湿原植生回復]

Bellingham, P. J., Tanner, E. V. J. and Healey, J. R. 1994. Sprouting of trees in

Jamaican montane forests, after a hurricane. *J. Ecol.*, 82: 747-758.
Chandler, C., Cheney, P., Thomas, P., Trabaud, L. and Williams, D. 1983. Fire in Forestry, vol. I. Foresta Fire Behavior and Effects. 450pp. John Wiley & Sons. New York.
Francisco, L. and Luis, L. 1993. Resprouting of *Erica multiflora* after experimental fire treatments. *J. Veg. Sci.*, 4: 367-374.
Gill, A. M. 1981. Adaptive responses of Australian vascular plant species to fires. *In* "*Fire and the Australian Biota*" (eds. gill, A. M., Groves, R. H. and Nobl, I. R.), pp. 243-272. Australian Academy of Science. Camberra.
Kanda, F. 1996. Survival curves and longevity of the leaves of *Alnus japonica* var. *arguta* in Kushiro Marsh. *Vegetatio*, 124: 61-66.
神田房行・星英男．1982．釧路湿原の高層湿原中およびその周辺域のハンノキ個体群．北海道教育大学紀要．33(1)：19-31．
Komarek, E. V. 1962. Fire ecology. *Proc. Tall Timbers Fire Ecol. Conf.*, 1: 95-107.
釧路湿原総合調査団．1977．釧路湿原．429pp．釧路市．
前田一歩園財団(編)．1993．湿原生態系保全のためのモニタリング手法の確立に関する研究．439pp．環境庁自然保護局．
Malanson, G. P. and Trabaud, L. 1988. Vigour of post-fire resprouting by *Quercus coccifera* L. *J. Ecol.*, 76: 351-365.
Naveh, Z. 1974. Effects of fire in the Mediterranean region. *In* "*Fire and Ecosystems*" (eds. Kozlowski, T. T. and Ahlgren, C. E.), pp. 401-434. Academic Press. New York.
Peters, R. and Ohkubo, T. 1990. Architecture and development in *Fagus japonica-Fagus crenata* forest near mount Takahara, Japan. *J. Veg. Sci.*, 1: 499-506.
Peterson, C. J. and Pickett, S. T. A. 1991. Treefall and resprouting following catastrophic widthrow in an old-growth hemlock-hardwoods forest. *For. Ecol. Manage.*, 42: 205-217.
Putz, F. E. and Brokaw, N. V. L. 1989. Sprouting of broken trees on Barro Colorado island, Panama. *Ecology*, 70: 508-512.
Rowe, J. S. 1983. Concepts of fire effects on plant individuals and species. *In* "The Role of Fire in Northern Circumpolar Ecosystems" (eds. Wein, R. W. and MacLean, D. A.), pp. 135-154. John Weiley & Sons. Chichester.
Schlichtemeier, G. 1967. Marsh burning for water-fowl. *Proc. Tall Timbers Fire Ecol. Conf.*, 6: 40-46.
新庄久志．1997．釧路湿原のハンノキ林．北方林業，34：92-97．
園山希・渡辺展之・渡辺修・丹羽根真一・久保田康裕．1977．針広混交林における林木種の萌芽特性と個体群動態．日本生態学会誌，47：21-29．
Sundriyal, R. C. and Bisht, N. S. 1988. Tree structure, regeneration and survival of seedlings and sprouts in high-mountane forests of the Garhwal Himalayas, Indis. *Vegetatio*, 75: 87-90.
津田智．1995．火の生態学 ― 植物群落の再生を中心として．日本生態学会誌，45：145-159．
Tsuda, S. and Kikuchi, T. 1993. Vegetation change after a fire at Kushiro Marsh, Hokkaido, Japan, with special reference to seedling emergence. *J. Phytogeogr. Taxon.*, 41: 85-90.
津田智・冨士田裕子．1994．釧路湿原の火事が湿原植生に与える影響．群落研究，10：11-16．

Tsuyuzaki, S., Haraguchi, A. and Kanda, F. 2004. Effects of scale-dependent factors on herbaceous vegetation patterns in a wetland, northern Japan. *Ecol. Res.*, 19: 349-355.

[高山における埋土種子状態と発芽戦略]
Baskin, C. C. and Baskin, J. M. 1988. Germination ecophysiology of herbaceous plant species in a temperate region. *Amer. J. Bot.*, 75: 286-305.
Baskin, C. C. and Baskin, J. M. 1998. Seeds: Ecology, biogeography, and evolution of dormancy and germination. 666pp. Academic Press. San Diego.
Baskin, J. M. and Baskin, C. C. 1985. The annual dormancy cycle in buried weed seeds: a continuum. *BioScience*, 35: 492-498.
Billings, W. D. and Bliss, L. C. 1959. An alpine snowbank environment and its effects on vegetation, plant development, and productivity. *Ecology*, 40: 388-397.
Clausen, J. and Hiesey, W. M. 1958. Experimental Studies on the Nature of Species. IV. Genetic structure of ecological races. 312pp. Carnegie Institution of Washington Publication. Washington, D. C.
Clausen, J., Keck, D. D. and Hiesey, W. M. 1940. Experimental Studies on the Nature of Species. I. Effect of varied environments on western north American plants. 452pp. Carnegie Institution of Washington Publication. Washington, D. C.
Clausen, J., Keck, D. D. and Hiesey, W. M. 1945. Experimental Studies on the Nature of Species. II. Plant evolution through amphiploidy and autoploidy, with examples from the Madiinae. 174pp. Carnegie Institution of Washington Publication. Washington, D. C.
Clausen, J., Keck, D. D. and Hiesey, W. M. 1948. Experimental Studies on the Nature of Species. III. Environmental responses of climatic races of *Achillea*. 129pp. Carnegie Institution of Washington Publication. Washington, D. C.
Eriksen, B., Molau, U. and Svensson, M. 1993. Reproductive strategies in two arctic *Pedicularis* species (Scrophulariaeae). *Ecography*, 16: 154-166.
Funes, G., Basconcelo, S., Diaz, S. and Cabido, M. 2003. Seed bank dynamics in tall-tussock grasslands along an altitudinal gradient. *J. Veg. Sci.*, 14: 253-258.
Johnson, P. L. and Billings, W. D. 1962. The alpine vegetation of the Beartooth Plateau in relation to cryopedogenic processes and patterns. *Ecol. Monogr.*, 32: 105-135.
Kachi, N. and Hirose, T. 1990. Optimal time of seedling emergence in a dune-population of *Oenothera glazioviana*. *Ecol. Res.*, 5: 143-152.
Körner, C. 1999. Alpine Plant Life: Functional plant ecology of high mountain ecosystems. 344pp. Springer-Verlag. Berlin.
Kudo, G. 1992. Effect of snow-free duration on leaf life-span of four alpine plant species. *Can. J. Bot.*, 70: 1684-1688.
工藤岳. 2000. 大雪山のお花畑が語ること — 高山植物と雪渓の生態学. 231pp. 京都大学学術出版会.
Loiselle, B. A., Sork, V. L., Nason, J. and Graham, C. 1995. Spatial genetic structure of a tropical understory shrub, *Psychotria officinalis* (Rubiaceae). *Amer. J. Bot.*, 82: 1420-1425.
Marchand, P. J. and Roach, D. A. 1980. Reproductive strategies of pioneering alpine species: seed production, dispersal, and germination. *Arc. Alp. Res.*, 12: 137-146.
Marks, M. and Prince, S. 1981. Influence of germination date on survival and fecundity

in wild lettuce *Lactuca serriola*. *Oikos*, 36: 326-330.
Maruta, E. 1983. Growth and survival of current-year seedlings of *Polygonum cuspidatum* at the upper distribution limit on Mt. Fuji. *Oecologia*, 60: 316-320.
Masuda, M. and Washitani, I. 1990. A comparative ecology of the seasonal schedules for 'reproduction by seeds' in a moist tall grassland community. *Func. Ecol.*, 4: 169-182.
増沢武弘．1997．高山植物の生態学．220pp．東京大学出版会．
McGraw, J. B. 1985. Experimental ecology of *Dryas octopetala* ecotypes: relative response to competitors. *New Phytol.*, 100: 233-241.
McGraw, J. B. 1987. Experimental ecology of *Dryas octopetala* ecotypes IV. Fitness response to reciprocal transplanting in ecotypes with differing plasticity. *Oecologia*, 73: 465-468.
McGraw, J. B. and Antonovics, J. 1983. Experimental ecology of *Dryas octopetala* ecotypes I. Ecotypic differentiation and life-cycle stages of selection. *J. Ecol.*, 71: 879-897.
Meyer, S. E. and Monsen, S. B. 1991. Habitat-correlated variation in mountain big sagebush (*Artemisia tridentata* ssp. *vaseyana*) seed germination patterns. *Ecology*, 72: 739-742.
Meyer, S. E., Allen, P. S., and Beckstead, J. 1997. Seed germination regulation in *Bromus tectorum* (Poaceae) and its ecological significance. *Oikos*, 78: 475-485.
Miller, P. C. 1982. Environmental and vegetational variation across a snow accumulation area in montane tundra in central Alaska. *Holarct. Ecol.*, 5: 85-98.
Molau, U. 1995. Reproductive ecology and biology. *In* "Parasitic Plants" (eds. Press, M. C. and Graves, J. D.), pp. 141-176. Chapman & Hall. London.
西廣（安島）美穂・鷲谷いづみ．2006．種子の空間的・時間的分散と実生の定着．サクラソウの分子遺伝生態学（鷲谷いづみ編），pp. 97-114．東京大学出版会．
柴田治．1985．高地植物学．308pp．内田老鶴圃．
Shimono, Y. and Kudo, G. 2003. Intraspecific variations in seedling emergence and survival of *Potentilla matsumurae* (Rosaceae) between alpine fellfield and snowbed habitats. *Ann. Bot.*, 91: 21-29.
Shimono, A. and Washitani, I. 2004. Seedling emergence patterns and dormancy/germination physiology of *Primula modesta* in a subalpine region. *Ecol. Res.*, 19: 541-551.
Shimono, A. and Washitani, I. 2007. Factors affecting variation in seed production of heterostylous herb *Primula modesta*. *Plant Spec. Biol.*, 22 : 65-76.
Shimono, A., Ueno, S., Tsumura, Y. and Washitani, I. 2004. Characterization of microsatellite loci in *Primula modesta* Bisset et Moore (Primulaceae). *Mol. Ecol. Notes*, 4: 560-562.
Shimono, A., Ueno, S., Tsumura, Y. and Washitani, I. 2006. Spatial genetic structure links between soil seed banks and above-ground populations of *Primula modesta* in subalpine grassland. *J. Ecol.*, 94: 77-86.
Silvertown, J. W. and Dickie, J. B. 1981. Seedling survivorship in natural populations of nine perennial chalk grassland plants. *New Phytol.*, 88: 555-558.
Spence, J. R. 1990. A buried seed experiment using caryopses of *Chionochloa macra* Zotov (Danthonieae, Poaceae), South island, New Zealand. *N. Z. J. Bot.*, 28: 471-474.
Stanton, M. L. and Galen, C. 1997. Life on the edge: adaptation versus environmentally

mediated gene flow in the snow buttercup, *Ranunculus adoneus*. *Am. Nat.*, 150: 143-178.

Stinson, K. A. 2004. Natural selection favors rapid reproductive phenology in *Potentilla pulcherrima* (Rosaceae) at opposite ends of a subalpine snowmelt gradient. *Amer. J. Bot.*, 91: 531-539.

Telewski, F. W. and Zeevaart, J. A. D. 2002. The 120-yr period for Dr. Beal's seed viability experiment. *Amer. J. Bot.*, 89: 1285-1288.

Tsuyuzaki, S. and Goto, M. 2001. Persistence of seed bank under thick volcanic deposits twenty years after eruptions of Mount Usu, Hokkaido Island, Japan. *Amer. J. Bot.*, 88: 1813-1817.

[砂漠における一年生植物の生存戦略]

Baskin, J. M. and Baskin, C. C. 1972. Ecological life cycle and physiological ecology of seeds germination of Arabidopsis thaliana. *Can. J. of Bot.*, 50: 353-360

Bond, W. J. 1984. Fire survival of Cape Proteaceae- Influence of fire season and seed predators. *Vegetatio*, 56: 65-74.

Bond, W. J. 1985. Canopy-stored seed reserves (seroteny) in Cape Proteaceae. *S. Afr. J. Bot.*, 51: 181-186

Bulmer, M. G. 1985. Selection for iteroparty in a variable environment. *Am. Nat.*, 126: 63-71

Cohen, D. 1966. Optimizing reproduction in a randomly varying environment. *J. Theor. Biol.*, 12: 119-129.

Cowling, R. M. and Lamont, B. B. 1987. Post-fire recruitment of four co-occurring Banksia species. *J. Ecol.*, 75: 289-302.

Enright, N. J., Lamont, B. B. and Marsula, R. 1996. Canopy seed bank dynamics and optimum fire regime for the highly serotinous shrub, Banksia hooeriana. *J. Ecol.*, 84: 9-17.

Evenari, M. 1985. The desert environment. *In* "Ecosystem of the World Vol. 12A" (eds. Evenari, M., Noy-Meir, I. and Goodall, D. W.), pp. 1-19. Elsevier Science. New York.

Günster, A. 1994. Seed bank dynamics-longevity, viability and predation of seeds of serotinous plants in the central Namib Desert. *J. Arid Env.*, 28: 195-205

Gutterman, Y. 1972. Delayed seed dispersal and rapid germination as survival mechanisms of the desert plant Blepharis persica (Burm.) Kuntze. *Oecologia*, 10: 145-149.

Gutterman, Y. 2002. Survival Strategies of Annual Desert Plants, pp. 169-208. Springer. Berlin.

Inouye, R. S., Byers, S. B. and Brown, J. H. 1980. Effect of predation and competition on survivorship, fecundity, and community structure of desert annuals. *Ecology*, 61: 1344-1351.

伊藤嘉昭・山村則男・嶋田正和．1992．生活史の進化．動物生態学，pp. 129-165．蒼樹書房．

巌佐庸．1990．変動環境における適応．数理生物学入門——生物社会のダイナミックスを探る，pp. 192-205．共立出版．

Kluge, M. and Ting, I. P. 1978, Crassulacean Acid Metabolism: Analysis of an ecological adaptation. 209pp. Springer. Berlin (野瀬昭博訳．1993．砂漠植物の生理・生態，pp. 29-46．九州大学出版会)

Lamont, B. B., Le Maitre, D. C., Cowling, R. M. and Enlight, N. J. 1991. Canopy seed

storage in woody plants. *Bot. Rev.*, 57: 277-317.
Leishman, M. and Westoby, M. 1994. The role of seed size in seedling establishment in dry soil conditions - experimental evidence from semi-arid species. *J. Ecol.*, 82: 249-458.
Mundry, M. and Stützel, T. 2004. Morphogenesis of the reproductive shoots of *Welwitschia mirabilis* and *Ephedra distachya* (Gnetales), and its evolutionary implications. *Org. Divers. Evol.*, 4: 91-108
Narita, K. 1998. Effect of seed dispersal timing on plant life history and seed production in a population of a desert annual *Blepharis sindica* (Acanthceae). *Plant Ecol.*, 136: 195-203
Narita, K. and Wada, N. 1998. Ecological significance of aerial seed pool in a lignified annual, *Blepharis sindica* (Acanthaceae). *Plant Ecol.*, 135: 177-184.
Ratcliffe, D. 1961. Adaptation to habitat in a group of annual plants. *J. Ecol.*, 61: 187-203
Reader, R. J. 1993. Control of seedling emergence by ground cover and seed predation in relation to seed size for some old-field species. *J. Ecol.*, 81: 169-175.
Rees, M. 1997. Evolutionary ecology of seed dormancy and seed size. *In* "Plant Life Histories" (eds. Silvertown, J., Franco, M. and Harper, J. L.), pp. 121-142. Cambridge University Press. Cambridge.
酒井聡樹・高田壮則・近雅博．2001．時間的に変動する環境への適応．生き物の進化ゲーム．pp. 170-183．共立出版．
Shanker, V. 1983. Depleted vegetation of the desertic habitat. Study on its natural regeneration. *CAZRI Monograph*, 21: 1-30.
Silvertown, J. W. 1980. Leaf-canopy-induced dormancy in a grassland flora. *New Phytol.*, 85: 109-118
Stearns, S. C. 1976. Life-history tactics: a review of the ideas. *Quart. Rev. Bio.*, 51: 3-47.
UNEP. 1997. Global. *In* "World Atlas of Desertification (2nd ed.)", pp. 13-54 United Nations Environmental Programme. Nairobi, Kenya.
Van Jaarsveld, E. 2000. Welwitschia mirabilis. *Veld & Flora*, 86: 176-179.
Venable, D. L. 2007. Bed-hedging in a guild of annuals. *Ecology*, 88: 1086-1090
Venable, D. L. and Brown, J. S. 1988. The selective interactions of dispersal, dormancy, and seed size as adaptations for reducing risk in variable environments. *Amer. Natur.*, 131: 360-384.

[高緯度北極氷河後退域における遷移]
Adachi, M., Ohtsuka, T., Nakatsubo, T. and Koizumi, H. 2006. The methane flux along topographical gradients on a glacier foreland in the High Arctic, Ny-Ålesund, Svalbard. *Polar Biosci.*, 20: 131-139.
Bekku, Y. S., Nakatsubo, T., Kume, A, Adachi, M. and Koizumi, H. 2003. Effect of warming on the temperature dependence of soil respiration rate in arctic, temperate and tropical soils. *Appl. Soil. Ecol.*, 22:, 205-210.
Belnap, J., Büdel, B. and Lange, O. L. 2001. Biological soil crusts: Characteristics and distribution. *In* "Biological Soil Crusts: Structure, function, and management" (eds. Belnap, J. and Lange, O. L.), pp. 3-30. Springer. Berlin.
Cooper, W. S. 1923. The recent ecological history of Glacier Bay, Alaska: II. The

present vegetation cycle. *Ecology*, 4: 223-246.

Cooper, E. J., Smith, F. M. and Wookey, P. A. 2001. Increased rainfall ameliorates the negative effect of trampling on the growth of high arctic forage lichens. *Symbiosis*, 31: 153-171.

Crocker, R. L. and Major, J. 1955. Soil development in relation to vegetation and surface age at Glacier Bay, Alaska. *J. Ecol.*, 43: 427-448.

Hodkinson, I. D., Coulson, S. J. and Webb, N. R. 2003. Community assembly along proglacial chronosequences in the high Arctic: vegetation and soil development in north-west Svalbard. *J. Ecol.*, 91: 651-663.

IPCC. 2007. Climate Change 2007: The physical science basis. 996pp. Cambridge University Press. Cambridge.

久米篤．2000．北極域植物の生育型変異と生育環境．高山植物の自然史 ― お花畑の生態学(工藤岳編)，pp. 163-175．北海道大学図書刊行会．

Kume, A., Nakatubo, T., Bekku, Y. and Masuzawa, T. 1999. Ecological significance of different growth forms of purple saxifrage, *Saxifraga oppositifolia* L., in the High Arctic, Ny-Ålesund, Svalbard. *Arct. Antarct. Alp. Res.*, 31: 27-33.

Kume, A., Bekku, Y. S., Hanba, Y. T. and Kanda, H. 2003. Carbon isotope discrimination in diverging growth forms of *Saxifraga oppositifolia* in different successional stages in a High Arctic glacier foreland. *Arct. Antarct. Alp. Res.*, 35: 377-383.

Liengen, T. and Olsen, R. A. 1997. Nitrogen fixation by free-living cyanobacteria from different coastal sites in a High Arctic Tundra, Spitsbergen. *Arct. Alp. Res.*, 29: 470-477.

南佳典・神田啓史．1995．ニーオルスン氷河後退域モレーン上の植生群落動態．日本蘚苔類学会報，6：157-161．

Muraoka, H., Uchida, M., Mishio, M., Nakatsubo, T., Kanda, H. and Koizumi, H. 2002. Leaf photosynthetic characteristics and net primary production of the polar willow (*Salix polaris*) in a high arctic polar semi-desert, Ny-Ålesund, Svalbard. *Can. J. Bot.*, 80: 1193-1202.

Muraoka, H., Noda, H., Uchida, M., Ohtsuka, T., Koizumi, H. and Nakatsubo, T. 2008. Photosynthetic characteristics and biomass distribution of the dominant vascular plant species in a high-arctic tundra ecosystem, Ny-Ålesund, Svalbard: implications to their role in ecosystem carbon gain. *J. Plant Res.*, 121: 137-145.

中坪孝之．1997．陸上生態系における蘚苔類の役割―森林と火山荒原を中心に．日本生態学会誌，47：43-54．

Nakatsubo, T., Bekku, Y., Kume, A. and Koizumi, H. 1998. Respiration of the belowground parts of vascular plants: its contribution to total soil respiration on a successional glacier foreland in Ny-Ålesund, Svalbard. *Polar Res.*, 17: 53-59.

Nakatsubo, T., Bekku, Y. S., Uchida, M., Muraoka, H., Kume, A., Ohtsuka, T., Masuzawa, T., Kanda, H. and Koizumi, H. 2005. Ecosystem development and carbon cycle on a glacier foreland in the high Arctc, Ny-Ålesund, Svalbard. *J. Plant Res.*, 118: 173-179.

Nakatsubo, T., Yoshitake, S., Uchida, M., Uchida, M., Shibata, Y. and Koizumi, H. 2008. Organic carbon and microbial biomass in a raised beach deposit under terrestrial vegetation in the High Arctic, Ny-Ålesund, Svalbard. *Polar Res.*, 27: 23-27.

Oechel, W. C. and Vourlitis, G. L. 1994. The effects of climate change on land-atmosphere feedbacks in arctic tundra regions. *Trends Ecol. Evol.*, 9: 324-329.

Ohtsuka, T., Adachi, M., Uchida, M. and Nakatsubo, T. 2006. Relationships between vegetation types and soil properties along a topographical gradient on the northern coast of the Brøgger Peninsula, Svalbard. *Polar Biosci.*, 19: 63-72.

Robinson, C. H., Wookey, P. A., Lee, J. A., Callaghan, T. V., Press, M. C. 1998. Plant community responses to simulated environmental change at a high arctic polar semi-desert. *Ecology*, 79: 856-866.

Sasaki, A. and Nakatsubo, T. 2003. Biomass and production of the riparian shrub *Salix gracilistyla*. *Ecol. Civil Eng.*, 6: 35-44.

Smol, J. P. and Douglas, M. S. V. 2007. Crossing the final ecological threshold in high Arctic ponds. *Proc. Nat. Acad. Sci. USA*, 104: 12395-12397.

Uchida, M., Muraoka, H., Nakatsubo, T., Bekku, Y., Ueno, T., Kanda, H. and Koizumi, H. 2002. Net photosynthesis, respiration, and production of the moss *Sanionia uncinata* on a glacier foreland in the High Arctic, Ny-Ålesund, Svalbard. *Arct. Antarct. Alp. Res.*, 34: 287-292.

Uchida, M., Nakatsubo, T., Kanda, H. and Koizumi, H. 2006. Estimation of the annual primary production of the lichen *Cetrariella delisei* in a glacier foreland in the High Arctic, Ny-Ålesund, Svalbard. *Polar Res.*, 25: 39-49.

索　引

【ア行】
アカエゾマツ林　156
アカホヤ火山灰　131
亜寒帯林　231
空き地　20,29
浅間山　185
アナククラカタウ島　54
アーバスキュラー菌根　96
イオウ　146
イオウゴケ　117
イオン濃度　164
維管束植物　164,223
イタドリ　101
イチジク属　64
一次散布　9
一次遷移　71,72,79,90,132
遺伝構造　107
遺伝的分化　199
イボミズゴケ　158,164
浮島　139,140
兎と亀　44
ウジュンクロン　58
有珠山　37,41
ウトナイ湖　156
雨竜沼湿原　156
永久調査区　40
衛星データ　89,90
栄養塩類　132
栄養繁殖　224
塩酸　151
塩湿地　143
遠心浮上法　11,12
縁の下の力持ち　44
オオバヤシャブシ　76,82,83,85,87
オオミズゴケ　141,158

渡島駒ケ岳　37,47
落石　142
温室効果ガス　135,229
温暖化　144,230

【カ行】
海塩　143
外生菌根　96
外的干渉種　24
回避型　206
海霧　143
海流散布　62
カギハイゴケ　222
拡散係数　20
攪乱　3
攪乱跡地　29
攪乱継続時間　20
攪乱サイズ　20
攪乱の間隔　6
攪乱の規模　4
攪乱の強度　7
攪乱の頻度　6
攪乱の予測性　6
火砕流　146
火山ガス　117,118
火山活動　168
火山荒原　101
火山遷移　37
火山灰　131,146
火山噴出物　149
火事　169
果実食コウモリ　63
果実食の鳥　64
風散布　8,60
褐炭　132

花粉　131
カラマツ　108
ガリー　43
カリウム　152
間隔(攪乱の)　6
環境のキー　206
感受性因子　24
干渉型競争　23
干渉的競争モデル　24
完新世　154
乾生一次遷移　38,43
乾燥指数　203
乾燥地　204
涵養性　128
危険分散　206
寄生　96
キノコ　102
規模(攪乱の)　4
キモントウ沼　156
ギャップ更新　178
共生　95
共生菌　114
共生藻　114
競争排除則　14
強度(攪乱の)　7
極相性樹種　76
キョクチヤナギ　222
霧多布湿原　156
菌根　95
菌根菌　95
菌根菌群集　101
菌根菌ネットワーク　104
菌糸　104
近隣種の解析法　118
菌類　95
空間生態学　18
空間的遺伝構造　188
空間的分散　184
空中種子プール　213
釧路湿原　169
クシロミズゴケ　158

クスノキ科　66
クロノシークエンス　39
クロノシーケンス研究　71
群集　3
形態的可塑性　50
高緯度北極　219
恒含水性　227
光合成　224
光合成産物　98,228
光合成生産　225
高山植物　184
更新　171
降水涵養性　138,148
降水涵養性湿原　168
降水量　231
後背湿地　132
荒廃地　110
高木樹種　107
極乾燥地　203
呼吸　224
コケ植物　226
古生態学的研究　153
個体群　171
コホート　215
コンタクトライン　118
昆虫　62
コンパートメントモデル　18,228

【サ行】

採水　164
再堆積　153
最適な発芽時期　191
最適な発芽率　207
桜島　53,80
サルオガセ属　123
サロベツ湿原　156
酸素　159
山地湿原　154
散布　166
散布・発芽タイミング　214
シアノバクテリア　222

索引 255

ジェネット　103
時間的解像度　152
時間的分散　183
子器　114
自然攪乱　172
自然再生事業　179
湿原植生　170
湿性植物　136
湿性遷移　132
湿地　127
子嚢菌類　96
子嚢胞子　114
自発散布　8
指標生物　123
島状-再帰型攪乱　20
島状-非再帰型攪乱　20
島の生物地理学　5
集水域　132
重力散布　8
収斂　15
種間干渉因子　24
樹冠種子貯蔵　218
樹幹流　142
宿主域　109
宿主特異的　109
種子　166
種子散布　7,8
種子散布距離　189
種子散布パターン　214
種子食害　218
種子食者　208, 214
種子トラップ　7
種子の発芽　190
種子プール　213
種多様性　34
種内干渉因子　24
沼沢化型　132
消費型競争　23
植生景観　170
植生調査　160
植生変化　168

植物遺体　150
植物群集生態学　4
シロアリ　62
人為攪乱　172
侵食　153
森林火災　144
森林再生　110
水質浄化　135
スケール依存性攪乱要因　6
スコリア　101
スダジイ　87
ストレス　179
スバールバル諸島　220
棲み分け　29
生育型　223
生育環境への適応　190
生育期間　192
生育条件　152
生活型　164
生活史戦略　205
生産者　228
生態遷移　4
成長促進作用　107
生物学的侵入　49
生物群集　149
生命力指数　25
積算生残率　216
雪田　191
施肥実験　225
遷移　4, 38
遷移系列　38, 54, 116, 221
先駆植物　76
蘚苔類　226
ゼンテイカ　164
セントヘレンズ山　45
相互播種実験　194
相図　22
相対血縁度　188

【タ行】
大気降下物　142

第三紀　132
耐性型　205
堆積物　152
大雪山国立公園　194
ダケカンバ　108
多重平衡系　22
タチギボウシ　164
タデ原湿原　146
タブノキ　87
多様性　101
樽前山　156
単幹株　177
担子菌　96
単子葉植物　158
炭水化物　98
炭素循環　227
炭素蓄積　135
地域性(湿原の)　155
地衣類　113,227
地下器官　224
地球温暖化　229
地形性(雨陰)砂漠　204
チズゴケ　115
窒素　82,83,100,225
窒素固定　82,83,85,223
中規模仮説　13
柱状試料　153
抽水植物　132,136
チョウノスケソウ　222
チョウ類　56
直接検鏡法　10
通気組織　136
ツツジ科　158
津波堆積物　150
ツンドラ　219
低温(海岸)砂漠　204
低層湿原　169
泥炭　51,127,135
泥炭採掘跡地　160
泥炭湿地　138
泥炭湿地林　147

泥炭層　150
泥炭堆積速度　157
泥炭地　128
低地湿原　155
定着促進効果　115,122
テフラ　149
電気伝導率　164
転石苔を生やさず　44
天然更新　177
転流　228
凍結融解作用　220
胴吹き　91
動物散布　8,63
十勝岳　118
トゲエイランタイ　227
土壌　130
土壌クラスト　222
土壌シードバンク　183
土壌生物相　152
土壌炭素　220
土壌微生物　95
トマリスゲ　164
トレードオフ　26

【ナ行】
ない袖は振れない　44
内的干渉種　24
内陸砂漠　204
ニーオルスン　220
二酸化硫黄　89
二次散布　9
二次遷移　71
ニッチ　14
ヌマガヤ　146
熱帯砂漠　204
熱帯泥炭　144
年間蒸発散量　203
野火　169
野焼き　146

索引 257

【ハ行】
ハイイロキゴケ　117
白頭山　157
発芽時期(最適な)　191
発芽試験法　10
発芽定着　167
発芽率(最適な)　207
発散　15
パッチ・ダイナミクス　19
パッチ状　178
パッチ動態　15
ハリミズゴケ　141, 158
ハワイ　85
半乾燥地　204
繁殖成功　217
繁殖成功度　207
ハンノキ個体群　171
ハンノキ林　156
ハンモック　141
非維管束植物　228
干潟　127, 130
光-光合成曲線　225
光飽和点　225
ひこばえ　172
比重選別法　10
微生物　228
肥大成長　174
被度　166
非平衡説　17
氷河後退　219
氷楔　6
ヒョウタンゴケ　166
頻度(攪乱の)　6
ファシリテーション　49
風衝地　191
富栄養化　132, 139, 147, 226
富士山　101
腐生　96
フタバガキ　110
フタバガキ科　65
部分種子休眠　206

部分的休眠　205
篩選別法　10
噴煙柱　151
粉芽　114
噴火堆積物　42
噴気口　117, 118
分散状-再帰型攪乱　20
分散状-非再帰型攪乱　20
別寒辺牛湿原　156
変含水性　227
萌芽　170
萌芽幹　172
萌芽幹率　172
萌芽更新　172
萌芽株率　172
坊ガツル湿原　146
方形区　160
胞子　103, 166
飽和光強度　225
北極　219

【マ行】
マイクロサテライトマーカー　188
埋土種子　10, 170, 183
毎木調査　174
マメ科　61
マングローブ　137, 143
マングローブ植物　62
実生　178
実生の定着　190
ミズゴケ　135, 136, 138, 146, 156
水散布　8
深泥池　139
三宅島　68, 71
ミヤマキンバイ　193
ミヤマヤナギ　101
無性繁殖　179
胸高直径　173
ムラサキミズゴケ　158
ムラサキユキノシタ　222
メタ個体群モデル　17

メタン　135, 229
模倣実験　152

【ヤ行】
ヤチヤナギ　164
ヤノウエノアカゴケ　166
有機化合物　100
有機物　132, 220
雪の積もり方　191
ユキワリソウ　184
ユノミネシダ　91, 92
養分　100
養分吸収　107
ヨシ　136, 146
ヨシ群落　170
予測性(攪乱の)　6

【ラ行】
ライケノメトリー　115
ラムサール条約　127, 146
ラン科　61
陸化型　132, 145
リター層　224
硫酸　151
粒度　151
リン　100, 152
林内雨　142
レガシー　46
裂芽　114
レッドリスト　123
露地雨　142
ローン群落　164

【ワ行】
矮性植物　107

ワラミズゴケ　157

【A】
A層　81
avoidance　205

【B】
Blepharis sindica　210

【C】
C－R－S戦略　116
chronosequence study　71
CO_2　228
Connell, J.H.　17

【D】
DNA解析　100

【I】
IPCC　230

【L】
Lotka-Volterra競争方程式　21

【P】
pH　117, 164

【T】
T/R比　224
Tilman, D.　17
tolerance　205

【W】
Welwitschia mirabilis　208

著者紹介

上條　隆志(かみじょう　たかし)
　1967年生まれ
　1989年　東京農工大学農学部環境保護学科卒業
　現　在　筑波大学大学院生命環境科学研究科講師　博士(農学)

神田　房行(かんだ　ふさゆき)
　1948年生まれ
　1975年　北海道大学大学院理学研究科博士課程中退
　現　在　北海道教育大学釧路校教授　理学博士(北海道大学)

重定南奈子(しげさだ　ななこ)
　別　記

佐藤　千尋(さとう　ちひろ)
　1976年生まれ
　2002年　北海道教育大学大学院教育学研究科修士課程修了
　現　在　埼玉県在住

志水　顕(しみず　あきら)
　1957年生まれ
　1981年　北海道大学理学部生物学科卒業
　現　在　河合塾専任講師　博士(地球環境科学)

下野　綾子(しもの　あやこ)
　1973年生まれ
　2005年　東京大学大学院農学生命科学研究科博士課程修了
　現　在　国立環境研究所 NIES ポスドクフェロー　農学博士

下野　嘉子(しもの　よしこ)
　1973年生まれ
　2003年　北海道大学大学院地球環境科学研究科博士課程修了
　現　在　農業環境技術研究所特別研究員　博士(地球環境科学)

鈴木　英治(すずき　えいじ)
　1953年生まれ
　1979年　大阪市立大学理学研究科博士課程退学
　現　在　鹿児島大学理学部教授　理学博士

露崎　史朗(つゆざき　しろう)
　別　記

中坪　孝之(なかつぼ　たかゆき)
　1960年生まれ
　1989年　早稲田大学大学院理工学研究科博士課程修了
　現　在　広島大学大学院生物圏科学研究科准教授　理学博士

奈良　一秀(なら　かずひで)
　　1968年生まれ
　　1993年　東京大学大学院農学系研究科修士課程修了
　　現　在　東京大学アジア生物資源環境研究センター助教　博士(農学)

成田　憲二(なりた　けんじ)
　　1965年生まれ
　　1997年　北海道大学大学院環境科学研究科博士課程修了
　　現　在　秋田大学教育文化学部准教授　学術博士(環境科学)

原口　昭(はらぐち　あきら)
　　1961年生まれ
　　1992年　京都大学大学院理学研究科博士課程修了
　　現　在　北九州市立大学国際環境工学部教授　博士(理学)

HOTES, Stefan(ホーテス・シュテファン)
　　1970年生まれ
　　2004年　ドイツ・レーゲンスブルグ大学生物学研究科博士課程修了
　　2007年　東京大学大学院農学生命科学研究科特任研究員修了
　　現　在　ドイツ・ギーセン大学生圏システム科学研究科特任研究員　理学博士

重定南奈子(しげさだ　ななこ)
　1941年　倉敷市に生まれる
　1969年　京都大学大学院理学研究科博士課程修了
　現　在　同志社大学文化情報学部教授・奈良女子大学名誉教授
　　　　　理学博士(京都大学)
　主　著　侵入と伝播の数理生態学(1992，東京大学出版会)・新人口論(1998，共訳，農山漁村文化協会)・持続不可能性(2003，共訳，文一総合出版)

露崎　史朗(つゆざき　しろう)
　1961年　高萩市に生まれる
　1990年　北海道大学大学院理学研究科博士課程修了
　現　在　北海道大学大学院環境科学院准教授　理学博士(北海道大学)
　主　著　オゾン層破壊の科学・地球温暖化の科学(共に2006，分担執筆，北海道大学出版会)

撹乱と遷移の自然史——「空き地」の植物生態学
2008年6月25日　第1刷発行

　　　編 著 者　重定南奈子・露崎史朗
　　　発 行 者　吉田克己

発行所　北海道大学出版会
札幌市北区北9条西8丁目　北海道大学構内(〒060-0809)
Tel. 011(747)2308・Fax. 011(736)8605・http://www.hup.gr.jp/

アイワード　　　　　　　　　　© 2008　重定南奈子・露崎史朗

ISBN978-4-8329-8185-0

花 の 自 然 史 ―美しさの進化学―	大原　雅編著	Ａ５・278頁 価格3000円
植 物 の 自 然 史 ―多様性の進化学―	岡田　博 植田邦彦 編著 角野康郎	Ａ５・280頁 価格3000円
高 山 植 物 の 自 然 史 ―お花畑の生態学―	工藤　岳編著	Ａ５・238頁 価格3000円
森 の 自 然 史 ―複雑系の生態学―	菊沢喜八郎 編 甲山　隆司	Ａ５・250頁 価格3000円
野 生 イ ネ の 自 然 史 ―実りの進化生態学―	森島啓子編著	Ａ５・228頁 価格3000円
雑 穀 の 自 然 史 ―その起源と文化を求めて―	山口裕文 編著 河瀨眞琴	Ａ５・262頁 価格3000円
栽 培 植 物 の 自 然 史 ―野生植物と人類の共進化―	山口裕文 編著 島本義也	Ａ５・256頁 価格3000円
雑 草 の 自 然 史 ―たくましさの生態学―	山口裕文編著	Ａ５・248頁 価格3000円
被子植物の起源と初期進化	髙橋　正道著	Ａ５・526頁 価格8500円
植 物 の 耐 寒 戦 略 ―寒極の森林から熱帯雨林まで―	酒井　昭著	四六・260頁 価格2200円
春 の 植 物 No.1 植物生活史図鑑Ⅰ	河野昭一監修	Ａ４・122頁 価格3000円
春 の 植 物 No.2 植物生活史図鑑Ⅱ	河野昭一監修	Ａ４・120頁 価格3000円
夏 の 植 物 No.1 植物生活史図鑑Ⅲ	河野昭一監修	Ａ４・124頁 価格3000円
新 北 海 道 の 花	梅沢　俊著	四六・464頁 価格2800円
新 版 北 海 道 の 樹	辻井　達一 梅沢　俊著 佐藤　孝夫	四六・320頁 価格2400円
北 海 道 の 湿 原 と 植 物	辻井達一 編著 橘ヒサ子	四六・266頁 価格2800円
札 幌 の 植 物 ―目録と分布表―	原　松次編著	Ｂ５・170頁 価格3800円
北 海 道 高 山 植 生 誌	佐藤　謙著	Ｂ５・708頁 価格20000円
日 本 海 草 図 譜	大場　達之著 宮田　昌彦	Ａ３・128頁 価格24000円

北海道大学出版会

価格は税別